陶瓷釉色料及装饰

刘良珍 主编

中国建设科技出版社有限责任公司

北 京

图书在版编目(CIP)数据

陶瓷釉色料及装饰 / 刘良珍主编. -- 北京：中国建设科技出版社有限责任公司, 2025.6. -- ISBN 978-7-5160-4489-6

Ⅰ. TQ174.4

中国国家版本馆 CIP 数据核字第 2025G4R702 号

内 容 简 介

  本书分 11 章内容进行讲解。第 1 章介绍陶瓷釉的概述、分类及发展；第 2 章和第 3 章详细讲解釉用原料的特性及作用；第 4 章和第 5 章讲解釉料的性质及烧成过程中产生的化学变化和物理变化，设计釉料配方的依据、原则、配方计算、配制试验方法等内容；第 6 章至第 8 章讲解各种釉料的配制方法、配制原理；第 9 章讲解如何使用釉料添加剂；第 10 章讲解各种陶瓷装饰方法的特点及如何应用；第 11 章讲解陶瓷生产过程中釉面缺陷及解决措施。

  本书可作为高等职业院校陶瓷制造技术专业的教材，也适合陶瓷行业从事釉料制备工作的技术人员阅读与参考。

陶瓷釉色料及装饰

TAOCI YOUSELIAO JI ZHUANGSHI

刘良珍　主编

出版发行：	中国建设科技出版社有限责任公司
地　　址：	北京市西城区白纸坊东街 2 号院 6 号楼
邮　　编：	100054
经　　销：	全国各地新华书店
印　　刷：	北京雁林吉兆印刷有限公司
开　　本：	787mm×1092mm　1/16
印　　张：	13.75
字　　数：	340 千字
版　　次：	2025 年 6 月第 1 版
印　　次：	2025 年 6 月第 1 次
定　　价：	58.00 元

本社网址：www.jskjcbs.com，微信公众号：zgjskjcbs
请选用正版图书，采购、销售盗版图书属违法行为
版权专有，盗版必究。 本社法律顾问：北京天驰君泰律师事务所，张杰律师
举报信箱：zhangjie@tiantailaw.com　举报电话：(010)63567684
本书如有印装质量问题，由我社事业发展中心负责调换，联系电话：(010)63567692

作 者 简 介

刘良珍，泉州工艺美术职业学院陶瓷制造技术与工艺专业专职教师；曾获得全国陶瓷技能竞赛优秀指导教师、院级优秀教师、双师型教师、泉州市科技特派员等称号；德化县甄炻陶瓷艺术工作室创始人。

毕业至今，作者一直从事日用陶瓷生产、科研和教学工作，成立的日用陶瓷釉料工作室为德化、景德镇、龙泉、云南等地150多家陶瓷企业提供釉料研发、生产指导，积累了丰富的生产经验。

作者利用专业优势，通过校企合作的方式促进泉州工艺美术职业学院与当地大型陶瓷企业签订技术服务合作协议，推动德化陶瓷企业生产数据化，由经验生产变为科学生产，为工业化大生产提高成品率提供了技术支持，特别是在隧道窑的应用上取得了很好的成果，为企业解决技术问题的同时，带来了一定的社会效益和经济效益。

前　言

结合多年在日用陶瓷釉料制备方面的实践经验，笔者将一些实用性很强的釉料制备方法汇集成册，同时在附录中收录了一些已工业化生产的釉料配方，具有很强的实用性。为了更好地将理论知识与实践相结合，笔者在部分章节后面增加了实训项目。

结合对陶瓷生产企业釉料制备人员、陶瓷生产管理人员、陶瓷专业职业院校教师的调研，为了更好地适应目前陶瓷生产需要，本书对陶瓷生产多方面的知识进行了阐述。选择原料是釉料制备中的第一个重要环节，要做出好的釉料必须要选择正确的原料。第1章介绍了陶瓷釉的基本情况；第2章和第3章详细讲解釉用原料的特性及作用；第4章和第5章讲解釉料的性质及烧成过程中产生的化学变化和物理变化，设计釉料配方的依据、原则、配方计算、配制试验方法等；第6章至第8章讲解各种釉料的配制方法、配制原理；第9章讲解如何使用釉料添加剂；第10章讲解各种陶瓷装饰方法的特点及如何应用；第11章讲解陶瓷生产过程中釉面缺陷及解决措施等，对陶瓷生产具有很强的指导作用。

本书尽量将晦涩难懂的理论知识讲得简单易懂，可作为高等职业院校陶瓷制造技术专业的教材，也可供陶瓷行业从事釉料制备工作的技术人员阅读与参考。

本书在陶瓷前辈池至铣教授编写的《陶瓷釉色料及装饰》基础上做了部分调整，也参考了很多专家学者的研究成果和论著，同时在编写过程中得到领导、同事、相关行业技术人员等的大力支持。在此，一并向大家致以最诚挚的谢意。

随着陶瓷行业日新月异的变化，有些工艺可能被淘汰。由于本人水平有限，编写过程难免有疏漏与错误，敬请广大读者提出宝贵意见。

编者
2025年3月

目 录

第1章 绪论 ··· 1
　1.1 陶瓷釉的概述 ·· 1
　1.2 陶瓷釉的分类 ·· 3
　1.3 陶瓷釉的发展 ·· 5

第2章 釉用原料 ·· 9
　2.1 釉用矿物原料 ·· 9
　2.2 釉用化工原料 ··· 15
　2.3 着色原料 ··· 19
　2.4 釉用原料的选择和开发 ·· 21
　实训项目 ··· 22

第3章 陶瓷色料 ··· 23
　3.1 色料制备方法 ··· 23
　3.2 尖晶石类色料 ··· 25
　3.3 锡基色料 ··· 26
　3.4 锆基色料 ··· 26
　3.5 包裹色料 ··· 28
　3.6 液体色料 ··· 30
　3.7 色料配方实例 ··· 32
　实训项目 ··· 34

第4章 陶瓷釉的性质和组成 ·· 36
　4.1 釉的熔融性质 ··· 36
　4.2 釉的化学性质 ··· 43
　4.3 釉的物理性质 ··· 45
　4.4 釉的光学性质 ··· 47
　4.5 釉的组成与性状 ·· 49
　4.6 釉在烧成过程中的变化 ·· 50
　4.7 坯釉适应性 ·· 56
　实训项目 ··· 60

第5章 陶瓷釉的配制 ·· 61
　5.1 釉配方的设计 ··· 61
　5.2 釉料配方的计算 ·· 63
　5.3 釉配方试验方法 ·· 72
　5.4 釉浆制备及施釉工艺 ··· 76
　实训项目 ··· 81

I

第6章 陶瓷常用釉 ··· 82
6.1 常用基础釉 ·· 82
6.2 长石-石灰釉 ·· 82
6.3 铅硼低温釉 ·· 83
6.4 钙锌釉、钙镁釉、钙钡釉 ··· 84
6.5 灰釉 ·· 87
6.6 熔块釉 ··· 87
6.7 乳浊釉 ··· 89
实训项目 ··· 92

第7章 颜色釉 ··· 93
7.1 铁系色釉 ·· 93
7.2 铜系色釉 ··· 100
7.3 钴系色釉 ··· 107
7.4 锰系色釉 ··· 110
7.5 铬系色釉 ··· 112
7.6 其他金属化合物颜色釉 ·· 115
实训项目 ··· 117

第8章 艺术釉 ··· 118
8.1 结晶釉 ·· 118
8.2 无光釉 ·· 127
8.3 裂纹釉 ·· 131
8.4 花釉 ··· 133
8.5 金属光泽釉 ·· 139
8.6 天目釉 ·· 142
8.7 其他艺术釉 ·· 146
实训项目 ··· 152

第9章 釉用添加剂 ·· 154
9.1 悬浮稳定剂 ·· 154
9.2 解凝剂 ·· 155
9.3 触变剂 ·· 155
9.4 消泡剂 ·· 156
9.5 防腐剂 ·· 156
9.6 黏合剂 ·· 156

第10章 陶瓷装饰 ·· 158
10.1 陶瓷装饰方法概述 ··· 158
10.2 釉上装饰 ·· 159
10.3 釉下装饰 ·· 163
10.4 釉中装饰 ·· 165

第 11 章　釉面缺陷及解决措施 ……………………………………………………………… 167
　11.1　日用陶瓷釉面缺陷及解决措施 ……………………………………………………… 167
　11.2　建筑陶瓷釉面缺陷及解决措施 ……………………………………………………… 174
　11.3　卫生陶瓷釉面缺陷及解决措施 ……………………………………………………… 175
附录 ……………………………………………………………………………………………… 178
　附录 1　各地产瓷区常用原料化学成分 ………………………………………………… 178
　附录 2　烧成温度 720～1000℃ 的低温釉 30 例 ………………………………………… 179
　附录 3　烧成温度 980～1120℃ 的精陶釉 41 例 ………………………………………… 183
　附录 4　烧成温度 1100～1200℃ 的精陶、炻器釉 32 例 ………………………………… 189
　附录 5　烧成温度 1200～1250℃ 的炻器釉 45 例 ………………………………………… 193
　附录 6　烧成温度 1250～1280℃ 的炻器、瓷器釉 40 例 ………………………………… 198
　附录 7　烧成温度 1280～1450℃ 的瓷器釉 46 例 ………………………………………… 204
主要参考文献 …………………………………………………………………………………… 211

第1章 绪 论

1.1 陶瓷釉的概述

1. 陶瓷釉的概念

塞格尔指出:"釉和坯同样是由岩石或瓷土等组成的,但釉比坯更易在火中熔融。当窑内高温使坯体达到烧结时,必须使釉的原料完全熔融成液体状态,冷却后,这种液体凝固而成一种玻璃,这就是釉。正因为制品上覆盖了一层釉,从而使制品的强度提高了,硬度也提高了。同时,使制品具备了耐气体、液体以及酸碱腐蚀的能力,给人们使用时提供了方便。"

概括而言,釉是熔附于陶瓷坯体表面的玻璃质薄层。随着陶瓷历史的发展、功用的不同、外观艺术的需要、涂施技术的创新,釉的含义也在不断地更新变化中。早期釉的概念与普通硅酸盐玻璃无二:光亮、透明、均匀,兼具玻璃的通性。今天的釉除玻璃质外,也有晶体釉、金属釉、有机与无机材料的复合釉等;外观表面有光亮的、无光的、透明的、乳浊的、润滑的、粗糙的等;内部结构(除气孔相外)有单相的、复相的、纳米级、微米级甚至更粗的;组成也有单一成分、多种成分之分,远远超出传统玻璃的范围。

无论釉的概念如何延伸,其功能不外乎实用性与可观赏性两个方面。一是使瓷体致密度提高从而不透气、不透水;二是遮盖坯体增加陶瓷美感;三是防止坯体污染和易于洗涤。近年来陶瓷釉的发展不仅艺术性不断提高,而且科学实用功能不断创新,使得陶瓷应用范围日益扩大,如抗菌环保、夜示标牌、绝缘保护等。

随着物质文化生活的提高,人们对陶瓷制品已不只是使用价值的要求和满足。同时,对制品的花色品种、质量提出了更高的要求。用釉来装饰陶瓷制品,对满足人们的物质需求和精神需求有着十分重要的意义,对物质文明建设和精神文明建设都将起到不可低估的作用。

采用釉来装饰制品,可以增加花色品种,有利于不断开发新产品。同时,可以提高制品质量,提高企业经济效益。

2. 釉在陶瓷中的作用

釉是施于陶瓷坯体表面的一层极薄的物质,它是根据坯体性能的要求,利用天然矿物原料及某些化工原料按比例配合,在高温作用下熔融而覆盖在坯体表面的富有光泽的玻璃质层(渗彩釉及自释釉例外)。施釉的目的在于改善坯体的表面性能,提高产品的使用性能,增加产品的美感。一般陶瓷坯体疏松多孔,表面粗糙,即使在坯体烧结良好、气孔率很低的情况下,由于坯体里晶相存在,表面仍粗糙无光,易粘污和吸湿,影响美观、卫生和使用性能(力学性能、化学稳定性、电学性能、热性能等)。釉烧后,不透水、不透气、表面光滑致密,在一定程度上改善了产品性能。同时釉可以着色、析晶、乳浊、消光、变色、闪光等,又可增加产品艺术性,掩盖坯体的不良颜色。釉的作用可归纳如下:

① 使坯体对液体和气体具有不透过性,提高了其化学稳定性。

② 覆盖于坯体表面,给瓷器以美感。如将颜色釉(大红釉、橄榄绿釉等)与艺术釉

（铜红釉、铁红釉、油滴釉、闪光釉等）施于坯体表面，则增加了瓷器的艺术价值与欣赏价值。

③ 防止粘污坯体。平整光滑的釉面，即使有粘污也容易洗涤干净。

④ 使产品具有特定的物理和化学性能。如电性能（压电、介电、绝缘等）、抗菌性能、生物活性、红外辐射性能等。

⑤ 改善陶瓷制品的性能。釉与坯体在高温下反应，冷却后成为一个整体，正确选择釉料配方，可以使釉面产生均匀的压应力，从而改善陶瓷制品的力学性能、热性能、电学性能等。

3. 釉的特点

一般认为釉是玻璃体，具有与玻璃相似的物理化学性质。如各向同性；由固态到液态或相反的变化是一个渐变的过程，无固定的熔点；具有光泽；硬度大；能抵抗酸和碱的侵蚀（氢氟酸和热碱除外）；质地致密，不透水和不透气等。

但是，釉又和玻璃有不同的地方，归纳起来，有以下几个方面：

① 从釉层显微结构上看，其结构中除了玻璃相外，还有少量的晶相和气泡，其衍射图谱中往往出现晶体的衍射峰。也就是说，釉的均匀程度与玻璃不同。

② 釉不是单纯的硅酸盐，经常还含有硼酸盐、磷酸盐或其他盐类。

③ 大多数釉中含有较多的氧化铝，氧化铝是釉的重要组分，既能改善釉的性能，又能提高釉的熔融温度。而玻璃中氧化铝的含量则相对较少。

④ 釉的熔融温度范围比玻璃要宽一些。有的釉熔融温度很低（比硼砂还低）；有的釉熔融温度又很高，如硬质瓷釉等。

造成釉与玻璃的性质差异的原因很多，但影响釉显微结构的主要因素有以下几方面：

① 釉本身的化学组成和矿物组成。

② 高温反应过程中，釉中组分挥发。

③ 坯釉之间相互反应。

④ 烧成制度对釉熔融的影响。

这样使釉不能成为像玻璃一样的均相物质，而是包含有少量气体，同时还有未反应的石英和新生成的莫来石、钙长石、方石英等晶相。

4. 本课程的研究内容及学习方法

陶瓷釉色料及装饰是陶瓷工艺学的重要分支，也是陶瓷工艺学的延伸和扩充。本课程不仅要研究陶瓷釉生产的一般工艺理论，更主要的是探讨陶瓷釉的形成机理、着色物质在陶瓷釉中的呈色机理和一些特定釉的典型生产工艺理论等基本原理和基本知识。

由于陶瓷釉的形成与硅酸盐物理化学、陶瓷颜料工艺学、硅酸盐热力学、黏土矿物学以及结晶化学等学科有着不可分割的联系，因此，这些学科的基本知识也要作为陶瓷釉色料及装饰基础予以研究和探讨。

由于陶瓷釉的形成不仅要受到材料科学的制约，而且受到制配工艺条件的影响，诸如材料、器形、加工方法等因素的影响，所以，人们一直都在摸索着前进。近几十年来，随着现代科学技术的发展，人们对陶瓷釉的研究也很广泛，各种论著也日渐增多，但仍缺少带普遍性的规律可循。这给学习陶瓷釉色料及装饰带来了相当大的困难，因此，只能坚持科学的、实事求是的态度，采取理论联系实际的学习方法，进行探讨性学习。

1.2 陶瓷釉的分类

目前,对陶瓷釉还没有统一的分类方法,主要是由于产地广、品种多、釉色杂,给分类带来一定的难度,现有的分类方法主要有以下几种。

1. 按烧成温度分类

高温釉:指烧成温度高于1260℃的陶瓷釉,用于炻器、瓷器等的釉料。

中温釉:指烧成温度在1100~1260℃的陶瓷釉,用于炻器、陶器等的釉料。

低温釉:指烧成温度在1100℃以下的陶瓷釉,主要用于精陶类、高温素烧低温釉烧类陶瓷。

2. 按烧成的焰性分类

还原焰陶瓷釉:指釉色的呈现是在还原气氛下烧成时才能形成的釉,如影青、铜红等。一般来讲,还原焰烧成的釉料都是高温釉。少数技术人员也有从事中温还原焰烧成釉料的研究。

氧化焰陶瓷釉:指釉色的呈现是在氧化气氛下烧成时才能形成的釉,如铁红、硅锌结晶釉以及绝大多数色料配的颜色釉等。一般来讲,中温、低温陶瓷釉多属氧化气氛下烧成。

3. 按釉料制备加工方法分类

生料釉:配釉时将各种原料直接配成釉浆,而不改变釉料的基本组成的釉料,称生料釉。

熔块釉:配釉浆之前,将釉料配方中易溶于水的、有毒的或难熔的那一部分原料,按要求先经高温制成熔块后,再将熔块与釉料配方中的另一部分原料配成釉浆的釉称为熔块釉。

4. 按制品外观特征分类

这种分类方法应用得较普遍,且易掌握。由于外观特征较多,故应细分如下:

(1) 按釉面色彩的数量分类

单色釉:釉面上只呈现一种均匀颜色的釉称为单色釉,如釉面上只呈现黑色的乌金釉、釉面上只呈现黄色的黄釉等。

复色釉:釉面上同时呈现两种或两种以上明显可辨颜色的釉,称为复色釉,也称花釉,如乌金花釉、钧红花釉等。

(2) 按釉面光泽程度分类

光泽釉:釉面光泽度高的釉。

半光泽釉:釉面光泽度稍差的釉。

无光釉:釉面基本上不反射光的釉。

(3) 按釉层透明程度、纹理情况分类

透明釉:釉层透光性能高的釉。

半透明釉:釉层透光性能稍差的釉。

乳浊釉:釉层基本上不透光的釉。

裂纹釉:釉面上分布很多龟裂纹样的釉。

结晶釉:釉面上分布有结晶体的釉。

5. 按主要助熔矿物分类

长石釉:主要助熔矿物是长石的釉料,一般是高温釉。

石灰釉：主要助熔矿物是石灰石的釉料，一般是高温釉。
长石-石灰釉：主要助熔矿物是长石和石灰石的釉料。
白云石釉：主要助熔矿物是白云石的釉料。
滑石釉：主要助熔矿物是滑石的釉料。
还有石灰碱釉、黑釉、土釉等。

6. 按主要助熔氧化物的金属元素分类

钾钙釉：助熔氧化物主要是 K_2O、CaO 的釉料。
钠钙釉：助熔氧化物主要是 Na_2O、CaO 的釉料。
钙釉：助熔氧化物主要是 CaO 的釉料。
锌釉：助熔氧化物主要是 ZnO 的釉料。
钡釉：助熔氧化物中有相当多的 BaO 的釉料。
镁釉：助熔氧化物中有相当多的 MgO 的釉料。
还有锂釉、锂钙釉、锶釉、铅釉、硼釉等。

7. 按用途分类

瓷器釉：用来装饰瓷器的釉料。
炻器釉：用来装饰炻器的釉料。
陶器釉：用来装饰陶器的釉料。
面砖釉：用来装饰面砖的釉料。
彩釉地砖釉：用来装饰地砖的釉料。
琉璃釉：用来装饰琉璃制品的釉料。
还有日用瓷釉、陈设美术瓷釉等。

8. 按釉中主要着色元素分类

铁系色釉：釉中主要着色元素是铁的颜色釉。
铜系色釉：釉中主要着色元素是铜的颜色釉。
钴系色釉：釉中主要着色元素是钴的颜色釉。
还有锰系色釉、钛系色釉、铬系色釉等。

9. 综合分类

综合以上各种方法，概括列于表1-1。

表1-1 陶瓷釉综合分类表

釉的名称		外观特征	釉的组成	烧成温度及焰性	用途
单色釉	铁系色釉 铜系色釉 钴系色釉 锰系色釉 铬系色釉 钛系色釉 钒系色釉 其他色釉	釉面呈现出纯正、均匀、单一的颜色，如影青、豆绿、乌黑、锰棕、铬铝红等	① 基础釉用石灰釉、长石釉、锌釉、铅釉、熔块釉等；② 着色原料用天然呈色矿物（如钴土矿、乌金土、红土等）、制备的色料（如铬铝红、镨黄、钒锆黄、钒锆蓝等）和化工原料	高温高于1260℃，中温1100～1260℃，高中温用氧化焰、还原焰烧成，低温在1100℃以下，用氧化焰烧成	装饰日用、陈设、建筑、美术陶瓷等

续表

	釉的名称	外观特征	釉的组成	烧成温度及焰性	用途
复色釉	铁系花釉 铜系花釉 钴系花釉 钛系花釉 其他色釉	釉面上同时呈现两种以上的明显可辨的颜色，如乌金花釉、火焰红、钧红花釉、钛花釉等	以石灰釉、长石釉、熔块釉等作基础釉，以一种熔融温度较高的单色釉作底釉，再以一种熔融温度较低的釉作面釉	高温中温以还原焰或氧化焰烧成，低温釉以氧化焰烧成	美术陈设陶瓷、日用陶瓷等
特殊艺术釉	裂纹釉	釉面呈现龟裂纹理，疏密相当，庄重典雅	以石灰釉、长石釉、熔块釉等作基础釉，以天然矿物或陶瓷色料化工原料作着色剂		美术陈设陶瓷等
特殊艺术釉	无光釉	釉面不透明、不起浮光，但釉平滑、细腻、沉着肃穆	以高铝低硅的釉料作基础釉，也可在普通釉料，如石灰釉、长石釉、铅硼釉中添加无光剂，着色原料与裂纹釉相同		美术陈设瓷、建筑瓷、墙地砖等
特殊艺术釉	结晶釉 细晶釉	釉面呈现微细的晶体。在放大镜下才可看到晶形，釉面古朴雅致，别具一格，如茶叶末、砂金釉等	以石灰釉、长石釉、熔块釉为基础釉，着色原料为氧化铁、氧化铬等化工原料	高温、中温为弱还原焰或氧化焰烧成	仿古瓷、美术陈设陶瓷等
特殊艺术釉	结晶釉 巨晶釉	釉面晶花较大，甚至有个别单晶体，晶花形状各异，大小各异，色彩众多，如锌、钛结晶釉	以石灰釉、长石釉、熔块釉等为基础釉，添加结晶剂，如 ZnO 等，着色物质可以是天然矿物，或者是着色氧化物、陶瓷色料等	以氧化焰烧成为主	美术陈设瓷、日用瓷等

1.3　陶瓷釉的发展概述

瓷器是我国发明的。瓷器的发明是我国古代先民对世界物质文明和精神文明的一项巨大贡献，这值得我们为之骄傲和自豪。国外制造瓷器至少比我国落后十个世纪。

陶瓷的生产和发展经过了由低级到高级、由原始到成熟的漫长发展过程。在这个发展过程中，共有三次飞跃，即釉陶—光泽类玉的半透明釉的瓷—半透明胎的瓷，才达到今日的水平。

最早的陶瓷是什么样子，还不清楚，但陶瓷釉的起源大约是在新石器时代。仰韶文化的彩陶上，施用了陶衣。陶衣是用较细的陶土和水制成泥浆，把它施于陶器表面上，使烧制后的陶器表面光洁美观。陶衣一般呈红、棕、白等颜色，这就接近陶釉了。

人类的祖先在烧制白陶和印纹硬陶的实践中，大约在公元前 16 世纪的商代中期，就创烧出了釉陶。釉陶的产生是陶瓷发展史上实现的第一次飞跃，为创烧瓷器准备了必备的技术条件，也第一次把以铁为着色剂的青釉装饰的釉陶制品带到了人类社会。

商代后期，我国先民又创烧出半透明釉的原始瓷器，实现了陶瓷发展史上的又一次飞跃。原始瓷器与釉陶相比，工艺制作技术要复杂得多，主要体现在对原料进行挑选、精加工和配釉讲究，施釉适宜，烧成温度偏高。

经过漫长的 1600 余年，原始瓷器的制作有过鼎盛时期，其制作技术、器形、装饰都有极大的发展和提高。而色釉的发展，还是靠天然的铁质原料来维持，主要是以青、青绿、黄绿色釉见长的青釉。

直到汉代，铅釉技术开始获得比较快的发展，并且用铜铁原料为着色剂，制造出铜绿釉和铅银釉。这种低温铅釉的发明，使我国陶瓷发展史上增加了一枝瑰丽的花朵。它不仅有着翡翠般绿色，而且釉层清澈透明，釉面光泽好，平整光滑，光彩照人。之所以出现铅釉是由于自殷商时代就开始的金属冶炼过程中，我国古代劳动人民对铜、铅、锡、金等金属已有一定的认识，并且采用在青铜中加铅来提高液态合金的流动性，从而推动铅釉的发明和使用。

铅釉的发明和使用，是汉代先民对陶瓷工艺发展的一个重要贡献。在铅釉中加入少量着色元素的化合物，可以得到各种色调的低温色釉，如唐代制造出了蓝、紫、白色釉。正是在这种低温色釉的基础上，才创造出了直至今日还被广泛采用的各种釉上彩料和低温色釉。

我国先民有意识地将着色化合物加入釉中，制造颜色釉，是从汉代开始的。秦汉原始瓷器与早期的原始瓷器相比，釉色普遍较深，经分析，氧化铁含量较高，还有 TiO_2，这说明在釉料的配制中，有意加入了含 Fe_2O_3、TiO_2 的原料。

瓷器出现于距今 1800 多年的东汉时期。由原始瓷器发展成为瓷器，是陶瓷发展史上又一次飞跃，也是我国先民对人类文明的又一伟大贡献。

瓷器与原始瓷器相比，釉层显著增厚，釉层透明，表面光泽度强。釉内几乎无残留石英，结晶也少，釉泡大而少。胎釉交界层有大量斜长石晶体自胎向釉生成，形成一个中间反应层，胎釉结合紧密而牢固。这表明这种釉无论从外貌上还是从结构上都已摆脱原始瓷器的状态，这也表明其烧成温度比原始瓷器要高得多。这时的釉色，除继承和发展在石灰釉中存在铁质着色的青釉外，还同时出现了黑釉，这表明已经能较好地控制配釉方法。釉料的配制得当，使胎和釉的膨胀收缩趋于一致，附着牢固。

三国两晋时，仍以石灰石为主要助熔剂，铁为着色元素的青釉为主，但采用紫金土来配制黑釉，铁量高达 6%～8%（德清窑），这是配制釉料的一个很大进步。饶有意思的是，窑工在配制青釉器时，由于控制不妥，瓷器釉层出现了裂纹，无意中得到至今仍有很高艺术价值的裂纹釉。

到了北朝，在瓷器生产上出现了白釉，这是陶瓷发展史上的一个里程碑，这说明制瓷工人已经能控制釉料中的含铁量，克服了铁质对呈色的干扰，为陶瓷釉发展开拓了一条新道路。

匣钵的发明和使用，是唐代留给后世的一份厚礼，由于匣钵的烧制，白瓷和青瓷达到了很高水平。白瓷主要产地在河北、河南等省；青瓷主要产地在浙江、江西、湖南等省。唐代出现了"北白南青"的局面。

此外，还发明黄釉和蓝釉。陶工们用白釉、黄釉、蓝釉装饰在同一制品上，烧出了闻名世界的、至今仍有很高艺术价值的唐三彩。唐三彩的发明，不仅是我国先民对世界陶瓷文化的又一伟大贡献，而且开创了陶瓷颜色釉综合装饰技法的先河。

宋代制瓷工艺对我国陶瓷发展的最大贡献是为陶瓷美学开拓了一个新的境界。宋瓷所创造的新美学境界，不仅重视釉色之美，而且更追求釉的质地之美。景德镇的青白瓷、磁州窑的白釉瓷、北宋的汝瓷、南宋的官窑、龙泉窑的青釉瓷等已不再是稀淡的石灰釉而是黏稠的石灰碱釉。因而"釉汁莹厚如堆脂"，给人以凝重深沉的质感，有观赏不尽的蕴蓄，真是如冰似玉，巧夺天工。宋代陶工在继承和发展前期青釉、白釉的基础上，还创烧出了以铜化合物着色的红釉，如钧窑的玫瑰紫、钧红等窑变色釉，从而打破了青釉独占鳌头的局面。这是颜色釉发展史上又一个新的里程碑。与此同时，在吉州、建阳、山西等窑还创烧了独具风格的微晶结晶釉，即油滴、兔毫、玳瑁等天目釉，这就冲破了有史以来一直采用浮薄浅露的透明玻璃釉来装饰陶瓷的局面，而展现出了质感美的微晶结晶釉的风姿。

宋代不仅在陶瓷釉方面有了长足的发展，而且创烧了釉下青花瓷，开创了陶瓷釉下装饰的新纪元。元朝除沿袭宋瓷的艺术釉成就之外，较为突出的是在景德镇创烧了烧成温度范围较宽的霁蓝釉、卵白釉以及铜红釉；同时烧出了青花、釉里红瓷，首创了青花、釉里红釉下综合装饰的技法。

代表明代制瓷水平的是江西景德镇，青花瓷器是瓷器生产的主流。明初的青花瓷，是青花配青釉，釉精细、青花浓艳、造型多样、纹饰优美、久负盛名，是我国历史上青花瓷的黄金时代。

颜色釉方面的突出成就，是明永乐、宣德时的甜白、霁青、霁红；还有月白釉、米色釉、紫金釉等；还创烧了"铁红釉""翠青釉""珐琅釉"，从而形成了景德镇的传统颜色釉产品。

中国瓷器的生产，在清代前中期达到了历史的高峰。产瓷地比较广，但代表时代水平的仍然是瓷都景德镇。在陶瓷釉方面，继承发展并提高了前期所取得的成就，"唐窑（陶官唐英烧制的窑）几乎无釉不仿"，"釉色兼备，以蛇反绿、鳝鱼黄、青翠、黄斑点四种尤佳，其浇黄、浇紫、吹红、吹青者亦美。"

青釉和红釉尤其突出。青釉主要仿汝窑和龙泉窑，有卵青、天青、梅子青、粉青等釉，还创烧了东青釉；红釉有铜红、金红，有仿钧红、郎窑红、祭红、桃花片等。还烧制出了炉钧花釉、三阳开泰、茶叶末等名贵色釉。

中华人民共和国成立后，陶瓷生产有了很大发展。一方面，以科学技术为指导，挖掘、整理了世代相传的各种传统色釉工艺，恢复了生产，并在此基础上吸收国内外技术，创新了很多陶瓷釉新品种，如景德镇的彩虹釉。此外，陶瓷色料在色釉中的应用使艺术釉得到极大的发展，如锰红釉、钒锆黄等新品种就是其例。还有近年来，稀土工业的发展，又为陶瓷釉的发展开辟了一条新途径，先后试制了镨黄釉、铈釉、钕变色釉、大红色釉等。

由于生活水平的提高，人们对陶瓷艺术的要求越来越高，使陶瓷产区逐步扩大。我国已有景德镇、潮州、德化、醴陵、淄博、唐山、佛山、宜兴、邯郸、铜川等陶瓷产区。各产区都有自己的科研机构，生产了具有各地特色的陶瓷釉品种，以满足国内外人们的需要。

为了促进和加快陶瓷工业发展，国家十分重视陶瓷科技人才的培养，景德镇陶瓷大学就是专门培养陶瓷工业高级技术人才的学府，清华大学、华南理工大学等很多高等院校都设立了陶瓷专业。重点产瓷区都创办了陶瓷中专或高等职业技术院校，为陶瓷工业源源不断地输送大批技术人才。

表 1-2 中列举了我国历代代表性陶瓷釉釉色品种。

表 1-2　我国历代代表性陶瓷釉釉色品种

时期	陶瓷名称	代表性陶瓷釉釉色品种
新石器时代	彩陶、陶衣	陶衣呈红、棕、白色
商代中期	釉陶	黄绿色、青绿色、豆绿、青灰色
商代后期	原始瓷器	青色、豆绿、酱色、淡黄、绿紫色
西周	原始青瓷	青绿、豆绿、黄绿、灰青色
春秋	原始青瓷	青绿、黄绿、灰绿色
战国	原始瓷器	青绿、黄绿、墨绿色
秦汉	原始瓷器 铅釉陶	黄、青绿、淡绿色 低温绿釉
东汉	瓷器	青色、黄色、青灰色、酱色、黑色釉
三国、西晋	瓷器	青色、青渌、米黄、黄绿色釉、裂纹釉、德清天目
北朝	瓷器	白釉、黑釉、铅黄釉（低温）
隋、唐、五代	瓷器 白瓷（用匣钵）	青釉、白釉、黑釉、花釉、黄釉、绞胎 唐三彩、蓝釉、绿釉、釉下彩
宋朝	青白瓷、青瓷、青花瓷、黑釉瓷	天蓝釉、窑变色釉、裂纹釉、月白釉、油滴、兔毫天目釉、钧红、乳浊釉
元朝	青花瓷、釉里红彩瓷	卵白釉、铜红釉、钴蓝釉、霁蓝釉
明朝	瓷器	青花、霁蓝、霁青、祭红、矾红、翠青、黄釉（浇黄）、蓝釉、绿釉、紫釉、酱色釉
清朝	瓷器	胭脂水、乌金釉、天蓝釉、珊瑚红、秋葵绿、锑黄、孔雀绿等

第 2 章 釉 用 原 料

釉用原料是各陶瓷产地实用配方中所采用的原料。这些原料可以是天然矿物原料、化工原料，也可以是一些具有特殊用途的地方制备的原料。

一般来讲，釉用原料是指在烧成过程中，能形成玻璃质的组分，或能与其他组分反应生成易熔化合物的组分，或者参与高温反应，能使釉的性能发生改变的组分。

2.1 釉用矿物原料

2.1.1 长石

1. 长石的种类和性质

长石是配制各种釉料必需的熔剂原料之一。由长石引入釉玻璃体形成物质，如二氧化硅、氧化铝和碱性金属氧化物等，最主要的是引入助熔物质 K_2O、Na_2O 等。

按化学组成，长石有下列几种：

钾长石（正长石）：$K_2O \cdot Al_2O_3 \cdot 6SiO_2$；

钠长石：$Na_2O \cdot Al_2O_3 \cdot 6SiO_2$；

钙长石：$CaO \cdot Al_2O_3 \cdot 2SiO_2$；

钡长石：$BaO \cdot Al_2O_3 \cdot 2SiO_2$。

自然界中，单种长石较少，大多数是钾、钠长石的混熔物，称为碱长石。钙长石、钡长石自然界也较少见。

从理论上讲，各种纯的长石的熔融温度分别为：钾长石 1150℃，钠长石 1100℃，钙长石 1550℃，钡长石 1715℃。但实际上，因其经常是几种长石的互熔物，加之又含有一些石英、云母、氧化铁等杂质，所以陶瓷生产中使用的长石没有固定的熔点，只能在一个不太严格的温度范围内逐渐软化熔融，变为玻璃态物质。试验证明，长石变为滴状玻璃体时的温度并不低，一般在 1220℃ 以上，并依其粉碎细度、升温速度、气氛性质等条件而异，其一般熔融温度范围为钾长石 1130～1450℃，钠长石 1120～1250℃。

一般来讲，钾长石的熔融温度范围宽，高温黏度高，化学稳定性也较强，因而有利于烧成的控制和防止制品变形。钠长石的熔融温度范围窄，高温黏度较低，助熔作用强，高温时，对石英、黏土及着色剂的溶解能力强，溶解速度快，可使釉的光泽、透明度提高。因此要根据釉的性质来选用。

日用陶瓷一般选用含钾长石较多的钾钠长石，根据经验一般要求 K_2O 和 Na_2O 总量不小于 11%，其中 $K_2O:Na_2O$ 的质量比大于 3，Fe_2O_3 含量小于 0.5%。

通过化验长石的化学组成，可判断长石质量情况，同时通过试烧来确定长石的性能：

(1) 软化温度；

(2) 熔融温度范围；

(3) 熔体的黏度；

(4) 颜色。

将长石原矿煅烧至熔融状态，可得到白色乳浊状和透明玻璃状的层状体。白色层为钾长石，而透明层为钠长石。因此，如果釉料要求透明性比较高时，可以考虑增加钠长石的量；如果要求乳浊性高的釉料，可以考虑增加钾长石的量。

杂质较低的伟晶花岗岩、霞石正长岩、釉果、低温石也可作为长石的代用品配釉，如用低温石和一定的石灰质原料，就可配成适用的釉料。

2. 长石在陶瓷釉料中的作用

长石在陶瓷釉料中做熔剂使用，主要表现为熔融和熔化其他物质的性质。长石是釉料中碱金属氧化物（K_2O、Na_2O）的主要来源，熔化釉料中的其他组分，降低釉料的熔融温度。长石与釉料中其他物质熔融后形成的玻璃相，可以提高釉的透明度和光泽度。长石也会扩大釉料烧成范围。

2.1.2 石英

1. 石英的种类和性质

1）石英的种类

石英是釉中二氧化硅的主要来源，石英种类主要有以下五种。

(1) 水晶：这是纯度很高的石英，SiO_2含量达到99.8%，结晶良好，透明。水晶中往往因含有Fe、Mn、Cu等的金属氧化物，从而使水晶带色。常见的有烟水晶、紫水晶、蓝水晶等，这些水晶在自然界存量较小，基本不用于配制釉料。

(2) 脉石英：属硅质火成岩，是火山爆发熔融岩浆在地壳较浅部分经急冷凝固而成的致密块状结晶体，显脉状，纯度高，SiO_2含量一般在98%以上，是目前陶瓷釉料中使用最多的一种石英原料。

(3) 石英岩：是变质岩，为石英重结晶的致密块体，SiO_2含量在97%以上。

(4) 石英砂岩：是由石英颗粒、黏土、碳酸盐、氧化铁等胶结在一起的岩块，SiO_2含量较低，一般在90%~95%。

(5) 石英砂：有海砂、河砂、山砂等数种。SiO_2含量低，成分波动大，颗粒大小不一，一般为白色或浅黄色，以闪闪发光的白石英砂为好。

经煅烧的谷壳、稻草含SiO_2很高，可代替石英粉。传统的石灰釉，就是用谷壳拌和烧石灰，经煅烧后配制的釉料。

2）石英的性质

石英的外观视其种类不同而异，有的呈乳白色，有的呈灰白色，半透明状，表面具有玻璃光泽或油脂光泽，莫氏硬度7，相对密度为2.22~2.65。

石英常含有少量杂质成分，如Al_2O_3、Fe_2O_3、CaO、MgO、TiO_2等，这些杂质是成矿过程中残留的。其他夹杂矿物中带入的杂质矿物主要有白云石、方解石、菱镁矿、长石、金红石、板钛矿、云母、铁的氧化物等。

石英是具有强耐酸侵蚀力的酸性氧化物，除氢氟酸外，一般酸类对它都不产生作用。当石英与碱性物质接触时，则能发生反应而生成可溶性的硅酸盐。在高温中石英与碱金属氧化物作用生成硅酸盐与玻璃态物质。

石英的熔融温度范围决定于氧化硅的形态和杂质的含量。一般釉料中使用的脉石英和石英岩的熔融温度范围在 1750~1770℃，但是当含有 5.5% Al_2O_3 时，其低共熔点温度会降低至 1595℃。很多人认为在釉料中引入 Al_2O_3 会提高熔融温度，根据上述知识可知，要视情况而定。

2. 石英在陶瓷中的作用

石英加入釉中，可增加釉的熔融温度和黏度，提高釉面的耐磨性、硬度、白度、透明度及化学稳定性。

2.1.3 黏土

1. 黏土的种类和性质

（1）黏土的种类

黏土是一种颜色多样、细分散的多种含水铝硅酸盐矿物的混合体。当其与水拌和后具有一定的可塑性，能塑造成各种形状并在干燥后保持其形状不变，同时具有一定的机械强度，煅烧后获得岩石般坚硬的性质。

黏土普遍存在于各种类型的沉积岩中，约占沉积岩矿物的 40% 以上，是分布最广的地壳的重要组成部分。

各种富含硅酸盐矿物的岩石经风化、水解、热液浊变等作用都可变成黏土。黏土的种类繁多，陶瓷工业所用黏土中的主要矿物为高岭石类（包括高岭石、多水高岭石）、蒙脱石类（包括蒙脱石、叶蜡石等）、伊利石类（也称水云母）和水铝英石类四种。其中，蒙脱石类引入釉中的悬浮性最好。从应用角度来分，主要有瓷土、陶土和耐火黏土。

一般瓷土（亦称瓷石）矿物组成主要由高岭石类（或蒙脱石、伊利石等）、石英、长石与少量其他类黏土组成，其成分与陶瓷坯料的组成相同或接近，因此有的瓷土可以单独成瓷或调配少量其他原料或瓷土成瓷，故名"瓷土"；陶土与瓷土主要成分相似，但杂质含量较高，所以用作大缸或陶盆等陶器坯料；耐火黏土的铝含量较高，因而熔融温度也较高，可用于耐火材料的生产或与陶土进行调配生产高温陶器等。

（2）黏土的性质

黏土的性质主要取决于它的矿物组成、化学组成和颗粒组成，其矿物组成是基本因素。如膨润土主要是蒙脱石，由于其矿物类型及细颗粒含量较多，表现出黏性强、成形水分高、收缩大、烧结温度低等特性；苏州高岭土由于其含有大量杆状结构外形的高岭石，表现出干燥收缩大、气孔率高、干燥强度低、烧成收缩大、泥浆流动时含水量多、呈强烈触变性等特性；伊利石矿物的结构与蒙脱石相似，但其结晶颗粒比蒙脱石粗，无膨润性，可塑性低，干后强度小，干燥收缩小，软化温度低，引入釉中悬浮性不如膨润土。

2. 黏土在釉中的作用

釉中引入少量黏土，一方面以其作为 Al_2O_3 的一种来源，可与釉中 SiO_2 形成低共融化合物；另一方面可改善釉的悬浮性和附着性，有利于施釉操作。一般黏土用量不宜超过 10%，如特殊需要加入量较高，可将部分黏土煅烧后引入，以防止釉层干燥过程较大收缩形成的开裂和崩落，从而产生缩釉和缺釉现象。

2.1.4 钙镁质原料

配釉时，常使用一些钙镁质原料，如方解石、石灰石、白云石、滑石等。由于其中的

CaO、MgO 能和釉中的 SiO_2、Al_2O_3 等形成低共熔化合物，从而降低玻化温度，所以，钙镁质原料属于助熔原料。

1. 石灰石和方解石

石灰石和方解石的主要成分是 $CaCO_3$，理论组成为 CaO 占 56%，CO_2 占 44%。方解石比石灰石更纯。由 $CaCO_3$ 组成的还有钟乳石、大理石、石笋、白垩等，它们都是釉中助熔剂 CaO 的主要来源。

釉中引入方解石、石灰石等原料能降低釉的熔融温度，降低釉的高温黏度，促使胎釉中间层生成，增加釉的弹性、光泽度和透明度，防止釉面龟裂，防止秃釉、堆釉。但用量过多，会引起釉面析晶而失透，烧成温度范围变窄。在煤窑中烧成，釉面易引起吸烟，使色调阴黄。

2. 萤石（氟石）

萤石的主要成分是 CaF_2，在高温烧成过程中，与 SiO_2、Al_2O_3 等反应，生成 CaO 存在于釉熔体中，生成的 SiF_4、AlF_3 挥发。

釉中引入少量萤石，能降低釉的熔融温度，增加釉的流动性，同时具有乳浊作用，提高釉面白度和光泽度。此外，由于萤石颗粒为粒状，能提高釉浆的悬浮性。若用量偏多，会使釉面发青，同时引起针孔或多气泡的缺陷。萤石还是结晶釉的良好促晶剂。

在下述状态下釉中不能使用氟化钙：

① 施釉产品的烧成中，必须在高温下保温的；

② 烧成后必须缓慢冷却的；

③ 坯与釉化学反应较为显著的。

3. 白云石（镁质石灰石）

白云石是碳酸钙和碳酸镁的复盐。理论组成为 CaO 占 30.4%，MgO 占 21.7%，CO_2 占 47.9%，分解温度为 730~830℃，主要用作釉料的助熔原料，借以提高釉面的光泽度和透明度。由于在高温下，白云石易和釉成分中 SiO_2 和 Al_2O_3 反应生成硅酸钙和堇青石，故能降低釉的熔融温度。釉中加入白云石，不像加入方解石那样易吸烟，且很少析晶。

4. 滑石

滑石是天然含水硅酸镁矿物，化学式为 $3MgO \cdot 4SiO_2 \cdot H_2O$。在加热过程中，900℃ 前后，晶格崩溃重排，分离出一部分 SiO_2 变成顽火辉石，反应过程如下：

$$3MgO \cdot 4SiO_2 \cdot H_2O \xrightarrow{900℃} 3(MgO \cdot SiO_2)(\gamma\text{-顽火辉石}) + SiO_2 + H_2O$$

$$\gamma\text{-顽火辉石} \xrightarrow{1000\sim1200℃} \beta\text{-顽火辉石} \xrightarrow{1250\sim1350℃} \alpha\text{-顽火辉石}$$

滑石常用作釉料的助熔原料，能降低釉料的熔融温度和膨胀系数，提高釉的弹性，促进胎釉中间层生成，增强制品的热稳定性。同时还可增加釉的乳浊性，提高釉的白度。

5. 菱镁矿（菱苦土）

菱镁矿的化学成分主要是 $MgCO_3$，理论组成为 MgO 占 47.62%，CO_2 占 52.38%。菱镁矿在 640℃ 开始分解，800℃ 则基本分解完成。$MgCO_3$ 的分解温度低于 $CaCO_3$ 的分解温度。

菱镁矿用作釉的熔剂，能扩大釉的熔融温度范围，在还原焰烧成时，能增加釉的白度，防止釉面龟裂。但用量不可太多，否则釉面光泽不良，甚至引起秃釉。

6. 硅灰石

硅灰石属于具有链状结构的似辉石类矿物。其化学通式为 $CaO \cdot SiO_2$，晶体结构式为 $Ca_3[Si_3O_9]$，理论化学组成为 CaO 48.25%、SiO_2 51.75%。天然硅灰石是典型的高温接触变质岩，主要产于石灰岩与酸性岩浆的接触带，由 CaO 与 SiO_2 反应而生成。常与透辉石、钙铝石榴子石、绿帘石、方解石和石英等矿物共生。

陶瓷工业中硅灰石的用途广泛，可用于釉面砖、日用瓷、低损耗无线电瓷，也可用在卫生陶瓷、火花塞瓷以及釉料、磨具等方面。

用硅灰石制釉时，可替代石英和石灰石，釉面可避免因石灰石分解放出 CO_2 气体而产生釉泡和针孔。同时硅灰石能降低釉的高温黏度，并改善坯釉结合，釉面质量和产品强度都会有所提高。

7. 透辉石

透辉石是辉石类类质同象系列中的矿物，是富含钙、镁、铁质的基性岩浆接触交代时沉积变质而成。常与磁铁矿及其他含铁、锰的矿物共生，故化学成分中常混有铁、铝、锰等杂质。

透辉石化学式为 $CaO \cdot MgO \cdot 2SiO_2$，晶体结构式为 $CaMg[Si_2O_6]$，理论化学组成为 CaO 25.9%、MgO 18.6%、SiO_2 55.5%。晶体为无色，但因含杂质可呈绿色至深褐色，集合体呈粒状、柱状、放射状等，有玻璃光泽。透辉石本身不具多晶转变，没有多晶转变时所带来的体积效应；透辉石本身不含挥发分（如有机物、结晶水等），也不会分解出 CO_2，故可快速升温；透辉石是瘠性料，干燥收缩和烧成收缩都较小；透辉石热膨胀系数不大，且随温度升高呈直线性变化，有利于快速烧成；透辉石中引入钙、镁组分，构成了硅-铝-镁为主要成分的低共熔体系，可大大降低烧成温度。

透辉石用于配制釉料，由于钙镁玻璃的高温黏度低，对釉面光泽和平整度都有改善。

用透辉石配制陶瓷和硅灰石一样，具有烧成温度范围较窄的缺点，必须进行调整。

2.1.5 其他矿物原料

1. 霞石正长岩

霞石正长岩系 SiO_2 不饱和岩石。化学成分中 Na_2O 可达 7%～9%，$K_2O + Na_2O > 13\%$，主要为碱性长石类矿物，少量铁镁类深色矿物。

在陶瓷工业中常用霞石正长岩代替长石。它的主要矿物组成为正长石、微斜长石及霞石等，其除引入 K_2O、Na_2O，还能引入 Al_2O_3 及 SiO_2，这些都是陶瓷的主要成分。

霞石正长岩已在国外陶瓷生产中广泛采用。它是一种很强的熔剂，于 1050℃ 开始烧结，熔点随含碱量不同波动于 1100～1200℃ 之间。在陶瓷坯体中加入霞石正长岩会显著降低烧成温度，扩大烧结范围，从而利于提高机械强度和减少胎体的变形倾向。

2. 火山玻璃熔岩

本类岩石属酸性岩石中的喷出岩，包括黑曜岩、珍珠岩、松脂岩、浮岩等，以珍珠岩为代表。它们的化学成分很相近，以含水量来区别。一般地，黑曜岩含 H_2O 小于 2%，珍珠岩含 H_2O 2%～6%，松脂岩含 H_2O 6%～10%。它们对陶瓷工业特别有价值。

珍珠岩化学成分：SiO_2 68%～75%，Al_2O_3 9%～14%，Fe_2O_3 0.5%～4.0%，TiO_2 0.12%～0.2%，MgO 0.4%～1%，CaO 1%～2%，Na_2O 0.5%～5%，K_2O 1.5%～4.5%，

H_2O 2%～6%。它在高温下开始收缩温度为1025℃，软化温度为1175℃，软化温度范围为150℃，熔融范围为325℃。由于珍珠岩的上述特性使之更适合用于釉料中。

3. 磷矿物

釉用磷矿物主要有磷灰石和骨灰，主要成分都是磷酸钙 $Ca_3(PO_4)_2$。

骨灰一般是牛、羊、猪等动物的骨头煅烧后即得。煅烧温度一般为900～1300℃，煅烧时应避免碳化发黑。其主要成分是磷酸钙 $Ca_3(PO_4)_2$，另含有少量的碳酸钙及其他物质。骨灰可作助熔剂，其助熔作用较缓慢。它可使釉面光泽度提高，色调柔润，如在铜红釉中，会使铜红光润，但过多时会使色调发紫。P_2O_5 含量超过2%时，釉面易产生针孔、气泡。同时骨灰也是釉的良好乳浊剂，可提高釉的白度。试验证明，骨灰引入铁红釉中，可促使液相分离，形成芒釉。

配釉时，用化工原料磷酸钙和天然磷灰石来代替骨灰加入釉中，效果基本相同。骨灰瓷胎是50%左右的骨灰与高岭土、长石、石英等配制而成。

4. 锂辉石

锂辉石为典型的伟晶岩矿物，主要富产于花岗伟晶岩脉中，常与绿柱石、电气石、石英、钾长石、钠长石、锂云母共生。锂辉石属辉石族矿物，单斜晶系晶体，常呈断柱状、板状产出，也见有粒状致密块体或粒状、断柱状集合体。颜色呈黑、暗绿、褐色、灰白、淡黄、淡绿、翠绿或紫色，具玻璃光泽，半透明到不透明；晶体往往粗大，并具粗糙不平的晶面。

化学通式为 $Li_2O \cdot Al_2O_3 \cdot 4SiO_2$，晶体结构式为 $LiAl[Si_2O_5]$。理论 Li_2O 含量为8%，相对密度3.03～3.2，硬度6.5～7，熔化温度1380℃。锂辉石在1000℃左右发生不可逆转化，由 α-锂辉石转变为 β-锂辉石，相对密度也由3.03～3.2转变为2.4左右。生成的 β-锂辉石属于四方晶系，热膨胀系数非常低。

锂辉石熔解石英的能力比钠、钾长石熔液更强，可与釉中游离石英发生反应，生成热膨胀系数极低的 β-锂铝硅酸盐固溶体。由于接近透锂长石的理论组成，它能有效阻止石英的晶型转变，也就减少了石英晶型转变带来的体积膨胀。

我国锂矿资源已查明的储量居世界首位，分布广泛。我国的锂辉石产于新疆、内蒙古、四川、湖南、江西、浙江、河南等省（区），以新疆最为著名，如富蕴、阿尔泰花岗伟晶岩中黄、绿、紫色均有。内蒙古的宝石级紫锂辉石，是近几年才发现的。目前最常用的是新疆阿尔泰低铁锂辉石和江西宜春锂辉石。

5. 锂云母

锂云母化学通式为 $LiF \cdot KF \cdot Al_2O_3 \cdot 3SiO_2$，理论 Li_2O 含量为6.43%，相对密度2.8～2.9，硬度2.5～4，熔化温度1168～1177℃，单斜晶系，晶体为短柱状，但非常少见。锂云母通常以小薄片的粗大集合体出现，有时也有平板状锂云母。

6. 透锂长石

透锂长石化学通式为 $Li_2O \cdot Al_2O_3 \cdot 8SiO_2$，理论 Li_2O 含量为4.9%，相对密度2.4～2.5，硬度6～6.5，熔化温度1350℃。单斜晶系，颜色呈淡灰、白色，少量呈粉红色，有两个互成38.5°的解理方向，底部完全解理。

7. 釉石

一般将可直接用作釉料或调配少量其他原料即成釉料的矿石称为"釉石"，也称"低温石"。原矿呈土块状或粉状的称为"釉土",也有称其"釉泥"。陶器"土釉"多是用釉土配制而成。

釉石与瓷石的矿物组成基本相似,只是黏土类含量较低,而长石或方解石等含量较高一些,反映在化学组成上 Al_2O_3 含量较低,K_2O、Na_2O、CaO 等含量较高。

一些釉石原料的化学组成与釉料非常接近,虽可以直接用作釉料,但有时工艺性能却不能满足,主要是可塑性较大,需与其他瘠性料配合使用。

2.2 釉用化工原料

2.2.1 碱金属化合物

1. 食盐

食盐化学组成为 NaCl,熔点为 776℃,比熔点温度稍高时即开始挥发。在窑炉烧前预先加入食盐或在烧成中期往窑炉内投入食盐,没有施釉的坯体表面和挥发出来的食盐起反应生成低熔融温度的玻璃体而形成釉,这就是传统的食盐釉的基本原理。食盐也可以用于配制低温熔块釉,在釉浆中加入食盐可防止沉淀。

2. 碳酸钠

碳酸钠也称纯碱,由于它易溶于水,只能用作熔块的配料引入氧化钠,降低熔融温度。

3. 硝酸钠、碳酸钾、硝酸锂

它们在釉料中用途同碳酸钠,但价格较高。

4. 硼砂

硼砂化学式为 $Na_2O \cdot 2B_2O_3 \cdot 10H_2O$,其理论组成为 Na_2O 16.3%、B_2O_3 36.5%、结晶水 47.2%。在 741℃ 放出全部水分,在此温度下烧成的称为烧硼砂。其结晶水的量随温度而变化,所以应存放在温度变化小的地方。在配料之前应先测其含水量。

硼砂广泛用作陶瓷釉料中的助熔剂,氧化硼与二氧化硅一样都有与碱化合再熔融后形成玻璃质化合物的特性。硼砂还具有降低瓷釉黏度的重要作用,添加少量硼砂,就能使许多黏稠的瓷釉形成较好的覆盖。硼砂还具有使瓷釉产生较高光泽度和成熟温度降低的倾向,在生釉中添加 10% 硼砂可能有利于瓷釉的熔融,可是,如果加入过量硼砂则会产生许多缺陷,诸如龟裂、起泡,损害釉下彩料,损害瓷釉稳定性以及使瓷釉增稠到难以使用的胶冻状态等。

5. 碳酸锂

碳酸锂理论式为 Li_2CO_3,微溶于水,可引入到釉料中。它能降低釉的熔融温度、黏度和热膨胀系数。引入代替碱性氧化物,可降低釉料的热膨胀系数,提高耐酸、耐磨性和光泽度。

6. 玻璃粉

为普通窗玻璃及瓶玻璃的粉碎物。大厂所制的组成及性质大体尚属稳定,组成近于 $0.5Na_2O \cdot 0.5CaO \cdot SiO_2$。有水溶性,因而所制釉浆放置几小时后沉淀物即硬化如水泥,用酸调整其过剩的碱即能防止此缺点。玻璃中的钠含量高,又是已熔化过,引入釉料中,可大幅度降低釉的熔融温度。配锌、钛结晶釉常用玻璃粉。

2.2.2 碱土金属化合物

1. 碳酸钙

碳酸钙理论式为 $CaCO_3$,天然产的矿物中有方解石、石灰石、大理石、白垩等,前面已介绍过,用沉淀法制得的碳酸钙(也称轻质碳酸钙)用作釉原料,助熔效果更明显。

2. 碳酸镁

碳酸镁理论式 $MgCO_3$,加热到 350℃ 开始分解,在 900℃ 完全失去二氧化碳,变成氧化镁。难溶于水,天然矿物为菱镁矿。

在瓷釉中,碳酸镁起高温助熔剂的作用。当形成硅酸镁时,可使瓷釉具有弹性和比较低的线膨胀系数。碳酸镁还可用于抑制瓷釉的流动性,这对于结晶釉是非常合乎需要的性能。适量的碳酸镁也可以改善瓷釉的黏着力。

碳酸镁也常用作釉浆内聚剂,使釉浆含水高又很稠,施釉后,釉层没烧就开裂,也适合作收缩釉。

3. 碳酸钡

碳酸钡理论式为 $BaCO_3$,在一定条件下,钡比其他碱土金属能成为更强的助熔剂。氧化焰烧成时用 BaO 能置换一部分 PbO,在 1100℃ 以上的釉中 PbO 全部可用 BaO 置换,玻璃的折射率增大因而光泽度增强,但其效果不如 PbO。用量过多成为无光釉。无论按怎样的比例置换 CaO 或 ZnO,釉的弹性模数均降低。对热膨胀系数的影响与 ZnO 相同,其效果较碱金属或 CaO 小。

4. 碳酸锶

碳酸锶理论式为 $SrCO_3$,难溶于水,因而不必制成熔块。加少量的即可改善熔融状态。以分子量的比率置换 CaO,则助熔的作用较大,可增大流动性,降低软化温度,热膨胀系数稍增大。与 CaO 等量置换时,增大助熔的作用,增加流动性,降低软化温度,但热膨胀系数无变化。与 ZnO 按分子比等量置换,则增加流动性,减小溶解度,热膨胀系数虽稍有增大,但不影响软化温度。

在日用瓷釉和卫生陶瓷釉中,引入 SrO 则光亮度提高,增大抗酸性及抗釉面龟裂性。对于色料,尤其是粉红、铁红等红色系统,能使之更为明快。

在含锆的釉中加 SrO 则增大流动性,也能减少棕眼,因而容易获得平滑的釉面。如用 SrO 置换 CaO 或 BaO 时可促进与坯体的反应,从而使釉的附着性能更为良好,抗划痕强度也增大,也能减小对于水的溶解度。引入 $SrCO_3$ 还能消除表面的朦胧状态。

5. 锆英石

锆英石的化学通式为 $ZrSiO_4$,理论上含 ZrO_2 67.2%、SiO_2 32.8%。由于含有微量 U、Th 等放射性元素,因而带有微量放射性。锆英石的产地国外有澳大利亚、美国、印度、巴西、斯里兰卡等。澳大利亚是世界上的最大产出国,我国广东、山东、台湾省沿海一带都有锆英石的砂积矿床。

锆英石一般作为普通陶瓷釉料的乳浊剂被广泛使用,特别是在建筑卫生陶瓷釉料中使用量更大。它在釉中不仅起乳浊作用,还可提高釉的白度和耐磨性,并能增大抗釉面龟裂性和釉面硬度。

6. 熔块

熔块是一些组成特殊的，经过熔化、水淬或冷轧制成的，通常用作釉料成分的一类碎粒或碎片状玻璃材料。

根据使用目的、条件和设定产品的性质等因素，陶瓷工业用熔块的类型分为高温和低温熔块；根据不同的热膨胀系数，分为高膨胀和低膨胀熔块；根据光泽度不同，分为亮光和亚光熔块等。

2.2.3 其他化合物

1. 氧化锌

理论式为 ZnO，在 1800℃升华变为金属锌。因制法不同其纯度也不同，最纯的氧化锌是将锌挥发的蒸汽氧化而得。氧化锌在瓷釉中可以起助熔作用，降低膨胀，防止开裂，增加光泽度和白度，对弹性产生有利影响，增大成熟温度范围等。由于氧化锌的收缩作用，可能引起釉卷缩缺陷。因此，氧化锌在使用之前，需经过 1250~1280℃高温煅烧。如果氧化锌加入量较多，产生过饱和就形成硅酸锌结晶，如结晶生长过程保温时间较长，就可以长成很大的晶花。氧化锌对多种色料发色有影响，如不利于铬发绿色，有利于铜发绿色。氧化锌还会改变釉下彩料的色泽，使有些釉下彩的颜色受到损坏，有些则得到改善。

2. 铅化物

铅化物有氧化铅（红丹）、碳酸铅、氢氧化铅等，经烧成最终是以氧化铅存在。氧化铅与 SiO_2 及硼酸较易化合而成为玻璃。铅硅酸盐熔融物具有下列特征：

① 因折射率高而光泽好。
② 与碱金属相比虽可减小热膨胀系数，但铅含量增多时反而增大。
③ 减小弹性模数，即对于拉伸应力来说其延伸率大。
④ 降低熔融物的黏度。
⑤ 显著地扩大熔融温度范围，因而微量的成分之差不至于引起多大的影响。
⑥ 减少失透现象。

相关的还有下述缺点：

① 有毒，因而用量有一定的限制或必须制成熔块。
② 配比不当的釉易被食物酸或果汁所侵蚀。
③ 有些铅釉长期与大气接触，遂在表面上生成一层薄膜而失去光泽。
④ 烧成操作不当，则使铅釉容易还原而析出金属铅，变成灰色或黑色。
⑤ 铅含量多，则釉面的抗磨性显著下降。
⑥ 铅釉的强度随着碱土金属量的减少而降低。

3. 氧化铝

釉中一般都含有氧化铝，铝能改善釉面强度、硬度，影响釉的发色，含量较高时易析晶。钙、镁、钡等无光釉中 Al_2O_3 含量都在 18% 以上，引入氧化铝成分的有黏土、长石等。

Al_2O_3 为煅烧氢氧化铝而得，两者均能制成高纯度物质。氢氧化铝因利于釉浆的悬浮，也能很好地附着于坯体，在熔融的初期也比较容易反应，因而多用为釉原料。但直接用 Al_2O_3 比取自黏土和长石成为无光釉的倾向性较大。

4. 硼化物

（1）硼酸

H_3BO_3 或 $B_2O_3 \cdot 3H_2O$，为溶于水的软质扁平形结晶，在100℃脱去结晶水，加热到炽热状态即熔融而成无水 B_2O_3。若需要保持一定的水分，则必须存放在适当的温度之下。精制品约含 H_3BO_3 99%，粗制品则含 80%～90%。其中的不纯物为微量的硫酸盐、氯化物和不溶性物质，还含有微量的氧化铁。

（2）硼砂

本章前面 2.2.1 中已介绍。

5. 锑化物

用在釉中的锑化物主要是氧化锑 Sb_2O_3，氧化锑在釉中用作乳浊剂和着色剂的原料。单独用氧化锑不能制成色玻璃。虽然有时能显出黄色，但这是由于混进去的杂质如氧化铅和氧化铁等原因。仅限于 SK 1 以下的釉料中，才能显示出乳浊的最大效果。氧化锑有毒，制成釉以后对人身无害，稍溶于水。

6. 钛化物

钛与硅在釉中的作用极为相似，对于显色及不透明性的作用也相类似。热膨胀系数在普通氧化物中居中等程度。钛化物主要有：

（1）金红石

为不纯的 TiO_2，含 FeO 1%～25%，也有的含 SiO_2、V_2O_5 或 Cr_2O_3。

金红石广用为象牙黄及黄褐色坯体的乳浊剂，也用于瓷牙以使其显示有如真牙的色调。金红石中含 TiO_2 85%～98%，因而其显示的色调也有种种变化。

（2）氧化钛

TiO_2 能获得纯度较高的制品。制法为将天然的钛矿加热到炽热状态，通入氯蒸气，使铁化合物变为 $FeCl_3$ 挥发掉。TiO_2 为结晶釉的重要成分。

TiO_2 可用于制造釉下色料。加纯 TiO_2 于熔块中，用作石灰石质陶器铅釉的釉下色料时，显带红色的黄色，如用金红石则因含铁而呈暗黄色。

如用钛置换铬红系统色料中的锡时，则成为良好的带黄红色调的褐色釉下色料，也能制成宝石红。氧化钛对于含铁化合物的锌釉显色有显著影响，如含 0.09g 分子氧化铁本来显示褐色，但加 0.10g 分子 TiO_2 则变为深绿色。如不含氧化铁时虽加 TiO_2 也不过仅显示发青的白色。

用一氧化碳还原 TiO_2 则成为 Ti_2O_3，有时也显示蓝色，金红石与氧化钴并用可得绿色，它为黄色和蓝色光学的混合色。

含氧化钛的釉对气氛、温度很敏感，易发生颜色变化，所以氧化钛是窑变花釉常用的原料。

7. 氧化锡

自古已知氧化锡有乳浊作用，其乳浊作用是由于氧化锡不熔而悬浮于釉中，其熔融量不过1%左右。乳浊效果因釉的组成而不同，但氧化锡的粒度影响也很大，通常以 $1\mu m$ 左右为宜。氧化锡在釉中添加过量，遂失去光泽而成为无光釉。

氧化锡，天然产有锡石，将金属锡在空气中熔融加热制得。虽然氧化锡几乎不熔于釉液，但如颗粒过小可熔 8%～10%。其熔融量要随釉的成分和烧成温度而变化。最好的乳浊效果为在含硼酸的熔块中加氧化锡。

在含氧化锡成分的釉中加氧化铬则呈现粉红色或栗皮色。它是最为重要的釉原料。将氧化锡与氧化铬的混合物灼烧，遂成为粉红色色料。在挂锡乳浊釉产品的旁边，放以铬绿色料共同加热时，则因铬的蒸汽而着色。

2.3 着色原料

2.3.1 钴化物

硫酸钴：$CoSO_4 \cdot 7H_2O$，分子量281.2，为正红色结晶。在20℃的饱和溶液中，其无水盐约含CoO 26.6%。

氯化钴：$CoCl_2 \cdot 6H_2O$，分子量238，红色结晶，在30～35℃变为蓝色。在20℃的饱和溶液中，其无水盐约含CoO 34.9%。

硝酸钴：$Co(NO_3)_2 \cdot 6H_2O$，分子量291.1，红色结晶，在湿气中溶解。在18℃的饱和溶液中，其无水盐约含CoO 49.7%。

碳酸钴：$CoCO_3$，分子量119，红蓝色，不溶于水。

磷酸钴：$Co_3P_2O_8 \cdot 8H_2O$，分子量511，蔷薇红，不溶于水。

三氧化二钴：Co_2O_3，分子量165.94，灰黑色粉末。

四氧化三钴：Co_3O_4，分子量240.9，灰色粉末。

氧化钴：CoO，分子量74.97，灰色粉末。

2.3.2 镍化物

氧化亚镍：NiO，分子量74.7，绿色粉末，又称绿镍。

三氧化二镍：Ni_2O_3，分子量165.4，黑色粉末，又称黑镍。

三氧化二镍和氧化亚镍混合物为灰绿色。

碳酸镍：$NiCO_3$，分子量118.68，淡绿色结晶。

2.3.3 铜化物

氧化铜：CuO，分子量79.6，黑褐色粉末，在1233℃时不发生分解而熔融。在碱金属含量高的釉中显土耳其蓝，在铅含量多的釉中则显绿及黄绿色。

氧化亚铜：Cu_2O，分子量142，正红色结晶粉末，此种形态的氧化铜几乎不直接用作陶瓷器色料。

2.3.4 锰化物

二氧化锰或氧化锰：MnO_2，分子量86.93，天然产有软锰矿或黝锰矿，MnO_2含量60%～95%的，适用于陶瓷器色料。

碳酸锰：$MnCO_3$，分子量114.9，天然产为菱锰矿，是日本的重要锰矿资源。

2.3.5 铬化物

重铬酸钾：$K_2Cr_2O_7$，分子量294，为较大的红黄色结晶，约在800℃变成亮红色溶液，在1300℃排出氧而分解为铬酸钾和氧化铬，主要用于制桃红色料。分解式如下：

$$2K_2Cr_2O_7 \xrightarrow{1300℃} 2K_2CrO_4 + Cr_2O_3 + 3O$$

氧化铬：Cr_2O_3，分子量152，暗草绿色结晶质粉末，为多种色料的原料。将氧化铬和氧化锡混合后煅烧，可得桃红色料。桃红色料的结构尚不清楚，可能是化学性的化合物，也可能是氧化铬和氧化锡的高分散混合物。

铬用于绿色釉，主要限于高温釉。铬绿色釉中添加ZnO显灰绿色，但用人工光线照射则显蓝色，在含SiO_2少的釉中显黄色。

2.3.6 铁化物

三氧化二铁：Fe_2O_3，分子量160.0，红色粉末，在1370℃烧结，1500～1600℃熔融，其准确的熔点为1550℃。

氧化亚铁：FeO，分子量71.8，黑色粉末，熔点1377℃。

四氧化三铁：Fe_3O_4，分子量231.8，黑色粉末。

2.3.7 其他着色化合物

氧化铍：BeO，分子量25.1，白色粉末，熔点2500℃。

铍化物通常是无色的，但在还原焰烧成下发深蓝色，并近似亮紫色。在任何情况下用于釉中均为无光状。氧化铍对于多种色料的发色影响较大。如在红色的铀釉中加入0.5%～3%的BeO，则会出现良好而均匀的深红色，对于红色的搪瓷色料也有好的作用。氧化铍为促进结晶釉中结晶的晶化和成长的氧化物。

三氧化二铋：Bi_2O_3，分子量315.4，熔点860℃。

铋化物在釉中显黄色，还原焰烧成则从暗褐色变为黑色。铋为所有虹彩釉的主要原料。虹彩为很薄的被膜，在白瓷上低温烧成。氧化铋为搪瓷釉及金水的熔剂。

二氧化钼：MoO_2，分子量128.0，紫褐色粉末。

三氧化钼：MoO_3，分子量144.0，无色粉末，熔点795℃。

钼化物在氧化焰烧成下，对于釉料并不显任何颜色。与锰、钒及铝等化合，为烧成温度SK 9～14的蓝色色料。钼与钒在更高的温度下显黑色。钼化物与锰化物的混合物灼烧后显灰色，用铝氧冲淡后可得灰色及紫色。钼可促进釉中结晶的成长，生成美丽的星形结晶。结晶吸收所添加的色料，同时显示出该种色调的结晶。例如，在加少量钴的结晶釉中，生成蓝色的结晶，晶体之外为明快的蓝色。

在SiO_2含量多、Al_2O_3含量少的锌结晶釉中加钼化物或者同时加钒或钨，则会促进晶化。

氧化钨：WO_3，淡黄色粉末，熔点1473℃。

氧化钨在陶器釉及瓷器釉的熔融温度下是无色的，系良好的结晶成长剂，对于SK 1a以上锌含量多的釉尤为有效。在自然光线和灯光照射下结晶有虹彩现象。近来已用钨化物作为高火色料的原料。

三氧化二钒：V_2O_3，分子量150.0，熔点1970℃，黑色有光泽的粉末。

五氧化二钒：V_2O_5，分子量182.0，熔点658℃，橙色或红色粉末。

氧化钒本身并不着色,与氧化锡化合为粉红色。在1100℃左右有极为显著的晶化作用。近来用作高火黄色及蓝色色料的原料。在氧化焰烧成下,特别是在含有 Zn-Ti-Zr 的釉中,V_2O_5 显黄色。V_2O_5 有减小表面张力的功能,因而釉面有时缩为点滴状,在黏度稍大的釉中可以看到此种现象。

钨、钼、钒在釉中共存时,在釉内生成色调极为优美的结晶,显示出七色的虹彩。

2.4 釉用原料的选择和开发

2.4.1 釉用原料的选择原则

天然原料受产地及地质条件的影响,同一名称的原料有可能成分变化较大或成分不稳定,加之不同原料中又可能含有某一相同的成分,像同一种氧化物可以从不同的化合物中得到一样,这就使得每一个釉式都可以通过不同的途径或采用不同的原料来满足,因此正确选择釉用原料就变得很关键。它不仅影响到釉的性能、质量,还与成本甚至推广的范围直接相关。釉用原料的选用主要应考虑以下因素:

① 用天然原料的不要用化工原料代替,这不仅能降低成本,而且釉的某些工艺性能也易于满足。

② 使用可溶性原料或有毒性的原料时,一定要将其预先制成熔块。

③ 使用含有两种或多种氧化物的天然原料,代替直接加入含有一种氧化物的天然原料,如以白云石代替白垩秋菱镁矿来引入 CaO 和 MgO,不仅效果更好,而且使配方简单易于操作,给生产和管理带来方便。

④ 在低温快烧釉中,像滑石、氧化锌等烧成过程收缩较大或有大量反应气体放出的原料,最好是煅烧以后再引入。

⑤ 釉中引入生瓷土,不仅是为了引入 Al_2O_3,而且可以起到悬浮作用,但用量一般不宜超过15%,黏性较大、可塑性较高的黏土引入量还应更低一些,否则会造成生釉收缩过大,引起缩釉等缺陷。

2.4.2 釉用原料的开发

(1) 价格低廉、节能是陶瓷原料工业的首要条件。

随着时间的推移,陶瓷工业使用的传统原料遇到了新的挑战。尤其日用陶瓷和建筑陶瓷行业如何降低能耗,采取较低的烧成温度,缩短烧成周期,以期节约能源,降低成本,成为一个重要的课题。因而首先必须解决如何选用适应温度低、快烧的原料问题。目前已开发的低温快烧原料有叶蜡石 $Al_2[Si_4O_{10}](OH)_2$、硅灰石 $Ca_3[Si_3O_9]$、透辉石 $CaMg[Si_2O_6]$、透闪石 $Ca_2Mg_5[Si_4O_{11}]_2(OH)_2$ 等。

(2) 天然原料标准化,优质优用,劣质巧用。

应用天然岩石是当今世界陶瓷生产的发展趋向,但是天然矿物最大的缺陷是成分不稳定和杂质含量问题。因此,必须对天然矿物进行捡选、精加工、分级。一方面改进其性能,另一方面使原料品级标准化、系列化,做到优质优用,劣质巧用。不仅可以满足不同用户的要求,而且可以保证终端产品的质量稳定。例如,一般传统陶瓷制品基本都是"白色",因而主要研究利用的只能是一些颜色指数较低的浅色岩浆岩。而今，在一些色瓷如文化砖、广场砖中，突破了"白色"界限，使一些颜色较深的原料得到应用，而且获得了特殊的艺术效果。

（3）变废为宝，改善环境。

综合利用工业废渣等是环保和提高资源效益的根本要求，有必要对陶瓷新原料组织人力研究开发。在对那些节能型非金属矿产资源进行合理配置，提高综合利用水平同时，对各类天然矿物岩石和各种工业尾矿、废渣等在陶瓷工业中的直接应用应该得到大力推广，像煤矸石、粉煤灰、废玻璃、高炉矿渣等。当今世界是日益重视环保的时代，节省资源，发挥资源效益，功在当代，利国利民，而且也有可能降低原料成本。

（4）突破传统界限，选用新的原料。

岩浆岩不一定具有传统原料的某些性能，因而岩浆岩的大量应用也许会导致陶瓷生产的某些变革。此类原料在陶瓷中应用的数量和范围已大大超出传统的配料概念，并因此而具备了特殊的效果和用途，山东滑石瓷的开发就是较早成功的实例。钙质类原料有的用于陶瓷坯体，与特殊的釉料相结合，成为可降解陶瓷的研究方向之一。

对于岩浆岩，当其化学（或矿物）组成与陶瓷或某种传统原料的组成相近的时候，它就可能成为新的陶瓷原料。这类岩浆岩应该是碱性岩和钙碱性系列中的中、酸性岩及其过渡性岩石。

迄今为止，已被作为陶瓷原料研究应用或正在研究的岩浆岩有霞石正长岩、正长岩、粗面岩、珍珠岩、花岗岩、花岗伟晶岩、英安岩、凝灰岩等。

实 训 项 目

项目一：测试钾长石、石英、重钙、高岭土、滑石、硅灰石、白云石等釉用矿物原料在105℃和1250℃的烧失量，并分析原因。

项目二：将钾长石、钠长石、石英、石灰石、高岭土、滑石、硅灰石、白云石、霞石、碳酸锶、氧化锌、碳酸钡等釉用原料烧至1250℃，观察它们烧制前后的变化，并分析原因。

项目三：找三个不同产地的钾长石、高岭土，从化学组成、物理性质等方面阐述它们的不同点。

项目四：将下面的配方做成10g左右的小釉球，放入流动板中烧至1280℃，测量各个配方烧成后的流长，并观察它们的熔融状态，对它们的助熔效果进行排序。

序号	钾长石	石英	高岭土	石灰石	滑石	硅灰石	碳酸锶	白云石	碳酸钡
1	50	20	7	20					
2	50	20	7	20	20				
3	50	20	7	20		20			
4	50	20	7	20			20		
5	50	20	7	20				20	
6	50	20	7	20					20

第3章 陶瓷色料

3.1 色料制备方法

陶瓷色料的制备多采用传统的固相反应法，也有近些年来发展起来的液相合成法和微波烧成工艺。这里仅介绍一般通用制备方法及有关注意事项。

3.1.1 原料的加工处理

制备色料所采用的原料通常为工业纯或化学纯的化工原料，要严格控制它们的化学组成、矿物组成和颗粒组成。制备色料用原料按其作用可分为着色剂、载色母体和矿化剂三大类。

着色剂是指色料中的着色原料，常用各种着色氧化物或相应的氢氧化物、碳酸盐、硝酸盐、氯化物、磷酸盐、硫酸盐、铬酸盐、重铬酸盐等。要求着色原料有一定的颗粒细度和颗粒组成，细颗粒能使固相反应进行完全，色调均匀。根据不同品种，生产工艺不同，其细度的要求也不同，通常在200～400目范围内。

载色母体通常用无色氧化物、盐类、较纯的天然矿物或固溶体等。

矿化剂通常用碱金属盐、碱土金属盐、氧化物、铵盐和熔块等，根据色料种类与制备方法的不同选择相应的矿化剂。

载色母体和矿化剂所用原料的细度要与着色原料的一致，通常在200～400目范围内。

色料生产常用的着色剂和载色母体用原料见表3-1。

表3-1 色料生产常用的着色剂和载色母体用原料

化学成分	原料	备注
SiO_2	脉石英、石英岩、石英砂、高岭土等	载色母体
Al_2O_3	工业氧化铝粉、氢氧化铝、高岭土等	载色母体
TiO_2	板钛矿、锐钛矿、金红石、钛白粉（TiO_2）	载色母体
ZrO_2	锆英粉、斜锆石粉（ZrO_2）	载色母体
Sb_2O_5	化学纯 Sb_2O_3、Sb_2O_5	着色剂
SnO_2	SnO_2、H_2SnO_3	载色母体
CaO	石灰石、方解石、白垩、轻质碳酸钙、白云石、萤石（CaF_2）	载色母体
MgO	白云石（$CaCO_3$、$MgCO_3$）、滑石（$3MgO \cdot 4SiO_2 \cdot H_2O$）	载色母体
ZnO	工业纯 ZnO、化学纯 ZnO	载色母体
PbO	铅丹（Pb_3O_4）、氧化铅（PbO）、铅白[$2PbCO_3 \cdot Pb(OH)_2$]	载色母体
V_2O_5	V_2O_5、NH_4VO_3	着色剂
Cr_2O_3	氧化铬、重铬酸钾（$K_2Cr_2O_7$）、铬酸铅（$PbCrO_4$）	着色剂
MnO_2	二氧化锰、碳酸锰（$MnCO_3$）、磷酸锰（$MnHPO_4$）	着色剂

续表

化学成分	原料	备注
Fe_2O_3	铁红(Fe_2O_3)、硫酸亚铁 $FeSO_4·7H_2O$(绿矾)	着色剂
CoO	氧化钴(CoO、Co_3O_4)、碳酸钴($CoCO_3$)、磷酸钴$[Co_3(PO_4)_2]$	着色剂
NiO	氧化镍(NiO)	着色剂
CuO	碳酸铜$[CuCO_3$、$Cu(OH)_2]$、氧化铜(CuO)	着色剂
CdO	硫化镉(CdS)、氧化镉(CdO)、碳酸镉($CdCO_3$)	着色剂
SeO_2	金属硒粉(Se)、无水亚硒酸(SeO_2)	着色剂
Pr_6O_{11}	氧化镨	着色剂
CeO_2	氧化铈	着色剂

色料工业常用的矿化剂见表3-2。

表3-2 色料工业常用的矿化剂

分类	矿化剂
碱金属盐	氟化锂(LiF)、碳酸锂(Li_2CO_3)、氯化钠($NaCl$)、氟化钠(NaF)、氯化钾(KCl)、碳酸钠(Na_2CO_3)、硼砂($Na_2B_4O_7·10H_2O$)、钼酸钠(Na_2MoO_4)、钨酸钠(Na_2WO_4)、钒酸钠($Na_2V_2O_6$)
碱土金属盐	萤石(CaF_2)
氧化物	氧化钒(V_2O_5)、氧化钼(MoO_3)、氧化钨(WO_3)、氧化铅(PbO、Pb_3O_4)
铵盐	NH_4Cl、钼酸铵$[(NH_4)_2MoO_4]$
熔块	低熔点的铅玻璃(熔块)或硼玻璃(熔块)

3.1.2 配合料的制备

色料的最终色调和品位,受加入色料中各种成分的影响,为使每批色料显色相同,必须严格按配方称量,并充分混合,研磨均匀,制成配合料。

混合方法有湿法和干法两大类。湿法是将各种原料称量配合后装入湿式磨机(如球磨机、搅拌磨等)中细磨并混合,然后过筛干燥。湿法混合有继续磨细的作用,对原料的细度要求不高,但要求混合均匀,混合后要过筛干燥,工序比较烦琐。

干法混合是将各种已加工好的原料准确配合后,放入干式混合机中混合,这种方法适合原料中有可溶性物质的混合,由于它只有混合而没有磨细的作用,故对原料的细度要求较高(最好99%的原料过400目筛)。目前,国内所引进主要设备和软件的大型色釉料厂家,除某些品种如宝蓝、金棕等采用湿混工艺外,多采用干混工艺。干法混合所用的混合设备为不锈钢材质,混合机类型有V形混合机、双锥形混合机、犁刀形混合机等。

3.1.3 烧成(固相反应)

将混合均匀并干燥好的配合料,按不同类色料的要求分别采用敞装、盖装、封装及松散、压实等方式装入耐火匣钵内煅烧,煅烧的目的是合成稳定的着色矿物。煅烧温度、烧成时间、烧成气氛是由色料的种类和配方决定的，它们对色料的品位影响很大。煅烧温度通常可分为高温和低温两种。低温煅烧温度在 700～1100℃，如镉硒红、铬绿、锆英石系色料的合成。高温煅烧温度在 1200～1300℃，如玛瑙红色料、尖晶石系色料等。大部分色料的合成温度则在 1000～1300℃。烧成时间通常为 10～16h，烧成周期平均为 30h。最先进的色料烧成工艺为微波烧成，烧成周期不超过 8h。

除某些色料须采用还原气氛烧成外，通常都采用氧化气氛烧成。通常采用一次烧成，个别特殊的品种也有采用二次甚至三次烧成的。

煅烧用窑炉多使用间歇式的梭式窑，也可使用推板窑。应配备温度和气氛自动控制和检测系统。

3.1.4　烧成物的处理（细碎→洗涤→包装）

煅烧后的色料要进行细碎，每种色料都有它最佳的呈色颗粒细度和颗粒分布曲线（如宽分布、正分布或负分布）。通常色料颗粒的平均粒径在 3～10μm，色料太粗则呈色不均匀。随着一定范围内细度的增加，呈色能力也增强，但如超过极限，由于色料在釉中的溶解，呈色能力反而下降。所以，色料的细碎工艺十分重要。细碎又可分为干法和湿法两种，其细度要求全部过 250 目筛（最好是 400 目筛）。

3.2　尖晶石类色料

3.2.1　概述

尖晶石类色料是一种历史悠久的传统色料，它是以尖晶石作为主要组成矿物的一类色料。尖晶石的化学通式是 AB_2O_4，它又可分为两种，一种是 A 为 +2 价金属阳离子，B 为 +3 价金属阳离子；另一种是 A 为 +4 价金属阳离子，B 为 +2 价金属阳离子。其中，+2 价的金属阳离子有 Mg^{2+}、Mn^{2+}、Fe^{2+}、Co^{2+}、Ni^{2+}、Cu^{2+}、Zn^{2+}、Cd^{2+} 等，+3 价的金属阳离子有 Al^{3+}、Cr^{3+}、Fe^{3+}、V^{3+}、In^{3+} 等，+4 价的金属阳离子有 Ti^{4+}、Sn^{4+}。通过这些元素的组合可得到很多化合物，这些化合物的颜色非常丰富。

3.2.2　一些尖晶石类色料及对基釉的基本要求

（1）黑色尖晶石系色料

该类色料分为无钴黑和钴黑，均含有 Cr，它们的共同点是组成中均不含有 ZnO，这点是为了防止 $ZnO \cdot Cr_2O_3$ 尖晶石的生成而影响呈色，该类色料要求基釉中无锌或低锌。无钴黑 Fe-Ni-Cr-Mn，适用于无铅或低铅熔块釉，可以与棕色和黑色混配。钴黑 Co-Fe-Ni-Cr-Mn 和 Co-Fe-Ni-Cr，呈现非常稳定的深黑色，具有铁磁性，不能用磁铁来除铁。两种黑色色料都适用于石灰-钡釉，会呈现非常鲜明的黑色。

（2）棕色尖晶石系色料

与黑色色料一样，在棕色色料中大部分为尖晶石型色料。ZnO 是尖晶石型棕色色料的主要成分之一。该系色料在钙锌釉中呈色相当稳定，在钙镁釉中变为稍带白色调的黄棕色。

（3）蓝色尖晶石系色料

这是一种 $ZnO\text{-}CoO\text{-}Al_2O_3$、$Cr_2O_3\text{-}CoO\text{-}Al_2O_3$、$CoO\text{-}Al_2O_3$、$CoO\text{-}SiO_2$ 系色料，含少量锌有助于发色。

（4）绿色尖晶石系色料

这是一种 $Al_2O_3\text{-}Cr_2O_3$、$ZnO\text{-}CoO\text{-}Al_2O_3\text{-}Cr_2O_3$ 系色料，在石灰釉中呈现透明性好的颜色，不适用于高锌、高镁、高锡的基釉。

3.3 锡基色料

3.3.1 概述

常用锡基色料见表 3-3。此外，人们对以 SnO_2 和 $CaSnSiO_5$ 为载体掺杂各种价态的过渡金属离子和镧系稀土金属离子，以及以 TiO_2 或 ZrO_2 取代 SnO_2 等合成色料进行过较详细的研究。

表 3-3 常用锡基色料

色料名称	主晶格	着色离子价态及结合状况
锡钒黄	SnO_2 锡石	锡石粒子吸附松散，包裹 V^{5+}，另有极少量 V^{4+} 溶入 SnO_2（约 1%）
锑锡灰	SnO_2 锡石	Sb^{3+} 溶入 SnO_2
锡铬紫	SnO_2 锡石	Cr^{4+} 溶入 SnO_2，另有极少量 Cr^{3+} 溶入
铬锡红	$CaO \cdot SnO_2 \cdot SiO_2$ 榍石（马来西亚石）	Cr^{4+} 溶入榍石 SnO_2 晶格位置，或有少量 Cr^{3+} 溶入
锡铬钴紫	$CaO \cdot SnO_2 \cdot SiO_2$ 榍石（马来西亚石）	Cr^{4+} 溶入榍石 SnO_2 晶格位置，或有少量 Cr^{3+} 溶入，Co^{2+} 同时溶入

3.3.2 锡基色料的应用

锡基色料被广泛用于釉上、釉中、釉下彩和颜色釉中。使用要求如下：

① 全部锡基色料必须在氧化气氛下使用，任何使 SnO_2 还原的烧成条件均会破坏其稳定性。尤其是锡钒黄对还原气氛更敏感，因为除 SnO_2 被还原外，V^{5+} 也易被还原成 V^{4+}，甚至 V^{3+}。

② 铬锡红类色料，应在无锌或低锌（含量小于 4%）釉中使用。釉中 SiO_2、CaO 含量较高，并含 SnO_2 或锆英石乳浊剂，会使釉产生半乳浊效果。锡钒黄在 SnO_2 乳浊釉中呈色更加绚丽。

3.4 锆基色料

3.4.1 概述

自 20 世纪以来陶瓷色料发展上总体进展不大，但有一个例外，即锆基色料的研究、开发和应用。它几乎席卷了除黑色以外的所有颜色领域，影响之大和深刻是过去的传统色料所远远不及的。

任何一种色料要得到广泛应用，都必须具备两个基本条件：一个是呈色的稳定性要好；另一个是呈色能力要强。呈色能力不只是呈色强度的问题，它还有光泽度高低的问题。如传统色料中的维多利亚绿和玛瑙红（铬锡红），它们的光泽就比相近颜色的锆系色料和锡系色料好。还有一点也很重要，即不同颜色色料的混溶性。混溶性好就可以制备多种调和色，应用范围也就大大扩大了。在这一点上，锆基色料具有巨大的优势，特别是在卫生瓷颜色釉中的应用。我们要求制品烧成时，在高温和腐蚀性环境下色料的呈色必须稳定。尽管色料的颗粒尺寸很小（约 $10\mu m$），但要求它在熔融釉中的溶解度越低越好，并要求它不能因与熔融物质的接触而发生反应放出气体，此外色料不得分解，也不应形成新的化合物。这些要求将色料限制在少数几种难溶体系中，它们自身能反应完全形成稳定的矿物，但对分散介质却是惰性的，只有这样才能保证呈色稳定。恰恰锆系色料具有这方面的良好性能。

3.4.2 锆钒蓝色料

1949 年 5 月，一种新型陶瓷色料由克雷仑斯·斯布莱特（C. A. Seabright）以专利的形式发表了。该色料基本上由锆、硅和钒的氧化物组成，呈色为蓝绿色，化学组成见表 3-4。

表 3-4 锆钒蓝的化学组成

成分	ZrO_2	SiO_2	V_2O_5
质量百分数/%	35～80	10～55	3～17

3.4.3 钒锆黄色料

在斯布莱特的原始专利中，记述了 Zr-V-Si 氧化物系统中一个很宽的组成范围。随着 SiO_2 的减少，色料的色调由蓝变绿，最后变成草黄，当 SiO_2 的含量减到零时，就形成了钒锆黄色料。这种色料是所发现的第一种有实际工业价值的，以斜锆石（ZrO_2）为基体的色料。其典型组成是：ZrO_2 95%、V_2O_5 5%。它的色调可通过加入少量的 Al_2O_3、TiO_2、TiO_2、SiO_2 或硼酸（H_3BO_3）来改变。

3.4.4 锆镨黄色料

钒锆黄色料缺乏清晰明快的色调，且常带有褐色。到了 20 世纪 50 年代后期，终于开发出了一种鲜明的呈柠檬黄色的锆英石型色料，即锆镨黄色料（Pr-Si-Zr）。

与钒锆蓝色料一样，这种色料烧成后的主晶相也是锆英石。锆镨黄呈现鲜明的黄色，其色调对 ZrO_2 与 SiO_2 的比例不敏感，且氧化镨的加入量有限，最多不超过 5%。

与其他高温陶瓷黄色色料相比，锆镨黄的呈色更为清晰明亮，它既不带有锡钒黄所带有的红灰色，也不带有钒锆黄所带有的黄褐色。同时，锆镨黄使用时有一个很宽的温度范围。锆镨黄已广泛地用作釉用色料，其使用温度范围为 980～1350℃（SK 06 号锥到 SK 12 号锥）。

锆英石系色料的相互混溶性很好，可广泛用来配出调和色。如将锆钒蓝和锆镨黄以一定的比例混合可制得绿色色料，它在釉中呈现非常鲜明的绿色。锆英石系色料合成的机理在于着色离子在矿化剂的作用下，在 SiO_2 与 ZrO_2 形成 $ZrSiO_4$ 的过程中进入 $ZrSiO_4$ 晶格。有关这方面的呈色机理已通过严格的科学实验确认。

3.4.5 锆铁红色料

1960年几乎同时在几种刊物上报道了锆铁红锆英石色料的诞生。1961年在一项专利中公布了合成新型珊瑚红色料的技术专利。表3-5列出了6种锆铁红色料和所用矿化剂的化学组成。专利中着重强调了在锆铁红粉红色料的配方中，如何正确、严格地选择原料，例如在生产中要求使用CaO含量高达1‰的ZrO_2。

表3-5 6种锆铁红色料及所用矿化剂的化学组成 单位:%

组成		锆铁红色料配方					
		珊瑚红色锆铁红			粉红色锆铁红		
		A	B	C	D	E	F
锆铁红色料	ZrO_2	63	63	63	58.2	59.3	53.2
	SiO_2	31	31	31	25.9	28.2	24.6
	Fe_2O_3	—	—	12	—	—	—
	$Fe(OH)_3$	—	—	—	13.6	10.0	20.0
	$FeSO_4$	8	20	—	—	—	—
矿化剂	NaF	3	6	—	—	—	—
	NaCl	4	7.5	—	—	—	—
	Na_2SiF_6	—	—	14	2.3	2.5	2.2

3.5 包裹色料

3.5.1 概述

陶瓷色料以其高温时在釉和坯中独特的稳定性而著称。不同色料在釉中稳定存在的温度范围为800~1300℃。具体的温度高低取决于色料的组成。根据色料呈色稳定的温度范围及性质，分别适用于硬质瓷釉、软质瓷釉、墙地砖釉或卫生瓷釉。色料在坯体中的稳定温度范围为1100~1400℃。具体温度取决于坯用色料的组成。

通过电子显微镜观察发现，均匀的呈色是由平均粒径为微米级的细颗粒粒子形成的。为了提高色料的呈色能力和稳定性，一个基本的要求是尽可能降低色料粒子在釉玻璃中的溶解度。

二氧化锡（SnO_2）、氧化锆（ZrO_2）和硅酸锆都是玻璃熔剂中的乳浊剂，因此，它们具备作为色料包裹层的基本条件。

许多无机色料具有很好的色泽和呈色能力，但它们的高温稳定性差，在釉玻璃中的溶解度太高。因此，大大限制了它们的使用范围。

将这些色料的优良呈色性能和陶瓷用乳浊剂的稳定性结合起来，即将这些色料包裹在高温稳定性好的晶体中，就可制得多种新型陶瓷色料。

3.5.2 $ZrSiO_4$/Cd（S，Se）包裹色料

该系列色料已商品化，广泛应用在工艺瓷、墙地砖和卫生瓷装饰上。

它的基本组成之一是 $Cd(S_x, Se_{1-x})$，随 x 值不同，其呈色从大红转变为橙，继而转变为黄。然而，美中不足的是 $Cd(S, Se)$ 系色料在釉中的高温稳定性很差。通常到 800℃ 以上就要分解。通过将这些色料用稳定的 $ZrSiO_4$ 晶体包裹，便可制得在高达 1400℃ 的温度下仍然稳定的色料。

当控制 $Cd(S, Se)$ 微晶的成核，使晶核数目多且生长速度慢，并使 $ZrSiO_4$ 微晶的生长速度快时，就可得到包裹率高、呈色强度高、呈色鲜艳的包裹色料。

由于合成时 $Cd(S_x, Se_{1-x})$ 不能全部被包裹，对留在 $ZrSiO_4$ 表面未被包裹的 $Cd(S_x, Se_{1-x})$ 必须用化学方法清洗掉。使用时应注意以下几点：

① 应在卫生瓷釉料接近细度要求时加入包裹色料，混合球磨时间不宜超过 2h，以免破坏 $ZrSiO_4$ 包裹体。
② 釉料配方中不能加入 ZnO，以防止产生针孔。
③ 减少 $BaCO_3$ 的用量，以减轻它对呈色的副作用。
④ 不要加入透锂长石。
⑤ 采用高梯度强力磁选机对釉浆进行磁选，以清除有害杂质。

此外，凡是可以应用陶瓷色料的场合，如颜色釉、釉上彩、彩绘、花纸、商标，均可应用 $Cd(S_x, Se_{1-x})$ 包裹色料。但使用时应避免还原气氛，特别是强还原气氛。

3.5.3 新型包裹色料的开发

包裹色料的开发不局限于硫硒化镉系列包裹色料，其品种还大有扩展的趋势，目前至少已被考虑用在四种色料上。

(1) 金红色包裹色料

由于它在釉上装饰的应用中所呈现的独特颜色，可以断定釉下金红色料的开发将极大地促进色料制备新工艺、新技术的开发。

(2) 炭黑包裹色料

开发一种中性、无钴的灰色或黑色色料，将给釉下黑色色料和灰色色料的制造商和用户带来可观的经济效益和一定的社会效益。

(3) 铬绿包裹色料

传统的铬绿色料似乎是稳定的，但实际上它给用户带来的麻烦最多。一是色差对烧成气氛的敏感性；二是在使用传统铬绿色料过程中，常伴随有针眼和剥釉等常见缺陷。

可以预见，新一代铬绿包裹色料的开发，将从根本上杜绝由于使用传统铬绿色料所带来的一系列麻烦。

(4) 钴蓝包裹色料

传统钴蓝色料和钴系色料一样，呈色能力很强，但易于迁移和流动，从而使装饰时比较难以定位，难以产生准确、规范的图案。如果将钴蓝色料包裹在锆英石晶体中，则上述问题将迎刃而解。

在上述四类色料中，金红色色料是最适宜采用包裹技术的。因为金红色色料本身的制备就是基于液相沉淀法的。

试图通过共沉淀来制备金红色包裹色料的努力已取得突破。现已制备出从紫罗兰到紫红色的包裹色料。现已查明，金胶体的微粒尺寸还不能达到完全控制的程度，而胶粒尺寸的控制正是成败的关键，这为该色料的开发指明了方向。

3.6 液体色料

将贵金属或过渡金属的有机或无机盐溶解后制成膏状、黏稠液状或溶液状，直接用于彩饰。相对于无机固体粉末状色料，我们将这种色料称为液体色料。

可按装饰方法、用途、色料成分等的不同对液体色料进行分类，见表3-6。

表3-6 液体色料的分类

Ⅰ	Ⅱ	Ⅲ
釉上装饰用	贵金属膏溶液	金水——亮金水、磨光金水 白铂水——亮铂水 仿金水——合金的钯、银有机溶液
	光泽彩溶液	各种电光水
	喷涂金属光泽溶液	以铁为主的金属溶液
坯体装饰用	可溶性盐溶液	过渡金属有色离子可溶性盐溶液或加黏稠剂制成的溶液或印刷调料

3.6.1 亮金水

亮金水是三氯化金与硫化香膏结合形成的硫化香膏金的复合物。根据制法不同，构成略有差异。

(1) 制造金水的基本材料

① 黄金，用王水溶解制成三氯化金。

② 铑或铱、铝、钍、锡等，为防止金析晶引入的铑为金量的1%。

③ 金属熔剂，使黄金固着于釉面。常用硝酸铋或铅、铯、铀、铬、镉的盐类，或铋的盐类与上述金属盐的混合物。

④ 硫化香膏。

(2) 制备方法

将黄金在王水中按1∶10溶解，用相当于王水1.5倍质量的蒸馏水稀释，再加入与王水等质量的精馏乙醚，振荡，使氯化金与水分离，排出水溶液。

将硫化钾1份溶解在50份蒸馏水中，加入10份硝酸分解。将沉淀的硫黄水洗、干燥后溶解在松节油和核桃油混合液中，再用薰衣草油稀释。上述过程中各种原料溶剂的用量比为：

硫化钾4份，蒸馏水200份，硝酸40份，松节油5份，核桃油1份，薰衣草油5份。

将三氯化金溶液和硫化香膏溶液混合，水浴加热浓缩成糖浆状，加入氧化铋和硼酸铅。混合比例为：

黄金1份，硫化钾2份，氧化铋0.15份，硼酸铅0.15份。

使用时加薰衣草油和松节油等量混合液，稀释至合适浓度即可。

3.6.2 电光水

各种普通金属的树脂酸盐溶解在一些精制的香精油中，例如，将松节油、薰衣草油涂施在上釉表面，经 600～800℃ 彩烤，釉面的金属或金属氧化物与釉层形成的化合物膜层，具有类似贵金属装饰的光泽、金属光泽、珍珠或虹彩的效果，俗称电光水装饰。表 3-7 为各种金属电光水彩的颜色。

表 3-7　各种金属电光水彩的颜色

金属	电光水彩色调	金属	电光水彩色调
镉	黄红色	铜	棕红
铁	淡红、浅棕、金色	锰	棕
铀	绿黄	铬、铅	黄
镍	浅棕	金	金色
钴	棕	铂	银白

电光水分干法和湿法两种传统制备方法。两种方法制成的树脂酸盐都在松节油或薰衣草油中溶解。

（1）湿法工艺

将松香粉末放入浓碱水中，加热至沸腾，直到所有松香溶解后，加热停止，反应完成。将溶液稀释，再加热至沸腾，冷却。把金属氯化物或硝酸盐加到松香皂溶液中，沉淀、分离、洗涤、干燥后避光保存。

（2）干法工艺

将松香加热熔化，再慢慢将金属盐搅拌进去。由于很黏，需加松节油或薰衣草油稀释。铋、锌、铅、贵金属都可用干法制成树脂皂，从而制成电光水。其配比为：

① 铋电光水：结晶硝酸铋 10 份，松香 30 份，薰衣草油 75 份。

② 锌电光水：醋酸锌 1 份，松香 2.5 份，溶解到薰衣草油中。

③ 铅电光水：醋酸铅 1 份，松香 3 份，溶解到薰衣草油中。

④ 贵金属电光水：黄金 1 份，铋 5 份，为铜色电光水；黄金 1 份，铋 2～3 份，为带金色的蓝紫色电光水；黄金浓度再高，可得蓝—紫—玫瑰紫—玫瑰红色电光水。

3.6.3　釉面喷涂金属光泽液体色料

将无机或有机金属离子的盐类溶液喷涂在釉面上，盐类溶液被蒸发并受热分解，所产生的金属离子氧化物与釉中硅氧结合，形成一层带金属光泽的装饰，称为釉面热喷涂装饰。

在陶瓷制品釉玻璃活化温度（大概相当于釉玻璃的转变温度以上、软化温度以下）下，釉玻璃网络中的硅氧键即可发生上述反应；釉玻璃熔融后，热分解反应产物可能全部熔入釉玻璃中。所以，对于釉面热喷涂液体色料最重要的就是要求可溶性盐类必须在 600℃ 前完全热分解。

热喷涂溶液可以用有机溶剂，也可用水或溶液为溶剂配制成的含金属离子的溶液。为此，所选择的色料和溶剂最好还能同时满足以下要求：

① 色料盐类在相应溶剂中溶解度大。

② 可溶性盐类分解产物与溶剂挥发成分，对人体、装备和窑炉及环境不造成危害。

③ 价格便宜。

因此，釉面热喷涂液体色料多由有机金属化合物和有机溶剂构成。

3.6.4 坯体渗透装饰液体色料

这是在成型后或素烧后的坯体上，或往成型粉粒中渗透进可溶性盐溶液，使坯体呈规定颜色或纹样装饰图案。目前应用最多的是玻化砖渗透印花装饰。

渗透印花用液体色料，在玻化砖生产中又称为渗透印花调料或简称为渗花釉。它由可溶性盐、成糊剂、溶剂、助渗剂四部分构成。如果只用于坯体或坯料粉料的染色，则不加成糊剂。

（1）可溶性盐

理论上，凡是能溶于水的过渡金属的有机和无机盐，都可以单独或复合用作玻化砖渗透印花釉的发色源。Co、Cu、Cr、Fe、Mn、Ni 的氯化物、硝酸盐、硫酸盐，或这些金属的含氧酸盐中溶解度大的化合物，如重铬酸盐等，都可作为可溶性盐类使用。常用的有：

钴盐：$CoCl_2 \cdot 6H_2O$，$Co(NO_3)_2 \cdot 6H_2O$，$CoSO_4 \cdot 7H_2O$，$CoCl_3$

铜盐：$Cu(NO_3)_2 \cdot 3H_2O$，$Cu(NO_3)_2 \cdot 6H_2O$，$CuCl_2 \cdot 2H_2O$，$CuSO_4 \cdot 5H_2O$

铁盐：$FeCl_3 \cdot 6H_2O$（液体），$FeCl_3$，$FeSO_4 \cdot 7H_2O$，$Fe(NO_3)_2 \cdot 6H_2O$

镍盐：$Ni(NO_3)_2 \cdot 6H_2O$，$NiCl_2 \cdot 6H_2O$，$NiSO_4 \cdot 6H_2O$

铬盐：$Cr(NO_3)_3 \cdot 9H_2O$，$CrCl_3 \cdot 6H_2O$，$CrCl_3$，$(NH_4)_2Cr_2O_7$

锰盐：$Mn(NO_3)_2 \cdot 4H_2O$，$MnCl_2 \cdot 4H_2O$，$MnSO_4 \cdot H_2O$

（2）成糊（增稠、调黏）剂

它是能使可溶性盐水溶液黏度增加，适于丝网印刷的物质。该物质不与可溶性盐溶液发生化学反应，不沉淀，不结块。调整加入量和溶剂的比例，能调到要求黏度，不粘网，不堵网。

这类材料包括甘醇、甘油、聚乙二醇、二甘醇、三甘醇等脂肪族醇类黏稠液体，能溶于水呈黏稠态的 CMC、海藻酸钠、阿拉伯树胶等固态物质以及小麦淀粉、白糊精、可溶性淀粉等成糊物质。

（3）溶剂

最廉价的溶剂是水，水质越纯净越好。

（4）助渗剂

它是能显著降低水的表面张力，从而促进水在坯体毛细管中浸润渗透的物质，如酒精、甲醇、正戊酸、正癸酸等醇和酸类物质，烷基磺酸钠（As）、顺丁烯二酸二仲辛酯磺酸钠（快速渗透剂 T）以及拉开粉 BX、促渗剂 JEC-2 等表面活性剂类润湿剂、渗透剂。

3.7 色料配方实例

3.7.1 红色料

（1）锰红

① 配比为磷酸锰 30，氢氧化铝 70；煅烧温度 1200℃。

② 配比为碳酸锰 17.3，氢氧化铝 71.3，硼砂 11.4；煅烧温度 1200℃。

说明：a. 所用矿化剂也可采用磷酸铝、磷酸铵，此时往往采用二氧化锰、碳酸锰。

b. 烧成制得的锰红粉碎后最好用稀盐酸处理，再经漂洗以除去可溶性的锰盐。

（2）铬铝粉红（尖晶石型，Zn-Al-Cr 红）

① 配比为三氧化二铬 12，氢氧化铝 47，氧化锌 32，硼酸 9；煅烧温度 1280℃。
② 配比为三氧化二铬 11，氧化铝 50，氧化锌 30，硼酸 9；煅烧温度 1280℃。
(3) 铬锡红（玛瑙红）（楣石型）
① 配比为二氧化锡 47.7，硅石 17.0，轻质碳酸钙 28.3，硼砂 4.0，重铬酸钾 3.0；煅烧温度 1200℃。
② 配比为铬酸铅 5，二氧化锡 47，硅石 18，石灰石 30；煅烧温度 1280℃。
(4) 锆铁红（珊瑚红）
① 配比为二氧化锆 50，硅石 33.4，硫酸亚铁 16.4，氟化钠 6；煅烧温度 1000℃。
② 配比为二氧化锆 60，硅石 30，硫酸亚铁 10，氟化钠 3，氯化钠 3；煅烧温度 1000℃。
(5) 镉硒大红
配比为硫化镉 83.6，金属硒粉 13.4，氧化镁 3.0；煅烧到 600℃ 左右急冷，加热时间因烧成量不同而异，约 30min。

3.7.2 黄色料

(1) 锡钒黄
① 配比为二氧化锡 91，偏钒酸铵 9；煅烧温度 1280℃。
② 配比为二氧化锡 95，五氧化二钒 5；煅烧温度 1280℃。
(2) 钒锆黄
① 配比为二氧化锆 91，偏钒酸铵 9；煅烧温度 1300℃。
② 配比为二氧化锆 95，五氧化二钒 5；煅烧温度 1300℃。
(3) 铬钛黄
① 配比为二氧化钛 88.5，三氧化二铬 8.9，重铬酸钾 2.6；煅烧温度 1200℃。
② 配比为二氧化钛 91.0，钨酸铵 4.5，铬酸铅 4.5；煅烧温度 1200℃。
(4) 锑黄（拿浦尔黄）
① 配比为铅丹（Pb_3O_4）51.0，五氧化二锑 35.0，氧化铝 14.0；煅烧温度 1000℃。
② 配比为铅丹（Pb_3O_4）45.4，五氧化二锑 18.2，二氧化锡 27.3，氢氧化铝 9.1；煅烧温度 1000℃。
(5) 锆镨黄
① 配比为二氧化锆 65，石英粉 35，氧化镨 4，氟化钠 6；煅烧温度 1000℃。
② 配比为二氧化锆 60，石英粉 40，氧化镨 4，氟化钠 5，钼酸铵 5；煅烧温度 1000℃。

3.7.3 绿色料

(1) 铬绿（维多利亚绿）
① 配比为重铬酸钾 37，萤石 21，轻质碳酸钙 21，石英 21；煅烧温度 1200℃。
② 配比为重铬酸钾 36，萤石 12，硅石 20，石灰石 20，氯化钙 12；煅烧温度 1150℃。
③ 配比为三氯化二铬 22.7，石英 27.1，轻质碳酸钙 45.2，氟化锂 5.0；煅烧温度 1150℃。
(2) 孔雀绿（孔雀蓝、蓝绿）
配比为氧化钴 17.1，氧化锌 12.5，氧化铬 46.4，氢氧化铝 24.0；煅烧温度 1300℃。

(3) 苹果绿

配比为锆镨黄 60，锆钒蓝 40；煅烧温度 1150℃。

3.7.4 蓝色料

(1) 海碧

① 配比为氧化钴 18，氢氧化铝 74，氧化锌 8；煅烧温度 1280℃。
② 配比为氧化钴 20，氧化铝 60，氧化锌 20；煅烧温度 1280℃。

(2) 钴蓝

① 配比为氧化钴 10，氧化铝 35，氧化锌 5，长石 30，硼砂 20；煅烧温度 1250℃。
② 配比为氧化钴 30，石英 70；煅烧温度 1250℃。

(3) 绀青

配比为氧化钴 17.0，高岭土 83.0；煅烧温度 1200℃。

(4) 锆钒蓝

① 配比为二氧化锆 48.0，石英 32.0，偏钒酸铵 8.0，氯化钠 12.0；煅烧温度 1000℃。
② 配比为二氧化锆 63，石英 31，五氧化二钒 6，氟化钠 6；煅烧温度 1000℃。

3.7.5 棕色料

(1) 铁-铬-锌-铝棕

配比为铁红 17.0，三氧化二铬 16.0，氢氧化铝 16.0，氧化锌 51.0；煅烧温度 1200℃。

(2) 铁-铬-锌棕

配比为氧化锌 55，三氧化二铬 22，三氧化二铁 23；煅烧温度 1220℃。

(3) 铬钛棕

配比为二氧化钛 30.7，石英 23.0，碳酸钙 38.3，重铬酸钾 3.0，氯化钠 5.0；煅烧温度 1250℃。

3.7.6 灰色料

(1) 锑锡灰

配比为二氧化锡 95.0，五氧化二锑 5.0；煅烧温度 1300℃。

(2) 锆镍灰

配比为二氧化锆 56，二氧化硅 31，氧化镍 10，氧化钴 3；煅烧温度 1100℃。

3.7.7 黑色料

① 配比为三氧化二铬 8，三氧化二铁 42，二氧化锰 25，氧化钴 25；煅烧温度 1250℃。
② 配比为三氧化二铬 43，三氧化二铁 45，氧化钴 12；煅烧温度 1250℃。
③ 配比为三氧化二铬 31，三氧化二铁 39，氧化镍 30；煅烧温度 1250℃。
④ 配比为三氧化二铬 30，三氧化二铁 30，氧化镍 18，氧化铜 22；煅烧温度 1250℃。

实 训 项 目

项目一：称量以下配方，料：球：水＝1∶1.5∶0.8，球磨 15min，过 200 目筛，在高温白坯上施釉，施釉厚度约为 0.5mm，氧化烧至 1280℃。观察它们烧成后的颜色，并分析原因。

序号	钾长石	石英	高岭土	石灰石	碳酸钡	钴黑色	滑石	氧化锌
1	50	20	7	15	5	5		
2				15	5	5	5	
3				15	5	5		5

项目二：称量以下配方，料∶球∶水＝1∶1.5∶0.8，球磨 15min，过 200 目筛，在高温白坯上施釉，施釉厚度约为 0.5mm，氧化烧至 1280℃。观察它们烧成后的颜色，并分析原因。

序号	钾长石	石英	高岭土	石灰石	钴蓝	氧化锌
1	50	20	7	15	5	
2				15	5	5

项目三：称量以下配方，料∶球∶水＝1∶1.5∶0.8，球磨 15min，过 200 目筛，在高温白坯上施釉，施釉厚度约为 0.5mm，氧化烧至 1280℃。观察它们烧成后的颜色，并分析原因。

序号	钾长石	石英	高岭土	石灰石	碳酸锶	铬绿	滑石	氧化锌
1	50	20	7	15	5	0.5		
2				15	5	0.5	5	
3				15	5	0.5		5

第4章 陶瓷釉的性质和组成

4.1 釉的熔融性质

4.1.1 釉熔体的状态

釉是一种硅酸盐或硅硼酸盐玻璃体,釉熔体是组成釉料中各种成分综合反应的结果,而 SiO_2 在釉熔体中起主要作用。

釉是以 $[SiO_4]^{4-}$ 四面体为基本结构单元的物质。由于硅氧比不同,硅氧四面体可连成链状、岛状、层状、网状、架状结构的硅酸盐。同时,硅氧四面体还有可能被 $[AlO_4]^{5-}$、$[BO_4]^{5-}$ 等阴离子团取代,正因为在各种结构的硅酸盐中存在着 $[SiO_4]^{4-}$、$[AlO_4]^{5-}$、$[BO_4]^{5-}$ 等带负电荷的阴离子团,所以它们就能和阳离子成键,形成复杂的硅酸盐。

按照与氧结合的键型不同,Si^{4+}、P^{5+}、B^{3+}、Ti^{4+} 等电负性大的阳离子与氧形成共价键,阴离子团与强阳离子形成离子键。

$[SiO_4]^{4-}$ 阴离子团内部以很强的定向共价键键合,形成硅酸盐稳定的骨架。升高温度,直至熔化,这种骨架都不易断键,但阴离子骨架会松动,使熔体获得流动性,决定着熔体的黏度。

骨架外部是阴离子团与碱金属或碱土金属等阳离子形成的离子键。这种离子键的键力与硅离子对 O^{2-} 的亲和力相比要小得多。因而,在熔化状态下,这些金属离子具有很大的流动性和迁移性,决定着熔体各过程的速度。

从上述来看,硅酸盐熔体似乎应为均匀的离子液体。实际上,硅酸盐熔体与离子液体是不同的。

在硅酸盐系统中,由于 $[SiO_4]^{4-}$ 等络阴离子团几乎不离解出 Si^{4+} 和 O^{2-} 离子,其形成化合物的机会是不均等的,即硅酸盐熔体是不均匀的。

产生不均匀的原因主要是:熔体中各种阴离子和阳离子的能量不同,即阴离子和阳离子相互作用的键能不同,因而,引起熔体内离子位置的附加调整,在熔体中出现相当大的有序结构基团。这种基团或者主要含有相互作用力强的离子,或者是主要含有相互作用力弱的离子。这些基团内部的数个离子临时缔合,可形成络离子。如 Fe^{3+} 和 O^{2-} 相互作用的键能大大超过其余离子对(如 Ca^{2+}、Ba^{2+} 和 O^{2-}、Ca^{2+} 和 $[SiO_4]^{4-}$ 等离子对)的键能。因而,Fe^{3+} 和 O^{2-} 往往彼此相邻,而迫使 $[SiO_4]^{4-}$ 络阴离子不能接近 Fe^{3+},使 $[SiO_4]^{4-}$ 主要分布在 Ca^{2+}、Ba^{2+} 等与 O^{2-} 相互作用力弱的离子周围,以形成各自的基团。即使 SiO_2 再增加,在熔体中形成更多的 $[SiO_4]^{4-}$ 络阴离子,这些新形成的 $[SiO_4]^{4-}$ 络阴离子也主要分布在与 O^{2-} 离子相互作用力弱的阳离子周围,而与 O^{2-} 相互作用强的 $[FeO]^{n+}$ 基团仍保持有序结构,其组成也基本不变。

其次,在硅酸盐熔体中,由于 Si^{4+} 离子电荷高,使它具有被尽可能多的氧离子包围的能力，倾向于形成相当大的、形状不规则的、近程有序的聚合体。但又由于 Si^{4+} 的半径小，形成聚合体时，O^{2-} 的密度增大，又互相排斥，从而放出游离 O^{2-} 阴离子。

表 4-1 为熔体硅氧比不同时，所形成的相应阴离子聚合体的结构示意图。

表 4-1 硅酸盐聚合结构示意

O∶Si	名称	负离子团类型	共氧离子数	每个硅负电荷数	负离子团结构
4∶1	岛状硅酸盐	$[SiO_4]^{4-}$	0	4	
3.5∶1	组群状硅酸盐	$[Si_2O_7]^{6-}$	1	3	
3∶1	六节环（三节环）	$[Si_6O_{18}]^{12-}$ $[Si_3O_9]^{6-}$	2	2	
3∶1	链状硅酸盐	$[Si_2O_6]^{4-}$	2	2	
2.75∶1	带状硅酸盐	$[Si_4O_{11}]^{6-}$	2.5	1.5	
2.5∶1	层状硅酸盐	$2[Si_4O_{10}]^{4-}$	3	1	如上，二维方向无限延伸
2∶1	架状硅酸盐	$3[SiO_2]$	4	0	如上，三维方向无限延伸

熔体中的硼、锗、磷、砷等氧化物也会形成类似的阴离子聚合体。这些聚合体构成玻璃体的网络，把这些能和氧离子形成网络的阳离子称为网络形成离子。

Al^{3+} 在硅酸盐中能形成 $[AlO_4]^{5-}$ 阴离子，取代 $[SiO_4]^{4-}$ 进入网络结构，或者置换网络中的 Si^{4+}。进入网络结构的 Al^{3+} 虽不能单独形成网络，但可以参与网络结构。把这种参与网络结构作用的阳离子，称为居间阳离子。Fe^{3+}、Ti^{4+}、V^{5+} 等结构与 Si^{4+} 差不多的阳离子可以是网络居间阳离子。

碱金属氧化物进入熔体中，情况就不同了。这些氧化物由于键力小，在熔体中会解离为阳离子和 O^{2-} 阴离子，使熔体中 O^{2-} 的浓度增大，从而破坏了原来的硅氧比，使阴离子聚合体解聚。而碱金属阳离子就占据阴离子解聚后断裂 O^{2-} 键的中间位置，从而使熔体的网络结构基元变小。这些阳离子称为网络修饰阳离子。碱金属、碱土金属以及电荷少、半径大的一些低价阳离子都可以是修饰阳离子。图 4-1 表示 Na_2O 与 $[Si_2O_7]^{6-}$ 发生反应，使其解聚为 $[SiO_4]^{4-}$ 的过程。

釉中的 K_2O、CaO、ZnO 等也与 Na_2O 一样可使硅氧聚合体解聚，使熔体的网络结构基元变小，只是变小的程度不同而已。

综上所述，釉熔体的状态可以被认为是大小不等的结构基元连成玻璃结构的不均匀熔体。

图 4-1　Na_2O 与 Si—O 网络发生反应示意图

4.1.2　熔融温度范围

釉和玻璃一样无固定的熔点，只是在一定温度范围内逐渐熔化。釉的熔融温度范围是指始熔到完全熔融之间的温度范围。始熔温度指釉的软化变形点，称为熔融温度下限；完全熔融温度即流动温度，也称为熔融温度上限。釉的烧成温度在熔融温度范围内选取，一般选釉充分熔化并在坯上铺展成为平整光滑的釉面时的温度。釉的熔融性质直接影响釉面品质。若始熔温度低、熔融温度范围过窄，则釉面易出现气泡、针孔等缺陷，特别是快速烧成时更容易出现这种现象。釉的熔融温度范围越宽，则釉的适用性就越广。表 4-2 列出了釉的熔融温度范围。

表 4-2　釉的熔融温度范围　　　　　　　　　　　单位：℃

制品	收缩温度	烧结温度	始熔温度	流动温度
瓷器	1100～1150	1140～1180	1120～1250	1250～1280
精陶	700～750	850～900	1000～1100	1080～1150
低温瓷	750～1070	750～1070	900～1060	1120～1160
炻器瓷	1080～1090	1100～1150	1110～1180	1200～1220
彩陶	720～780	820～860	920～960	960～1000

影响釉熔融温度范围的因素很多，但主要与釉的化学组成、矿物组成、细度、混合均匀程度等有关。

组成对釉熔融温度范围的影响主要取决于釉式中的 SiO_2、Al_2O_3、碱组分的含量和配比以及碱组分的种类，其中以熔剂的种类和配比影响最大。熔剂可分为碱金属氧化物和碱土金属氧化物两大类，也可以按习惯分为软熔剂和硬熔剂。软熔剂包括 Li_2O、Na_2O、K_2O、PbO，大部分属于 R_2O 族；硬熔剂包括 CaO、MgO、ZnO，属于 RO 族。BaO 属于硬熔剂，但在制造熔块时，它的助熔作用与 PbO 相似，因此又属于软熔剂。

Al_2O_3 的含量对釉的熔融温度和黏度影响很大，其含量增加将使釉的熔融温度和黏度增加。SiO_2 也用来调节釉的熔融温度和黏度，SiO_2 的含量越多，釉的烧成温度越高。另外，适量增加 K_2O 和 MgO 的含量可以扩大釉的熔融温度范围。

釉料的物理状态也影响釉的熔融温度。釉料的颗粒越细，混合得越均匀，其熔融温度和始熔融温度都相应越低。

釉的熔融温度可以通过试验方法获得，也可以通过酸度系数、熔融温度系数大致进行推测。

① 试验方法。把磨细的釉料制成 3mm 高的小圆柱体，用高温显微镜观察，当其受热至棱角变圆时的温度为始熔温度；当软化至与底盘面形成半球时的温度为熔融温度；其高度降至 1/2 半球高度时的温度称为流动点，亦称为釉的成熟温度（烧成温度）。或者采用测温锥法，向釉料加适量水或胶粘剂制成截头三角锥，然后与标准温锥一起放入电炉中，以三角锥顶点弯曲接触底盘的温度定为釉的熔融温度（软化温度）。

② 酸度系数法。采用酸度系数法只是用来间接比较瓷釉的烧成温度的高低。酸度系数越大，则烧成温度越高。

酸度系数是指釉组分中的酸性氧化物与碱性氧化物的摩尔比，一般以 C·A 表示：

$$C \cdot A = \frac{2n(RO_2)}{2n(RO)+2n(R_2O)+6n(R_2O_3)} = \frac{n(RO_2)}{n(RO)+n(R_2O)+3n(R_2O_3)} \tag{4-1}$$

计算釉酸度系数时各氧化物的分类情况见表 4-3。

表 4-3　计算釉酸度系数时各氧化物的分类情况

酸性氧化物	碱性氧化物		
RO_2	R_2O	RO	R_2O_3
SiO_2	K_2O	CaO	Al_2O_3
TiO_2	Na_2O	MgO	Fe_2O_3
B_2O_3	Li_2O	PbO	Mn_2O_3
As_2O_3	Cu_2O	ZnO	Cr_2O_3
P_2O_5		BaO	
Sb_2O_5		FeO	
Sb_2O_3		MnO	
		CdO	

对于精陶器含硼的釉（除铅釉外），Al_2O_3 与 B_2O_3 的影响在一定情况下是相似的，计算时将它们都归为碱性氧化物，那么：

$$C \cdot A = \frac{n(SiO_2)}{n(RO)+n(R_2O)+3n(Al_2O_3)+3n(B_2O_3)} \tag{4-2}$$

对于精陶器含铅釉，Al_2O_3 是酸性强化剂，计算时将 Al_2O_3 与 RO_2 放在一起；这时 B_2O_3 是减弱耐酸性的，故计算时应将 B_2O_3 放在 R_2O_3 中，则：

$$C \cdot A = \frac{n(SiO_2)+n(Al_2O_3)}{n(RO)+n(R_2O)+3n(B_2O_3)} \tag{4-3}$$

釉的酸度系数增加，釉的烧成温度提高。例如瓷釉的烧成范围为：

硬质瓷　$(RO+R_2O) \cdot (0.5 \sim 1.4)Al_2O_3 \cdot (5 \sim 12)SiO_2$
　　　　$C \cdot A = 1.8 \sim 2.5$，烧成温度 1320～1450℃

软质瓷　$(RO+R_2O) \cdot (0.3 \sim 0.6)Al_2O_3 \cdot (3 \sim 4)SiO_2$
　　　　$C \cdot A = 1.4 \sim 1.6$，烧成温度 1250～1280℃

③ 釉熔融温度计算。首先计算釉的熔融温度系数 K，计算公式为：

$$K = \frac{a_1 w_{a1} + a_2 w_{a2} + \cdots + a_i w_{ai}}{b_1 w_{b1} + b_2 w_{b2} + \cdots + b_i w_{bi}} \tag{4-4}$$

式中 a_1、a_2、$\cdots$、a_i——易熔氧化物的熔融温度系数；
　　　b_1、b_2、$\cdots$、b_i——难熔氧化物的熔融温度系数；
　　　w_{a1}、w_{a2}、$\cdots$、w_{ai}——易熔氧化物的质量分数；
　　　w_{b1}、w_{b2}、$\cdots$、w_{bi}——难熔氧化物的质量分数。

釉组分中各氧化物的熔融温度系数见表4-4。

表4-4　釉组分中各氧化物的熔融温度系数

易熔氧化物		易熔氧化物		难熔氧化物	
化合物种类	系数 a	化合物种类	系数 a	化合物种类	系数 b
NaF	1.3	Fe_2O_3	0.8	SiO_2	1
B_2O_3	1.25	CoO	0.8	Al_2O_3(>3%)	1.2
K_2O	1.0	NiO	0.8	SnO_2	1.67
Na_2O	1.0	MnO_2、MnO	0.8	P_2O_5	1.9
CaF_2	1.0	Na_3SbO_3	0.65		
ZnO	1.0	MgO	0.6		
BaO	1.0	Sb_2O_5	0.6		
PbO	0.8	Cr_2O_3	0.6		
AlF_3	0.8	Sb_2O_3	0.5		
$NaSiF_6$	0.8	CaO	0.5		
FeO	0.8	Al_2O_3(<0.3%)	0.3		

根据计算所得K，由表4-5查出釉的相应熔融温度t。

表4-5　K与t的对照表

K	2	1.9	1.8	1.7	1.6	1.5	1.4	1.3	1.2	1.1
t/℃	750	751	753	754	755	756	758	759	765	771
K	1.0	0.9	0.8	0.7	0.6	0.5	0.4	0.3	0.2	0.1
t/℃	778	800	829	861	905	1025	1100	1200	1300	1450

例如，湖南某瓷厂高档瓷釉的化学组成为：SiO_2 72.81%，CaO 2.32%，MgO 2.22%，K_2O 6.11%，Al_2O_3 15.05%，Na_2O 1.39%，Fe_2O_3 0.12%。

按照上述方法计算出易熔性系数为：

$$K=\frac{0.8\times0.12+0.5\times2.32+0.6\times2.22+1\times6.11+1\times1.39}{1\times72.81+1.2\times15.05}=0.111$$

查表4-5及推算可知，该釉熔融温度为1433℃，比实际烧釉温度略高。因此，这种根据经验数据计算的结果准确程度是有限的。

4.1.3　釉熔体的高温黏度和表面张力

釉熔体能否在坯体表面平滑铺展，与其黏度和表面张力有关，下面分别加以介绍。

1. 黏度

黏度是流体的一个重要性质，釉熔融时的黏度可以作为判断釉的流动情况的尺度。在成熟温度下，釉的黏度过小，流动性大，则容易造成流釉、堆釉及干釉等缺陷；釉的黏度过大，流动性差，则容易引起橘釉、针眼、釉面不光滑、光泽不好等缺陷。流动性适当的釉，不仅能填补坯体表面的一些凹坑，而且还有利于釉与坯之间的相互结合，生成中间层。

影响釉黏度的最重要因素是釉的组成和烧成温度。釉熔体中由［SiO_4］相连的网络结构的完整程度，是决定黏度的最基本的因素，石英玻璃 O/Si 的摩尔比为 2，是硅氧系统玻璃中具有最大黏度的玻璃。组成中加入碱金属氧化物后，破坏了［SiO_4］网络结构，随着 O/Si 的摩尔比增加，黏度随之下降。对于碱金属氧化物，在同样质量分数时其氧化物摩尔质量越小，则所引入的阳离子数量越多，黏度下降的幅度也越大。对玻璃黏度的降低，Li_2O 的作用最大，其次是 Na_2O，再次是 K_2O。二价金属氧化物 CaO、MgO、BaO，在高温下降低釉的黏度，而在低温时却增加釉的黏度。但 CaO 引起黏度增长的范围较小，在冷却时易使瓷器产生应力，造成不利影响；MgO 可以使釉在高温时具有较高的黏度，但比 Al_2O_3 的影响小。二价的金属氧化物，除了 R^{2+} 对 O/Si 比例影响与一价离子相同外，极化对黏度也有显著影响。极化使离子变形，共价键成分增加，减弱了 Si—O 键力，因此具有 18 电子结构的 Zn^{2+}、Cd^{2+}、Pb^{2+} 等比 8 电子结构的 R^+ 具有更低的黏度（Ca^{2+} 有些例外）。碱土金属阳离子降低黏度顺序为：

$$Pb^{2+}>Ba^{2+}>Cd^{2+}>Zn^{2+}>Sr^{2+}>Ca^{2+}>Mg^{2+}$$

三价金属氧化物和高价氧化物，如 Al_2O_3、SiO_2、ZrO_2 等都增加釉的黏度，引入 TiO_2 没有引入 ZrO_2 效果明显。而 B_2O_3 对釉黏度的影响比较特殊，常出现"硼反常"现象，当加入量较小（一般<15％左右）时，B_2O_3 处于［BO_4］状态，黏度随 B_2O_3 含量的增加而增加，超过一定量时又起降低黏度的作用，当然这与釉中 R_2O、RO 的含量有关。Fe^{3+} 比 Mg^{2+} 能显著降低釉的黏度，而水蒸气、CO、H_2、H_2S 也降低釉熔体的黏度。

综合上述情况可见：

① 三价及高价氧化物，如 Al_2O_3、SiO_2、TiO_2 等都会提高釉的黏度。

② 碱金属氧化物会降低釉的黏度。当釉中 O/Si 摩尔比很高时，黏度按 $Li_2O→Na_2O→K_2O$ 的顺序递减，由于这时 R_2O 含量较多，网络破坏严重，［SiO_4］多以较小的集团存在，［SiO_4］四面体之间主要靠 R—O 键力相连，而 Li—O 键力最大；但当釉中 O/Si 摩尔比很小时，SiO_2 含量较多，网络较完整，R^+ 对网络的破坏起主要作用，Li^+ 的极化力量大，减弱 Si—O—Si 键的作用也最大，故黏度按 $Li_2O→Na_2O→K_2O$ 的顺序递增。

③ 碱土金属氧化物对黏度的影响较复杂。在无硼或无铅釉中，一方面由于 RO 极化能力强，使氧离子变形，它们能使大型四面体群解聚，降低黏度，在高温下这个效果是主要的；另一方面由于碱土金属阳离子为二价，离子半径不大，键力较碱金属离子大，有可能将小型四面体群的氧离子吸引到自己周围，使黏度增大，这一效果主要在低温下呈现。不同温度下极化能力与离子半径对黏度的影响是不同的。一般认为，CaO、MgO、ZnO、PbO、BeO 在高温下会降低釉的黏度（如引入 10％～15％CaO 在 1200℃以上时会使釉的黏度迅速降低），在低温下却增大其黏度，只是 ZnO、BeO、PbO 对釉冷却时黏度的增加速度影响较小。

2. 表面张力

釉的表面张力对釉的外观品质影响很大。表面张力过大，阻碍气体排除和熔体均化，在高温时对坯的润湿性不利，容易造成"缩釉"（滚釉）缺陷；表面张力过小，则容易造成"流釉"（当釉的黏度也很小时，情况更严重），并使釉面小气泡破裂时形成难以弥补的针孔。

釉表面张力的大小，取决于其化学组成、烧成温度和烧成气氛。在化学组成中，碱金属氧化物对表面张力影响较大。苏联学者曾研究氧化物阳离子半径大小对硅酸盐熔体表面张力的影响，认为其规律为，熔体的表面张力随碱金属及碱土金属离子半径的增大而减小，随过渡金属离子半径的减小而降低，碱金属离子的半径越大，其降低效应越显著（表 4-6）。表面张力由大至小顺序为：$Li^+>Na^+>K^+$。二价金属离子中钙、钡、锶的作用相近，在 1300℃时，其离子半径越大，表面张力越小，但不如一价金属氧化物明显，即：$Mg^{2+}>Ca^{2+}>Sr^{2+}>Zn^{2+}>Cd^{2+}$。PbO 明显降低釉的表面张力。三价氧化物，如 Fe_2O_3、Al_2O_3、B_2O_3 等的影响随阳离子半径的增大而增大，B_2O_3 以 $[BO_3]$ 平面结构平行排列于表面而降低表面张力。四价氧化物对表面张力的影响类似于三价氧化物，且取决于其在网络中的位置。一般来说，网络形成体降低表面张力，网络外体则增加表面张力。SiO_2 对表面张力的影响取决于其他硅酸盐成分，当 Na^+ 存在时，其降低表面张力，而在铅-硅熔体中，SiO_2 有时增加表面张力（根据铅含量的高低有所不同）。

表 4-6　某些氧化物在不同温度下的表面张力

氧化物	表面张力/（mN/m）				阳离子半径/nm
	900℃	1200℃	1300℃	1400℃	
K_2O	0.1	—		−0.75	1.33
Na_2O	1.5	1.27	—	1.12	0.98
Li_2O	4.6	—	4.5		0.78
MgO	6.6	5.7	5.2	5.49	0.78
CaO	4.8	4.92	5.1	4.92	1.06
ZnO	4.7		4.5	—	0.83
NiO	4.5				
CoO	4.5		4.3		
MnO	4.5		3.9		
BaO	3.7		4.7	3.8	1.46
PbO	1.2	3.7	—		0.84
Al_2O_3	6.2	5.98	5.8	5.85	0.72
Fe_2O_3	4.5	4.5	—	4.4	0.67
B_2O_3	0.8	0.23		−0.23	0.31
V_2O_5	0.1				0.59
SiO_2	3.4	3.25	2.9	3.24	0.39
TiO_2	3.0		2.5		0.64
ZrO_2	4.1		3.5		0.87
CaF_2	3.7				

由表 4-6 可知，各种氧化物对釉料表面张力的影响也是各不相同的。国外某学者根据经验将氧化物对硅酸盐熔体表面张力的影响分为三类：① 非表面活性氧化物，如 Al_2O_3、

V_2O_3、Li_2O、CaO、MgO 等及一些稀土元素氧化物（Nd_2O_3、La_2O_3 等），它们会提高釉料的表面张力。② 弱表面活性氧化物，如 P_2O_5、B_2O_3、Bi_2O_3、PbO、Sb_2O_5 等，引入量较多时往往会降低硅酸盐熔体的表面张力。③ 强表面活性氧化物，如 MoO_3、Cr_2O_3、WO_3、V_2O_5 等，若引入量较少时也会降低表面张力。

硅酸盐熔体表面张力随温度的提高而降低，表面张力的温度系数较小，为 $-(4\sim7)\times10^{-5}$ N/(m·℃)[即温度每升高 1℃，表面张力降低 $(4\sim7)\times10^{-5}$ N/m]。但对于不对称离子，如 Pb^{2+} 离子，由于其结构表现有极性和定向性，其表面张力的温度系数为正值。熔体的表面张力在高温时没有多大变化，但在低温时则显著增大。

此外，窑内气氛对釉熔体的表面张力也有影响。在还原气氛下的表面张力约比为氧化气氛下大 20%。在还原气氛下釉熔体表面发生收缩，其下面的新熔体就会浮向表面。利用这种现象，在色釉尤其是在熔块釉烧成时，采用还原气氛可使其着色均匀。基于这个原因，采用还原焰烧成容易消除釉中气泡。

4.2 釉的化学性质

4.2.1 釉熔融过程中的化学变化

坯与釉之间的反应直接影响釉的化学性质及釉面状态。釉的化学组成应与坯体的化学组成既要接近，又要保持适当的差别。这样，釉与坯体在高温下相互作用，使釉中的组分，特别是碱性氧化物和坯体充分反应而渗入坯体；同时也促进坯体中的成分进入釉层，形成晶体。因此，釉的化学组成非常复杂。

釉在坯体表面熔融过程中会发生一系列物理和化学变化。其中包括：

① 釉本身的物化反应，如制釉原料脱水、分解、氧化、熔融等。

② 釉与坯体接触处的物化反应。釉料中某些组分渗入坯体，坯体中成分与釉料反应，形成坯釉中间层。一般坯釉中间层从坯体中引入 SiO_2、Al_2O_3 等成分，而从釉内引入 RO 和 R_2O 等成分。坯釉中间层的化学组成和性质介于坯釉之间，并逐渐由坯过渡到釉，无明显界限。坯釉中间层能调和釉与坯性质上的差异，能增强坯釉结合。为了获得良好的坯釉中间层，在坯体酸性较高的情况下，即 SiO_2/RO 的摩尔比高，则应该采用中等酸性的釉料；如果坯体的酸性弱，则釉应该是接近中性或弱碱性，否则由于两者之间化学性质相差过大，相互作用强烈，会使釉被坯体吸收，出现"干釉"现象。需要说明的是，在后面的章节中我们会了解到，坯与釉之间的化学反应除与化学性质有关外，还与其烧成制度有关。

4.2.2 化学稳定性

在使用过程中，施釉的陶瓷制品常和水、酸液或碱液接触。釉的表面不同程度地和这些介质发生离子交换、溶解或吸附效应，结果降低釉面光泽，形成薄层干涉色，甚至溶出釉中的一些阳离子。例如，果汁或食物酸会从釉中萃取铅、镉等离子；用施釉的陶瓷容器盛放酒液会溶出铝、钙及镁离子；半导体釉因受到环境的化学侵蚀而改变其电阻。因此化学稳定性是釉的一个重要的性质。

1. 釉层受水侵蚀的机理

釉的侵蚀机理和玻璃相似,经历一个复杂的过程。它不仅涉及溶解,也涉及某些离子对玻璃结构的渗透与作用。侵蚀反应开始时是在网络结点上的离子与溶液中的离子之间进行的,接着会从釉结构中萃取出一价及二价阳离子。下面从水、酸、碱等方面分析釉的侵蚀机理。

① 水对釉的侵蚀。水溶液对釉面的侵蚀过程,首先是水中的氢置换碱金属离子:

$$\equiv Si-O-R + H\cdot OH \longrightarrow \equiv Si-OH + R^+ OH^-$$

然后,羟基离子与釉结构网络中的 Si—O—Si 反应:

$$\equiv Si-O-Si\equiv + OH^- \longrightarrow \equiv Si-OH + \equiv Si-O^-$$

断裂的桥氧和其他水分子作用产生羟基离子,又重复上述反应:

$$\equiv Si-O^- + H\cdot OH \longrightarrow \equiv Si-OH + OH^-$$

H^+ 置换 R^+ 形成类似硅凝胶[可写为 $Si(OH)_4\cdot nH_2O$ 或 $SiO_2\cdot xH_2O$]的薄膜,除一部分溶于水溶液中外,大部分附着在釉层表面,具有一定的抗水与抗酸能力。由此可见,釉中 SiO_2 含量多时会降低釉被侵蚀的程度。釉中若有二价或多价离子存在,它们对 Na^+ 的抑制效应常常能阻碍碱金属离子扩散,抵制侵蚀作用的进行。所以上述反应进行得很慢。从潮湿的墓葬中挖掘出来的低温绿釉陶器,往往全部或局部釉面呈现银色。张福康等人的研究认为,银色沉积物的形成和绿釉表面受到水或大气的轻微溶蚀和沉积作用有关,在釉面与水及大气接触先后沉积了多层薄膜。沉积层达到一定厚度时,由于光线的干涉作用和沉积层具有轻微的乳浊性,产生银白色的光泽。这是釉面受水侵蚀的实例。

② 碱对釉的侵蚀。碱对釉的侵蚀作用如下:

$$\equiv Si-O-Si\equiv + Na^+ OH^- \longrightarrow \equiv Si-OH^+ + \equiv Si-O^- Na^+$$

溶液中呈现的碱金属离子使其 pH 值增加,从而加大硅酸的萃取速度,逐渐溶解在溶液中。碱虽破坏硅氧骨架(即 $\equiv Si-O-Si\equiv$),但又不会形成硅凝胶薄膜,因此釉面会脱落。溶液和釉发生作用而溶出的离子量是衡量其化学稳定性的标志。

③ 酸对釉的侵蚀。一般的酸(除氢氟酸外)并不会直接和釉起反应,而是通过水的作用来侵蚀。因此,浓酸对釉的侵蚀作用低于稀酸。氢氟酸对釉的作用是直接破坏其结构中的 Si—O—Si 键。

$$\equiv Si-O-Si\equiv + H^+ F^- \longrightarrow \equiv Si-OH^+ + \equiv Si-F$$

对釉来说,氢氟酸的作用是剧烈的,生产中用它来制作"腐蚀釉",即类似蒙砂的效果。釉面上涂层石蜡,要求磨蚀成图案的部位则将石蜡刻除。用 2 份盐酸(38%)和 1 份氢氟酸(40%)配成酸液,将釉在此溶液中浸泡,就会得到所需图案。有些釉受有机酸的侵蚀比 pH 值低的无机酸侵蚀更强烈。有机阳离子在溶液中形成复合离子会增加釉的溶解度。

2. 釉的组成与化学稳定性

低温釉含碱量较多,碱金属离子溶出的速度随着碱含量及离子半径的增大而增加。若低温釉中含多种一价、二价或多价元素,则金属离子溶出的速度会降低。

许多餐具釉面装饰颜料中含有铅,它对釉的耐碱性影响不大,但会降低釉的耐酸性。多年来大家都在注意铅离子从釉表面溶出的问题。为了使釉及颜料中的铅不致影响人体健康,要求铅以不溶解的状态(如二硅酸铅玻璃)存在于釉中。在一些耐化学腐蚀的釉和颜料中常用硼酸配制无铅熔块,但其使用范围是有限制的。若熔块中加入 B_2O_3,呈四配位的形式,成为网络形成体进入玻璃结构中,可使釉的化学稳定性增强。但 B_2O_3 增至一定数量时,由于硼反常现象,会成为三配位而易溶于酸中。故 B_2O_3 的含量应适当控制。

若以 SiO_2 为基准来考虑耐水釉料的组成,则 SiO_2 的含量应大于 50%,如一次烧成卫生瓷釉料含 SiO_2 通常为 60%,化工陶瓷釉料的 SiO_2 含量为 75%。

氧化铝、氧化锌会提高釉的耐碱性,氧化钙、氧化镁、氧化钡能有效地提高釉的化学稳定性,含大量锆的釉特别耐酸和碱的侵蚀。

4.3 釉的物理性质

4.3.1 力学强度和硬度

力学强度也是釉的重要性质。通常釉抵抗张应力的能力比抵抗压应力的能力小许多倍,因此,必须使釉受压应力而不受张应力。从坯与釉的相互影响来说,可以通过调整膨胀系数来达到。釉的硬度对于日用瓷来说是一个不可忽视的指标。划痕硬度就是餐具瓷釉面能否承受刀叉的经常磨刻而不致出现刻痕的一种性能。为了提高划痕硬度,釉成分可以作如下调整:

① 减少 B_2O_3 的含量。
② 用 Li_2O 置换部分 K_2O,用 Li_2O 和 BeO 置换 Na_2O。
③ 用 ZnO、BaO 及 MgO 置换 PbO。

此外,适当的 B_2O_3 含量以及增加 Al_2O_3、BeO、MgO 都对提高划痕硬度有利。釉的硬度随网络结构的改变而改变,一般随网络外体氧化物离子半径的减小和化合价的上升而增加,这与结构网络对其他性质的关系相同。由此可见,碱金属氧化物含量增加将导致釉料硬度的降低。

若釉层中析出硬度大的微晶,而且高度分散在整个釉面上,则釉的硬度会明显增加,尤其是析出针状晶体时,效果更为明显。一些研究结果表明,在釉层中析出锆英石、锌尖晶石、镁铝尖晶石、金红石、莫来石、钙长石等晶体,釉面的耐磨度将会增加。因此,从这个角度来说,在成熟温度相同的情况下,乳浊釉和无光釉的耐磨度比透明釉的要高。

另外,调节釉中玻璃相的膨胀系数和弹性模量,使釉面产生压应力而且有较大的弹性,则釉的耐磨性会相应提高;烧成工艺也会影响釉面硬度,石英含量较高的釉料在较高温度下烧成,冷却后的釉面具有较高的硬度。烧成引起的任何釉面缺陷,如气泡、针孔、裂纹等都会降低釉面的耐磨度。

釉面硬度一般采用莫氏硬度和显微硬度(维氏硬度)来表示。瓷器釉面的硬度为:莫氏硬度 7~8,维氏硬度 5200~7500MPa。釉的抗张强度为 110~350MPa,抗压强度为 400~700MPa。

4.3.2 热膨胀性和弹性

1. 热膨胀性

釉层受热膨胀,主要是温度升高时,釉层内部网络质点热振动的振幅增大,导致其间距增大。这种由于热振动而引起的膨胀,其大小决定于离子间的键力,键力越大则热膨胀越小，否则反之。

釉的热膨胀通常用一定温度范围内的长度膨胀率或线膨胀系数来表示。在室温 T_1 和加热至温度 T_2 之间的长度膨胀率 ε 为：

$$\varepsilon = \frac{T_2 \text{时的长度} - T_1 \text{时的长度}}{T_1 \text{时的长度}} \times 100\% = \frac{L_{T2} - L_{T1}}{L_{T1}} \times 100\% \quad (4\text{-}5)$$

而热膨胀系数为：

$$\alpha_{(T_2-T_1)} = \frac{1}{T_1 \text{时的长度}} \times \frac{T_2 \text{时的长度} - T_1 \text{时的长度}}{T_2 - T_1} = \frac{L_{T2} - L_{T1}}{L_{T1}} \times \frac{1}{\Delta T} \quad (4\text{-}6)$$

由以上二式可知： $\qquad \alpha = \varepsilon / \Delta T \qquad (4\text{-}7)$

由于组成的不同及受热行为的差异，各种陶瓷坯体与釉的热膨胀系数是不同的，其范围列于表 4-7 中。

表 4-7 陶瓷坯体与釉的热膨胀系数

材 质		$\alpha_{(20\sim700℃)}/(\times 10^{-6}/℃)$	
		坯体	釉
普通陶瓷	硬质瓷	4.5~5.0	3.5~4.8
	软质瓷	5.5~6.3	5.0~5.5
	普通日用瓷	4.1~5.0	3.0~5.0
	低温瓷	4.5~6.5	4.3~5.8
	耐热炻瓷	4.6~5.4	4.5~4.9
	彩饰炻瓷	5.7~7.1	5.6~6.6
	硬质精陶	7.0~8.0	—
	黏土精陶	8.8~9.8	7.0~8.1
	石灰精陶	5.0~6.0	5.0~5.8
	艺术彩陶	7.0~9.1	6.7~8.0
特种陶瓷	刚玉瓷	5.0~5.5	
	莫来石瓷	4.0~4.5	
	滑石瓷	6~7	5~6

釉的热膨胀系数和其组成密切相关。SiO_2 是网络形成体，有很强的 Si—O 键。若其含量高，则釉的结构紧密，热膨胀小。含碱的硅酸盐釉料中，引入的碱金属与碱土金属离子削弱了 Si—O 键或打断了 Si—O 键，使釉的热膨胀增大。一般来说，碱金属离子增大釉膨胀系数的程度超过碱土金属离子。除了 SiO_2 外，有人认为釉中 Al_2O_3 加入量在 0.3mol 以下时，会使釉的膨胀系数下降，而含 SiO_2 少的硼釉中，若 Al_2O_3 量超过 0.2mol 则釉的膨胀系数会增大。又如增加硼酸或用 SiO_2 等量代替硼酸会降低釉的膨胀系数，而硼酸量超过 17% 则会显著提高釉的膨胀系数。维克尔曼及肖特等得出，釉的膨胀系数和组成氧化物的质量分数符合加和性原则。而实际上利用加和性公式计算的膨胀系数与实测结果有一定偏差，但用摩尔分数表示各种氧化物含量时，计算出来的 α 值与实测数字比较吻合。

2. 弹性

弹性表征材料的应力与应变的关系。弹性大的材料抵抗变形的能力强。对于釉来说，它是能否消除釉层因应力而引起缺陷的重要因素。通过用弹性模量来表示材料的弹性，它与弹性呈倒数关系。釉层的弹性主要受下列四方面影响。

① 釉的组成。当釉中引入离子半径较大、电荷较低的金属氧化物（如 Na_2O、K_2O、BaO、SrO 等）时，往往会降低釉的弹性模量；若引入离子半径小、极化能力强的金属氧化物（如 Li_2O、BeO、MgO、Al_2O_3、TiO_2、ZrO_2 等），则会提高釉的弹性模量。但在碱-硼-硅系统釉中存在硼反常现象，当 B_2O_3 的含量小于 15％时，以 B_2O_3 取代 SiO_2 后，形成的 $[BO_4]$ 和 $[SiO_4]$ 四面体形成紧密的网络，使釉的弹性模量升高。但 B_2O_3 增加至一定数量（15％～17％）后，增加的 B_2O_3 会形成 $[BO_3]$ 三角体，结构松散，受力后易变形，弹性模量也就降低。各种氧化物对釉弹性模量的提高作用的强弱顺序是：$CaO>MgO>B_2O_3>Fe_2O_3>Al_2O_3>BaO>ZnO>PbO$。

② 釉的析晶。冷却时析出晶体的釉（如乳浊釉、析晶釉、结晶釉等）其弹性模量的变化取决于晶体的尺寸与分布的均匀程度。若晶体尺寸小于 0.25nm，而且分布均匀，则会提高釉的弹性。反之，若晶体的尺寸大，而且大小相差悬殊，则会显著降低釉的弹性。

③ 温度的影响。一般来说，釉的弹性会随温度升高而降低，主要是由于釉中离子间距因受热膨胀而增大，使离子间相互作用力减弱，弹性便相应降低。

④ 釉层厚度。实际测定弹性模量的结果表明，釉层越薄，弹性越大。

实际测得玻璃与釉的弹性指标列于表 4-8 中。

表 4-8 釉与玻璃的弹性模量和泊松比

材料名称	弹性模量/（$\times 10^4$MPa）	泊松比 μ
瓷釉	5.71～6.48	0.2～0.3
钠-钙-硅玻璃	6.76	0.24
钠硅酸盐玻璃	8.42	0.25
硼硅酸盐玻璃	6.17	0.20
石英玻璃	7.05	0.16

4.4 釉的光学性质

4.4.1 釉的光泽度

当光线投射到物体上时，它既会按照反射定律向一定方向反射，又会散射。若表面光滑平整，则光线在镜面反射方向上的强度比其他方向要大，因而光亮得多。若表面粗糙不平，则光线向各方向漫反射，表面呈半无光或无光。由此可见，物体的光泽主要是该物体镜面反射所引起的，它反映表面平整光滑程度。光泽度就是镜面反射方向光线的强度占全部反射光线强度的比例系数。

我国国家标准《陶瓷制品 45°镜向光泽度试验方法》（GB 3295—1996）中规定，测定釉面光泽度时，用黑色平板玻璃作为标准板。釉面对黑玻璃平板的相对反射率（釉面对光量与黑玻璃反光量之比）即为釉面的光泽度，用百分比表示。

釉的光泽与其折射率有直接的关系。折射率越大，釉面的光泽越强，因为高折射率使镜面方向的反射分量增多。而折射率与釉层的密度成正比，因此，在其他条件相同的情况下，精陶釉和陶釉中因含有 Pb、Ba、Sr、Sn 及其他大密度元素的氧化物，所以它们的折射率比瓷釉大，光泽也强。TiO_2 能强烈地提高釉的光泽度。目前流行的水晶釉是典型的建筑陶瓷高光泽度釉。

不少学者指出，凡能剧烈降低熔体表面张力、增加熔体高温流动性的成分，有助于形成平滑的镜面，从而提高其光泽；表面活性较大并具有变价阳离子的晶体也能改善釉面的平滑度与光泽度。

实践经验证明，急冷会使釉面光泽度增大。这并不是由于折射率的影响（因为急冷的釉比慢冷釉的折射率小，一般低 2.2%），而是由于急冷时釉层不会失透和析晶的缘故。

4.4.2 白度

对有些陶瓷产品而言，白度是很重要的光学性能之一，特别是对于日用瓷、卫生瓷和釉面砖，白度是评价其外观性能的重要指标。对于高级日用细瓷，白度要求达到 70% 以上，而一般细瓷则要求达到 65% 以上。

通体呈白色是由于它对白光的选择吸收少，透过率也小，散射量大而造成的。若物体对白光的选择吸收少，而散射也小，则该物体是透明的。由此可见，白度的高低有三个条件：第一，对白光吸收少；第二，透过率小；第三，有极强的散射。在此情况下，白光能量一部分用于反射，其他能量进入釉的内部，经过多次散射以后，以漫反射的形式表现出来。白度可用公式（4-8）表示：

$$W = (I_R/I_0) \times 100\% \tag{4-8}$$

式中　I_R——漫反射光强度；

　　　I_0——入射光强度。

I_R 的测定结果是相对于化学纯的氧化镁而言。

影响白度的因素主要有以下几方面：第一，坯釉的化学组成。如果着色氧化物的含量高，则白度低。一般来说，如果着色氧化物的含量小于 0.5%，则白度能达到 80% 左右。第二，烧成气氛的影响。原料中如果 Fe_2O_3 含量多而 TiO_2 少，则用还原气氛烧成会使白度增加（如南方日用瓷）；反之，原料中 Fe_2O_3 含量少而 TiO_2 多，则用氧化气氛烧会使白度增加（如北方日用瓷）。为了增加白度，一般采用如下措施：降低釉中着色氧化物的含量，或加入磷酸盐等使着色剂形成络合物，以增加散射，提高白度。另外，加入适量滑石也可以提高白度。在烧成中，应控制烧成气氛，还要防止碳的沉积。

4.4.3 颜色釉的主波长、色饱和度和明度

对于建筑卫生陶瓷及其他使用颜色釉的瓷器而言，其颜色的主波长、色饱和度和明度也是重要的光学性能之一。主波长决定了色釉的色调，而色饱和度则取决于颜色的深浅，明度取决于颜色的明快程度。关于色釉颜色的具体描述及表示，将在后面装饰及色料等相关章节中加以讨论。

4.5 釉的组成与性状

釉是由酸性氧化物（SiO_2 或 B_2O_3）和碱性氧化物（K_2O、Na_2O、CaO、MgO、BaO、PbO、ZnO 等）组成，在高温下熔成液态，而在冷却过程中逐渐凝固，最后形成玻璃态的硅酸盐或硼硅酸盐。从物理化学方面来看，釉与玻璃有很多相似之处，如各向同性，无固定的熔点，具有光泽透明、不透水等特性。但就化学组成、制作方法以及应用方面来看，釉与玻璃有本质区别。按照各成分在釉中所起的作用，可将釉的组分归纳为以下两类。

1. 网络形成剂

玻璃相是釉的主相。釉的结构和玻璃的结构是相似的。形成玻璃的主要氧化物（如 SiO_2、B_2O_3 等）在釉层中以四面体的形式相互结合为不规则网络，所以又称它为网络形成剂。

氧化物阳离子场强（取决于阳离子电荷与其离子半径平方之比）要大。一般说来，电荷较高、离子半径较小的阳离子及其化合物都是玻璃网络形成剂。表4-9列出一些氧化物的阳离子场强与玻璃形成能力。

表 4-9　阳离子场强与其形成玻璃的能力

氧化物	阳离子半径 r/nm	阳离子电荷 Z	阳离子场强 Z/r^2	形成玻璃的能力
SiO_2	0.042	4	2267	形成硅酸盐玻璃
B_2O_3	0.023	3	5670	形成硼酸盐玻璃
P_2O_3	0.035	5	4080	形成磷酸盐玻璃
GeO_2	0.053	4	1420	形成锗酸盐玻璃
Li_2O	0.068	1	220	不能形成玻璃
Na_2O	0.097	1	110	不能形成玻璃
K_2O	0.133	1	60	不能形成玻璃
CaO	0.099	2	210	不能形成玻璃
MgO	0.066	2	460	不能形成玻璃
SrO	0.112	2	160	不能形成玻璃
BaO	0.134	2	110	不能形成玻璃
ZnO	0.074	2	360	不能形成玻璃
PbO	0.12	2	140	不能形成玻璃

注：本表摘自"Table of Lonic Radii"，Handbook of Chemistry and Physics PPE214～215CRC Press Inc. 1979。

2. 助熔剂

在釉料熔化过程中，这类成分能促进高温分化反应，加速高熔点晶体（如 SiO_2）化学键的断裂和生成低共熔物。助熔剂还起着调整釉层物理化学性质（如力学性质、膨胀系数、黏度、化学稳定性等）的作用。它不能单独形成玻璃，一般处于玻璃网络之外，所以又称为网络外体或网络修饰剂、网络调整剂。常用的助熔剂化合物为 Li_2O、Na_2O、K_2O、PbO、CaO、MgO、CaF_2 等。

4.6 釉在烧成过程中的变化

由配釉的原料转变为最终的釉层是非常复杂的过程，难以完全解释清楚其形成过程。主要有以下几个原因：① 釉的种类繁多，组成差别很大；② 配釉原料多，它们同时参与反应，相互制约，一些反应之间的联系尚未完全研究清楚；③ 釉烧时的高温处理温度与烧成时间及保温时间因釉的种类和要求而异，很难描述其规律。

釉在加热过程中，会发生一系列复杂的物理化学变化，如脱水，有机物、碳酸盐、硫酸盐、磷酸盐等的分解和固相反应，原料自身熔化、相互熔解形成低共熔物以及坯釉之间在加热过程中的反应等。

4.6.1 釉料在加热过程中的变化

不同釉料在加热过程中的热分析表明，其发生的物理化学反应归纳起来有以下几类：① 原料的分解；② 化合与固相反应；③ 釉中组分的挥发；④ 烧结；⑤ 熔融。这些变化往往重叠交叉出现或重复出现。

1. 原料的分解

釉用原料如黏土脱水，有机物挥发，碳酸盐、硫酸盐、磷酸盐、硝酸盐、硼砂、硼酸、石灰石、方解石等分解，对于釉的形成非常重要。在适当的温度进行保温，使气体充分排除，以便形成平整光滑的釉面。现将几种常用原料的分解温度列于表4-10。

表4-10 原料的分解温度

原料	分解温度/℃	备注
黏土	405～650	主要在450℃脱水（高岭土）
碳酸钙	886～915	依照颗粒大小，有的在610℃以下可分解
碳酸镁	800～900	$MgCO_3 \longrightarrow MgO + CO_2$
碳酸钠	>1150	熔点851℃
碳酸钾	>1100	熔点894℃
碳酸锌	296	$ZnCO_3 \longrightarrow ZnO + CO_2$
碳酸钡	1421	$BaCO_3 \longrightarrow SrO + CO_2$
碳酸锶	1289	$SrCO_3 \longrightarrow SrO + CO_2$
石灰石	894	$CaCO_3 \longrightarrow CaO + CO_2$
白云石	750～760	两个阶段，碳酸镁先分解，碳酸钙后分解
硝酸钡	664	$Ba(NO_3)_2 \longrightarrow BaO + NO_2$
硝酸钾	400	$KNO_3 \longrightarrow K_2O + NO + O$（熔点333℃）
硝酸钠	388	$NaNO_3 \longrightarrow Na_2O + N_2 + O_2$（熔点311℃）
亚硝酸钠	>320	$4NaNO_2 \longrightarrow 2Na_2O + 2N_2 + 3O_2$
硫酸铝	757	$Al_2(SO_4)_3 \longrightarrow Al_2O_3 + 3SO_2$
硫酸钙	1200	$CaSO_4 \longrightarrow CaO + SO_3$
硫酸铁	707	$Fe_2(SO_4)_3 \longrightarrow Fe_2O_3 + 3SO_3$

续表

原料	分解温度/℃	备注
硫酸亚铁	665	$FeSO_4 \longrightarrow FeO+SO_3$
硼酸	185	分两个阶段，200℃脱水，990℃完全脱水
硼砂	320	$Na_2B_4O_2 \cdot 10N_2O \longrightarrow Na_2B_4O_7+10H_2O$
铅丹	>550	$Pb_3O_4 \longrightarrow 3PbO+O$
铅白	400	$2PbCO_3 \cdot Pb(OH)_2 \longrightarrow 3PbO+CO_2+H_2O$
五氧化二锑	450	$Sb_2O_5 \longrightarrow Sb_2O_3+O_2$
五氧化二砷	400	$As_2O_5 \longrightarrow As_2O_3+O_2$
三氧化二铁	>1250	$Fe_2O_3 \longrightarrow FeO+O_2$
长石	1150	$K_2O \cdot Al_2O_3 \cdot 6SiO_2 \longrightarrow K_2O \cdot 4SiO_2+2SiO_2$

需要指出，杂质的存在会降低化合物的分解温度，例如纯白云石的分解温度为750～760℃，而含5% Na_2CO_3 或 K_2CO_3 的白云石分解温度则为630℃，而1%的NaCl会使白云石分解温度降低100℃左右。

从表4-10可以看出，在575～900℃温度范围内，碳酸盐、硫酸盐、纯碱、菱镁矿、白云石等分解形成氧化物，硝酸盐分解放出氮气和氧气等。由于大量气体的排出，这一阶段应缓慢升温，充分地排除气态产物以防止气泡产生及釉面针孔、裂纹等缺陷形成。随后，易熔氧化物、化合物（H_3BO_3、$Na_2B_4O_7$）等开始熔融。

长石中由于杂质的存在，在高于800℃时，会放出大量所吸附的气体，如水气、酸性气体、氮气等，也需要合理控制烧成制度，防止釉面针眼出现。同时，黏土中吸附的碳素在500～800℃之间要挥发掉，为了防止针孔和黑点，此阶段应特别注意。

2. 化合与固相反应

在釉料中出现液相之前，除了分解反应发生外，同时还有许多化合物间的固相反应发生。在温度继续升高时，易熔氧化物同 Al_2O_3 和 SiO_2 等发生反应，形成了新的共熔物。

有研究表明，Na_2CO_3 和 SiO_2 在700℃以下能发生完全固相反应，在800℃时能发生少量烧结现象。PbO 和 SiO_2 在580℃时能发生固相反应生成 $PbSiO_3$，而在670～730℃，其固相反应速度显著增加。在700～750℃，$BaCO_3$ 和 SiO_2 能生成 $BaSiO_3$，其反应速度取决于反应物之间的比例，而在1155℃时就完全反应了。$CaCO_3$ 和 SiO_2 固相接触可反应生成偏硅酸钙（$CaSiO_3$），如果加热时间很长，在610℃以下可以起反应，在800℃时反应剧烈，950℃可完全形成可熔性硅酸盐，1150℃时成为流动性熔体。此外，ZnO 也能和 SiO_2 通过固相反应生成硅锌矿（$2ZnO \cdot SiO_2$）。在固相反应中，当一些原料熔融或出现低共熔体时，能促进固相反应的进行。

有人对 $CaCO_3$ 和黏土之间的固相反应进行了详细研究，发现其反应过程如下：

800℃以下：生成 $CaO \cdot Al_2O_3$ 或有 $CaO \cdot Fe_2O_3$ 生成。

800～900℃：生成 $CaO \cdot SiO_2$。

900～950℃：生成 $3CaO \cdot 2SiO_2$。

950～1200℃：生成 $2CaO \cdot SiO_2$。

$3CaO \cdot SiO_2$ 由于低温不稳定，直至1200℃以上有液相存在时才出现。

3. 釉中组分的挥发

釉中所有组分在加热过程中都有一定程度的挥发，其挥发的大小取决于各组分蒸气压、加热时间、窑炉气氛等因素。氧化铅、硼砂、硼酸、钠和钾盐、氧化锑、芒硝等均会有不同程度的挥发，这些物质中硼酸和钾盐类较易挥发。

有研究表明，下列氧化物自 1040℃ 起开始挥发，其挥发难易程度的次序是：硼 450℃，铅 850℃，铬 1000℃。莱特于 1921 年指出，玻璃熔体中 Al_2O_3 挥发量为 0.5%～5%，氧化硼为 1%～5%，而 Na_2O 和 K_2O 的挥发量可达 5%。釉中着色剂在高温下也往往会挥发，如硒镉红釉超过 1020℃，显色效果不佳，就是由于硒化物挥发的缘故。现代研究生产的硅酸锆包裹硒镉红颜料，其挥发量大大降低，1250℃ 时仍能呈现鲜艳的大红色调。釉中成分挥发与釉的组成、制备方法及原料种类有密切关系。如果增加 SiO_2 含量，就相应地提高了釉的挥发温度，烧成时保温时间越长，釉中挥发物的损失就越多。因此，在熔块制作过程中，釉中挥发物的损失就很多，要给予充分考虑。

4. 烧结

烧结是指将粉末状态的物质经过加热转化为具有一定强度的凝集块状物质的过程。烧结也是吸收热能，从而降低颗粒表面能的过程。烧结受诸多因素的影响，现归纳如下：

① 烧结温度和保温时间的影响。烧结温度越高，保温时间越长，越有利于烧结，但多晶材料应注意晶粒的"异常生长"。

② 原料粒度的影响。原料颗粒越细，则比表面积越大，颗粒相互接触面积就越大，发生反应的机会就越多，则熔点降低，有利于烧结。反之，颗粒越大，则不利于烧结。

③ 添加剂的影响。根据添加剂的不同可促进或阻止烧结过程。

④ 原料类型不同，烧结速率就有很大差别。

⑤ 颗粒表面如粘附着熔融物，则有利于烧结。

⑥ 在合适的温度下，扩散作用可以补偿结构缺陷，粒子边缘的破碎也受其影响。

⑦ 小颗粒的原料由于表面能较大，不断向大颗粒移动，大小颗粒结合而形成更大颗粒，降低了表面能，促进了烧结。

5. 熔融

熔融是釉料在高温下反应的最终结果，釉熔融出现液相有两方面原因：一是自熔，即指釉料中长石、碳酸盐、硝酸盐、氧化铅及熔块等易熔物的熔化；二是共熔，是指釉料中几种物质形成各种低共熔物，例如碳酸盐与长石、石英，铅丹与石英，黏土、硼砂、硼酸与石英及碳酸盐，氟化物与长石、碳酸盐，乳浊剂（ZrO_2、SnO_2）与含硼原料、铅丹、ZnO 等。

随着温度升高，釉层中最初出现的液相使粉料由固相反应逐渐转化为有液相参与的反应，并不断地熔解釉料成分，最终使液相量急剧增加，绝大部分成分变成熔体。而温度的继续升高，使液态充分流动，对流作用使釉的组成逐渐均匀化，这种对流作用随温度升高而加强，因为高温降低了熔体黏度的同时也进一步加速了扩散和化学变化，促进了釉层均匀化。事实上，釉层不可能完全均匀，在釉中仍然存留着石英或方石英以及未熔的乳浊剂和着色剂颗粒，同时还有少量的气体存在。

釉料熔融的均匀化及彻底程度直接影响釉面品质。因此，在实际生产中，要控制好工艺因素，使其完全熔融，从而提高釉的表观性能。影响熔融和均化的一些因素归纳如下：

① 釉料内部的高温排气。在高温下，釉料内气泡的排出会在釉熔体中起搅拌作用。温

度越高，釉黏度下降越大，搅拌作用越强，而且随搅拌作用的加强，颗粒间接触面积增大，反应速度也会加快，从而釉层均化较好。

② 原料的状态。原料颗粒越细，混合得越均匀，越能降低熔化温度，大大缩短熔化时间，增强均匀程度。

③ 釉烧时间和温度。釉烧时间长，温度高，会使釉化和均化更充分。

4.6.2 釉层冷却时的变化

熔融的釉层在冷却时经历的变化和玻璃一样，如图4-2所示，要经过三个阶段：

① 从低黏度的流动状态冷却到软化温度（T_f）。

② 黏度增加，经过黏性状态。

③ 超过转变温度（T_g）后凝固形成玻璃体。

第一阶段，黏度小于10Pa·s，温度与黏度大致成直线关系，釉处于熔融状态。第二阶段，随温度降低，熔体黏度增加，黏度在10~100Pa·s，为硬化阶段或转变区域，此范围内釉还处于黏性状态，由于结构变化随温度的改变出现"滞后"现象，釉层出现应力，但大部分应力在短时间内可消除，这个阶段温度的改变范围为40~80℃。第三阶段，黏度大于100Pa·s，温度低于转变温度（T_g）时，釉面由黏性状态进入脆性状态，釉面硬化；釉的硬化温度越低，其硬化所需的时间越长，釉的适用范围越广；这一温度为400~700℃，低于这一温度，在釉中可能出现应力。

图4-2 釉溶液在冷却过程中的三个阶段

对于炻器釉而言，由于其软化温度小于石英的晶型转化温度（570℃），在冷却时石英晶型转化对釉的影响就可以被抵消；而对软质瓷釉而言，其软化温度和石英晶型转化温度相近，因此，当釉中残留石英发生晶型转变时，釉处于脆性状态，不能抵消应力，故产生较大应力；硬瓷属玻化瓷，烧成温度很高，釉内的残余石英量较少，石英的晶型转化量少，而且釉的膨胀系数随温度的变化成比例变化，故产生较小的应力。

4.6.3 釉层内的气泡

在我们仔细观察光滑如镜的釉面时，常常可以看到有0.01~0.1mm深度的小针孔，这说明釉在烧成过程中有气泡排出。其实，釉层内普遍存在气泡，即使是表面平滑、光泽良好的釉层，利用显微镜等手段也总是能见到断面上存在着气泡，只是气泡的大小、数量与分布情况不同而已。釉中气泡主要是由N_2、水汽、CO、O_2、SO_2、H_2等引起，釉层产生气泡的原因很多，归纳起来有如下几个方面：

1. 由于坯釉本身反应产生的气泡

① 坯体中存在着很多气孔，可以分为两类：开口气孔和闭口气孔。在温度升高时，开口气孔体积膨胀并进入釉层而排出。这会产生两种釉面缺陷：一种是小气泡在釉中汇集成大气泡冲击釉面会形成火山口，若釉层黏度较小，则可以拉平，但也会出现针孔；另一种是由于气泡的排出会产生釉面的凹坑，例如油滴釉中的凹坑缺陷。另外，随温度升高，釉层熔融将坯体湿润，由于釉对坯体的熔解作用可以打开原来已封闭的闭口气孔，也会使其通过釉层排出而形成如上所述缺陷。对于没有排出的气孔，则留在釉层中形成气泡。

② 坯釉中含有 CO_3^{2-}、SO_4^{2-}、NO_3^-、Pb_3O_4 等，在高温下分解而排出气体，而且有些矿物在高温下排出结晶水也会产生气泡。

③ 熔块中溶入的水分在高温下逸出，形成气泡。阿当姆发现，熔块的红外光谱上的一些吸收带有—OH 官能团的特征，说明水分子分解后进入熔块网络中形成—OH 和 Si 原子相结合。将熔块加热则会放出水汽而形成釉中气泡。

④ Fe_2O_3 在高温下发生分解反应生成 FeO 和 O_2，O_2 在釉层中形成气泡或通过釉层产生缺陷。油滴釉就是釉组分高温分解放出气体在釉层表面形成缺陷，然后 Fe_2O_3 在缺陷处析晶而形成油滴。

2. 由于炭素形成的气泡

这包括两方面的原因：一方面，烧成气氛中的 CO 气体容易被方石英所吸附，而且 CO 在高温下裂解产生 CO_2 和 C，CO_2 气体在釉层形成气泡；另一方面，裂解的 C 沉积在釉表面，在高温下氧化而形成 CO_2 引起釉层出现气泡。

3. 受工艺因素影响而形成的气泡

① 干燥后的釉层透气性较差，坯体孔隙中的气体不易排出，而在高温时坯中气体通过釉面而产生气泡。

② 在施釉时将一部分气体封闭在釉层中，也会产生气泡，或者在釉中加入一些添加剂而引入气泡。

③ 在烧釉或烧制熔块时，窑炉中的燃烧产物会夹带进入釉层中形成气泡。

④ 快速烧成时，坯釉中气体来不及排出，被已烧融并硬化的釉层封闭在其中形成气泡。

布莱克列研究长石、石英、黏土系统中气泡的形成过程，其观察结果如图 4-3 所示。从图中可以看出，气泡在 900℃时开始出现，1025℃时气体容积率最大，到 1100℃时，气泡从熔体中逐渐消失。在偏光显微镜及热台显微镜下观察了釉中气泡的形成、移动与排除过程，在 1240℃左右釉料已熔化，出现大量小气泡，大部分分布在釉层中部。随温度升高，釉熔体的黏度逐渐降低，气相量和玻璃相逐渐增多，由于表面张力的作用，小气泡移动合并，由小变大，由多变少，而且逐渐上升，有的突破釉层表面。若熔体黏度大、表面张力小，则无法使破口拉平，形成像火山爆发一样的"喷口"，而未破口的气泡，冷却后体积缩小形成凹坑。温度升至 1300℃时气泡上升与增大的速度稍为减慢，在正常情况下达到釉成熟温度，而未排出的气泡多半在釉层深处坯釉接触的地带，而且体积较小，对釉面外观品质影响不大。

图 4-4 为釉层中气泡的分布区域图。从图 4-4 中可看出，釉层中气泡数量随釉层厚度增加而增多，气泡尺寸随烧成温度的升高和烧成时间的增长而增大，气泡尺寸大多集中在 $10\sim30\mu m$。

◆—气泡；●—长石；▲—石英

图 4-3　釉加热过程中，石英、长石的熔融及气泡的发生情况

(a) 施釉坯体上侧的釉层

(b) 施釉坯体下侧的釉层

1—薄釉层（厚 120~180μm）；2—正常釉层（厚 210~240μm）；3—厚釉层（厚 380~480μm）

图 4-4　釉层中气泡的分布区域

釉中气泡的存在，会给釉面性能带来很大影响。一方面，在外观品质上，气泡的存在使釉面透光度降低，同时针孔、凹坑及不平整等缺陷增加，使外观品质下降。釉中气泡的大小也会对釉的外观产生很大影响，其影响见表 4-11。另一方面，釉中气泡还会严重影响釉面的理化性能，釉中存在气孔，则釉面耐磨程度下降，耐酸碱腐蚀能力也下降，力学强度也有所下降。

表 4-11　气泡大小与釉面外观状态关系

气泡大小/μm	外观
80	变化不明显
80~100	釉面呈阴暗状态
100~200	釉面呈蛋壳状
200~400	釉面呈橘皮状
400~800	釉面有棕眼

4.7 坯釉适应性

坯釉适应性是指熔融性能良好的釉熔体，冷却后与坯体紧密结合成完美的整体，釉面不致龟裂和剥脱的特性。影响坯釉适应性的因素是复杂的，究其根源，是由于釉层中不适当的应力所致。产生釉层不适当应力主要有四个方面的原因：坯釉之间的膨胀系数差、坯釉中间层、釉的弹性与抗张强度及釉层厚度等。坯釉之间不能协调好，往往会产生釉裂或剥釉，特别是对于坯釉性能差异较大的产品如日用精陶瓷器皿等，要仔细控制，特别是在制釉中控制釉的膨胀系数是非常关键的，当然，釉的抗张强度、弹性和施釉厚度也应注意。

4.7.1 膨胀系数对坯釉适应性的影响

由于釉和坯是紧密联系在一起的，如果二者之间膨胀系数不一致，釉在冷却固化后，在釉层中便会有应力出现，会影响釉在坯体上的附着性能，归纳起来，有如下三种情况。

1. 釉的膨胀系数大于坯的膨胀系数（$\alpha_{釉} > \alpha_{坯}$）

如图 4-5 所示，当 $\alpha_{釉} > \alpha_{坯}$ 时，在坯釉冷却过程中，釉层的收缩大于坯体的收缩，坯体受到了釉层的压缩，受到压应力；而釉受到了坯体的拉伸受到了张应力。当张应力超过了釉层的抗张强度时，就出现导致釉层断裂的网状裂纹。膨胀系数相差越大，龟裂程度就越大。当应力较小时，出窑后几天才会发生大的网状裂纹。利用这种性能，可以通过调整釉的配方使 $\alpha_{釉} > \alpha_{坯}$，从而制作裂纹艺术釉。

图 4-5 釉面受张应力的情况

2. 釉的膨胀系数小于坯的膨胀系数（$\alpha_{釉} < \alpha_{坯}$）

如图 4-6 所示，当 $\alpha_{釉} < \alpha_{坯}$ 时，在冷却过程中，坯的收缩大于釉，则釉受到坯体的压缩作用，在釉中产生压应力，如果这种应力较大，当大于釉的抗压强度时，则容易在釉中产生圆圈状的裂纹，甚至引起釉层的剥落。从另一个角度出发，如果这种压应力不是太大的情况下，可以抵消一部分由于热应力或外加于釉面的机械力产生的张应力，从而提高釉面的抗拉强度和热稳定性。因为一般釉的耐压强度很大，通常大于其抗张强度约 50 倍，因此，只有当坯釉膨胀系数相差太大，出现了相当大的压力下才会出现剥落现象。

3. 釉的膨胀系数等于坯的膨胀系数（$\alpha_{釉} = \alpha_{坯}$）

当 $\alpha_{釉} = \alpha_{坯}$ 时，在冷却过程中，釉中既不会出现张应力也不会出现压应力，釉层和坯体

图 4-6 釉面受压应力的情况

结合完美,但这只是最理想的状态,坯和釉的膨胀系数不可能完全一致。因此,在实际配制釉的时候,应配制出膨胀系数略小于坯的釉料,使釉中产生不大的压应力,可以在提高釉的热稳性及力学强度的情况下而不出现裂纹。

判断釉面究竟处于何种应力状态可以采用下面几种方法:

① 敲击法。用重物瞬时猛击制品,当釉面受张应力时,裂纹成120°角度叉开;当釉面受压应力时,裂纹成圆圈状。

② 平板弯曲试验法。将施釉的薄板状坯体置炉内加热,观察其弯曲情况,当釉面受张应力时,坯体呈凹状变形;当釉面受压应力时,坯体成凸状变形。

③ 偏光显微镜法。在偏光显微镜下,釉面受压应力时呈绿色,受张应力时呈黄色。

坯釉膨胀系数值的大小还取决于坯的矿物组成和釉的化学组成,而坯的矿物组成又与化学组成、原料细度和烧成制度有关。从表4-12中可以发现,坯体中方石英膨胀系数最大,要使坯体膨胀系数增大,就希望在坯中生成一定数量的方石英,这就要求坯料中SiO_2含量要尽量高一点,而且要有CaO、MgO等矿化剂存在。其二,要增加坯料的细度。因为增加细度能提高其表面积,增大了表面能,根据固相反应动力学原理,其晶型转化成方石英的数量才越多。表4-13列出了坯料细度对膨胀系数的影响。其三,在烧成中,注意控制保温时间及烧成温度,使方石英的转化能顺利进行。

表4-12 各种矿物相的膨胀系数值　　　　单位:$\times 10^{-6}/℃$

矿物相名称	坯料	
	A(1)	B(2)
石英	19.0(0~800℃)	8~13
莫来石	4.5	5.7
方石英	30.0(0~800℃)	23.9
玻璃相	3.0	6.8

表4-13 坯料细度对膨胀系数的影响

试样号	万孔筛余/%	烧成温度/℃	保温时间/h	吸水率/%	膨胀系数/($\times 10^{-6}/℃$)	
					200℃	300℃
1	2.45	1305	4	11.25	8.05	7.95
2	0.73	1305	4	10.70	8.50	8.80
3	0.06	1305	4	8.85	11.50	11.40

釉的膨胀系数受其化学组成和釉烧制度影响,据索特和文凯尔曼的资料,形成玻璃态氧化物的体膨胀加和性系数见表4-14。

因此,要降低釉的膨胀系数,就要在工艺许可的条件下少用Na_2O和K_2O,而用其他如Li_2O等代替,同时提高釉烧温度和延长高温保温时间,会使釉料中石英熔融,从而降低釉的膨胀系数,提高了坯釉结合强度,也可采用与钢化玻璃生产相似的方法,经快速冷却在釉表面形成压应力以避免开裂。

表 4-14 形成玻璃态氧化物的体膨胀加和性系数

化合物名称	体膨胀加和性系数/($\times 10^{-7}$/℃)	化合物名称	体膨胀加和性系数/($\times 10^{-7}$/℃)
Na_2O	10.0	CaO	5.0
K_2O	8.5	Na_2SiF_3	5.0
NaF	7.4	AlF_3	4.4
Cr_2O_3	5.1	CaO	4.4
Mn_2O_3	5.0	TiO_2	4.1
Al_2O_3	5.0	$NaSbO_2$	4.1
Fe_2O_3	4.0	ZnO	2.1
NiO	4.0	SnO_2	2.0
Sb_2O_3	3.6	P_2O_3	2.0
BaO	3.0	Li_2O	2.0
PbO	3.0	Ag_2O_3	2.0
CaF_2	2.5	SiO_2	0.8
MnO_2	2.2	B_2O_3	0.1
CuO	2.2	MgO	0.1

4.7.2 中间层对坯釉适应性的影响

在釉烧时，釉中一些组分迁移到坯体的表层，而坯体中有些组分也会扩散到釉中，在釉中熔解，通过这种相互的扩散、熔解和渗透，使坯釉接合部位的化学组成及物理性质均介于坯与釉之间，结果形成了中间层，中间层的形成可促使坯釉间热应力均匀，发育良好的中间层填满坯体表面缝隙，有助于釉牢固附着在坯体上。

1. 中间层对坯釉结合性的具体影响

① 降低了釉的膨胀系数，消除釉裂。釉烧后由于釉中的 Na_2O、K_2O 等向坯体扩散而含量减少，但坯体中 Al_2O_3 和 SiO_2 则相应向釉中扩散。这一交换的结果，使釉的膨胀系数降低，甚至可由 $\alpha_{釉} > \alpha_{坯}$ 变为 $\alpha_{釉} < \alpha_{坯}$，即釉由承受张应力而转变为压应力，从而消除了釉裂。

② 若中间层生成了与坯体性质相近的晶体，则有利于坯釉结合；反之，则不利于坯釉结合。例如在瓷质产品坯釉中间层生成了渗入釉层的莫来石晶体，起着楔子一样的作用，加强了坯釉结合，但如莫来石晶体在中间层过分发育，反而有产生釉层崩落缺陷的可能，影响了坯釉结合，有研究表明，在高铝质精陶中，虽然中间层极薄，然而坯釉的结合并不差，釉裂几率很小，主要是由于中间层生成了致密的尖晶石所致；而钙长石类晶体可能起有害作用。实践证明，含硅高的坯料适应于长石质釉；铝含量高的坯料适应于石灰釉；含钙高的坯料适应于硼釉、硼铅釉。

③ 釉熔解了部分坯体表面，并渗入坯体，坯釉接触面积增大，有利于釉的黏附，增加了坯釉适应性。

总之，中间层对提高坯釉结合性有利，但其具体的影响还受坯釉种类以及中间层厚度的影响。当坯釉组成相似，膨胀系数相差不大时，中间层的影响就很小，例如瓷器的坯釉结合，而当坯釉膨胀系数相差较大时，中间层就起着非常重要的作用。

2. 影响中间层发育的主要因素

中间层是坯釉反应的产物，影响中间层发育的因素主要是坯釉化学组成和烧成制度。

① 坯釉组成对中间层发育的影响。若坯釉化学组成相差越大，则反应得越激烈，中间层形成速度快而且厚，发育较好。实践证明，含 PbO、B_2O_3 的釉，中间层发育较好。素木洋一认为，坯体中含 CaO、Al_2O_3 和石英，则容易被熔体侵蚀，提高了在釉烧过程中釉的化学活性，所以能促进中间层的生成，有利于坯釉结合。

② 烧成制度对中间层发育的影响。烧成温度越高，烧成时间越长，则釉的熔解作用越大，釉中组分的扩散作用越强，则坯釉反应越充分，中间层发育良好，则坯釉结合性越好。

③ 釉料的细度和厚度。釉料越细则越适于坯釉反应，扩散作用加强，中间层发育良好。釉层薄，熔化后釉组分变化大，中间层相对厚度增加，发育较好。

因此，在实际生产中，要在生产工艺许可条件下，尽量提高烧成温度，延长烧成时间，增加釉料细度等以增加坯釉结合性。

4.7.3　釉的弹性、抗张强度对坯釉适应性的影响

釉的弹性和抗张强度是抵抗和缓和坯釉应力的另一个重要因素。一般来说，具有较低弹性模量的釉，其弹性形变能力大，弹性好，抵抗坯釉应力或外界机械张力及热应力的能力强，于坯釉适应有利，而釉的抗张强度大，也可抵消部分坯釉应力，对坯釉结合也非常有益。

从弹性的角度出发，要求使釉的弹性模量适合于坯，也就是说使之相互接近。因为无论坯釉，弹性模量大者，弹性形变能力变小，如釉的弹性形变能力低于坯，对坯釉适应极为不利。从抗张强度的角度出发，釉的抗张强度越高，坯釉的适应性越好，釉面越不容易开裂。但事实上釉的弹性和抗张强度很难同时统一起来，因为釉的弹性和抗张能力极大程度上取决于釉的化学组成和釉层厚度。在釉中，有的氧化物弹性模量小，但是其强度因子却很低，见表 4-15。

表 4-15　一些氧化物的热膨胀系数、弹性模量和抗张强度因子

氧化物	热膨胀系数 A_v（0~100℃）/（$\times 10^{-7}$）	弹性模量 E/（$\times 10^2$ MPa）	抗张强度因子/MPa
CaO	4.4	416	2.0
MgO	0.1	250	0.1
ZnO	1.8	346	1.5
BaO	3.0	356	0.5

从表 4-15 中可看出，MgO 虽然抗张强度因子很小，但因为其弹性模量小，弹性好，从而弥补了其抗张强度小的弱点，故引入 MgO，坯釉结合很好。如引入 CaO，釉的抗张强度虽然明显提高，然而釉面开裂反而增多，原因是釉的膨胀系数和弹性模数都明显提高。因此，泽曼认为，在精陶釉中加入 MgO，釉面开裂最少，加 ZnO、BaO 次之，加 CaO 则最多。但是，如果在生料釉中，钙质釉却和铝质坯结合得非常好，所以在不考虑釉的膨胀系数的情况下，究竟

是釉的弹性还是抗张强度对坯釉结合影响大还很难定论，依坯釉种类不一而异。

4.7.4 釉层厚度对坯釉适应性的影响

釉层的厚薄，在一定程度上，对坯釉适应性也有一定影响，一般来说，薄的釉层对坯釉适应有利，原因有以下两方面：

① 薄釉层在煅烧时组分的改变比厚釉层相对变动大，釉的膨胀系数变化得也多，使坯釉膨胀系数相接近，同时中间层相对厚度增加，故有利于提高釉的压应力，使坯釉结合良好。当釉层较厚时，坯釉中间层厚度相对降低，因而不足以缓和两者之间膨胀系数差异而出现的有害应力。目前建筑陶瓷产品"抛光釉"，其烧成后釉层厚度可达3mm左右，然后抛光，这些产品更应考虑坯釉结合问题。

② 釉层厚度越小，釉内压应力越大，而坯体中张应力越小，这样有利于坯釉结合。比杰尔于1952年证明了这一点，其结论如图4-7所示。

图4-7 釉层厚度对坯体和釉内应力影响

需要指出，釉层太薄容易发生干釉现象，因此，釉层的厚度应根据工艺需要适当控制，一般小于0.3mm。如精陶透明釉厚度一般为0.1mm左右。

实 训 项 目

项目一：利用计算机设定Excel公式计算出下面配方的酸度系数、熔融温度，并判断该釉是软质瓷釉还是硬质瓷釉。

钾长石45，石英20，高岭土10，石灰石15，滑石5，氧化锌2

项目二：称量以下配方，球磨后做成膨胀条，氧化烧至所需温度，并测定400℃各配方膨胀条的膨胀系数，同时找出膨胀系数产生变化的原因。

序号	钾长石	石英	高岭土	石灰石	滑石	烧成温度/℃
1	50	20	8	15	5	1280
2	50	30	8	15	5	1280
3	50	20	12	15	5	1280
4	50	20	12	15	5	1250
5	50	20	12	15	5	1300

第 5 章　陶瓷釉的配制

5.1　釉配方的设计

釉的种类很多，釉用原料也多种多样，即使同一种原料，产地不同在釉中作用也有差异。因此任何配方都没有普遍的适应性。一个能够应用的配方，必须经过设计、配制、反复试验调试才能趋向成功。

5.1.1　设计釉配方的依据与原则

釉料配方的设计是陶瓷生产中的主要基础工作，直接影响到产品的质量和价值。其设计依据与原则如下：

1. 设计依据

（1）根据制品的使用性能、要求和坯体理化性能、特点，初步确定釉料应该达到的理化性能指标范围，如釉的始熔温度、成熟温度、白度、光泽度、热稳定性、色调等。

（2）根据理化性能指标范围，确定釉料的化学组成范围和实验式。

（3）根据原料的化学组成与理化性能，选择釉用原料的种类和规格。

（4）根据釉的实验式和原料的水溶性及毒害性，确定采用生料釉还是熔块釉，以及熔块的种类。

（5）进行配方计算，确定各种原料的用量以及熔块的配方组成及用量。

（6）根据计算结果，拟定几个配方，平行进行釉料配方小型试验，并测试主要的工艺性能及理化性能。

（7）根据测试结果，进行比较优选。

（8）将符合设计要求的配方，进行小批量生产试验，抽查釉浆、施釉、烧成情况以及坯釉的适应性，从中再选出满意的配方进行中间试验，而后进行扩大试验。

（9）通过扩大试验，确定工艺路线。

（10）按工艺路线再扩大试验，批量投产，直至质量稳定，各项性能指标完全满意后，就全面投入生产。

（11）如果在小型试验或中间试验中发现个别配方不符合要求，应重新进行配方设计，重新试验，如果在试验中只有个别性能指标尚差，则可以对釉料配方进行局部调整，增减某种原料，再进行试验，直至全部符合要求为止。

2. 设计原则及注意事项

（1）设计原则

① 釉料配方的化学组成要满足制品的性能要求，保证质量原则。

② 不影响质量的前提下，可对化学组成作适当变动，优先满足制品的物理性能的原则。

③ 优先考虑坯釉相适应的原则。

④ 工艺路线的确定，要从实际出发，以工厂的生产设备、工作条件作依据。
⑤ 强调就地取材，达到降低成本，提高经济效益的目的。
(2) 注意事项
① 了解和掌握制品的使用性能、原料的来源、化学组成、工艺性能以及生产条件等。
② 使用原料的种类越少越好，且宜用含有多种氧化物的原料，少用单一氧化物原料，如釉中同时要求含有氧化镁、氧化钙，则应选用白云石，而不是石灰石和碳酸镁。

选用配釉原料时，应全面考虑其对制釉过程、釉浆性能、釉层性能的作用和影响。配釉原料既有天然原料也有化工原料。为了引入同一种氧化物可选用多种原料，而且某一种氧化物往往对釉层的几个性能发生影响，有时甚至是相互矛盾的。若未做综合考虑，则有可能使釉料的化学组成符合要求，而烧成后的釉面质量不一定能获得预期的效果。

③ 引入 SiO_2，应先加入高岭土、长石后，再以石英补足。
④ Al_2O_3 以高岭土、长石加入，尽量避免以氧化铝、氢氧化铝的形式加入。
⑤ 配熔块釉时，先进行熔块配方设计。

5.1.2 设计釉配方的方法

1. 借助经验配方

釉的种类繁多，因此设计配方时应根据制品所要求的釉的性状、烧成温度等参数，参照文献资料及其他生产厂家成功的经验初选目标，然后结合本地区的原料、现有原料以及可能取得的原料，通过计算、调整和试验，获得所需要的釉料配方。必须指出，釉的配方成功与否，化学组成仅是一个方面，除此之外，所用原料的种类、物理性质（如细度、粒度分布）、化学成分等都对其有直接影响，同时受所用坯料的组成、性质、工艺措施和烧成条件影响，如烧成条件、气氛、窑型甚至燃料也对其有不可忽视的影响。因此一个成功的釉料配方，其配方的原则是基本的先决条件，而试验中多种因素配合，综合优选调试是取得成功配方的重要依据。

2. 利用釉的组成-温度图

一般透明光泽的成熟温度与釉的组成关系密切，按实验式的要求制成的图解，如图 5-1 所示。按图 5-1 可以找出所需成熟温度下釉的实验式中的硅铝比和相应的量。

按图中硅铝比，再结合试验进行修改，反复调整，不难得出合理适用的釉料配方。

5.1.3 设计釉配方的步骤

确定釉配方一般遵循如下步骤：
① 研究了解制品的性能要求和特点，以便确定瓷釉的化学组成并决定特殊成分的引入。
② 对现有生产设备和生产条件进行分析，以便确定工艺条件、分析工艺因素，确定生产方法。
③ 考察原料矿山，了解原料的产地、储量、日开采量、质量品位、运输和价格等情况，以便确定所使用的原料。
④ 分析和测定原料的一些性能，主要包括化学成分、可塑性、结合性、烧结性、烧后白度、收缩和加热过程中的变化（差热分析）等。了解各种原料对产品性能和坯料性能的影响，以便调整釉料性能，决定原料的选用。

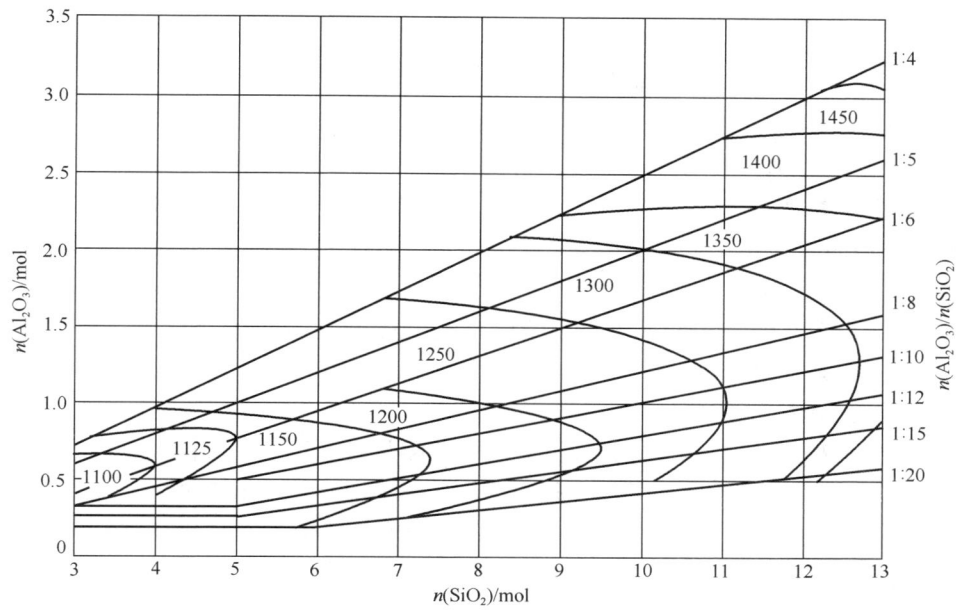

图 5-1 瓷釉的成熟温度与 Al_2O_3、SiO_2 的量的关系

⑤ 对现有经验和资料的分析、研究，以便总结经验，不断改进同类产品质量。

以上只是一些基本做法，涉及的问题很多，还得依靠实践予以解决。

5.2 釉料配方的计算

5.2.1 釉料的表示方法

釉料的表示方法有以下四种：实验式表示法、化学组成表示法、配料量表示法、示性矿物组成表示法。这四种表示方法在科研生产和文献资料上经常用到，所以应首先了解釉料的表示方法，然后再找出这几种不同表示方法间的关系，并进行换算，才能对釉料配方进行计算。

1. 实验式表示法

实验式表示法是以各种氧化物的摩尔量（mol）的比例来表示的，又称化学实验式表示法。釉料实验式表示法，又简称为釉式，釉式中往往取碱性氧化物的摩尔量的总和为1，例如，浙江龙泉青瓷釉的实验式为：

$$\left. \begin{array}{l} 0.807CaO \\ 0.169K_2O \\ 0.024Na_2O \end{array} \right\} \cdot \left. \begin{array}{l} 0.549Al_2O_3 \\ 0.032Fe_2O_3 \end{array} \right\} \cdot 3.909SiO_2$$

化学实验式表示法反映了各氧化物之间的关系，釉料中各氧化物的组成一目了然。从釉式中可以估计出釉的烧成温度。

软质瓷釉式：一般为 $(R_2O+RO) \cdot (0.3\sim 0.6)R_2O_3 \cdot (3\sim 4)SiO_2$

烧成温度：1250~1280℃

硬质瓷釉式：(R$_2$O+RO) • (0.5~1.4)Al$_2$O$_3$ • (5~12)SiO$_2$

烧成温度：1320~1450℃

所以可初步判断浙江青瓷釉为软质瓷，烧成温度为1250~1280℃。

2. 化学组成表示法

以釉料中各种氧化物组成的质量分数来表示配方组成的方法，称为化学组成表示法，也称氧化物质量分数表示法，表示时列出 SiO$_2$、Al$_2$O$_3$、Fe$_2$O$_3$、TiO$_2$、MgO、CaO、K$_2$O、Na$_2$O、B$_2$O$_3$、ZnO、PbO、BaO、灼减量等质量分数数据，这种表示法能较准确地表示釉料组成，同时据其含量估计烧成温度的高低和釉的熔融性能。

3. 配料量表示法

以原料的质量分数来表示配方组成的方法，称配料量表示法，这种方法在工厂中应用最普遍，称为实际配方。这种方法的优点是易称量，便于记忆，表示简单、直观，缺点是它只适用于本地工厂，对其他产区的参考意义不大，因为各地原料所含成分差异甚大，只要其中一种主要原料的成分不同，所配制釉料差异就会很大。

4. 示性矿物组成表示法

釉料配方组成以纯理论的黏土、石英、长石等矿物来表示的方法，称为示性矿物组成表示法，又称示性分析法，简称矿物组成法。但由于陶瓷釉矿物种类繁多，性质也有很大差异，因此，这种表示方法只能粗略地反映釉的组成，故不常用。

5.2.2 釉式的计算

1. 从化学组成计算釉式

若知道了釉料的化学组成，可按下列步骤计算釉式：

① 若釉料中的化学成分含灼减量成分，首先换算成不含灼减量成分的化学组成。

② 计算各氧化物的摩尔量。

$$n = \frac{氧化物的质量分数}{摩尔质量} \tag{5-1}$$

③ 以碱性氧化物的量总和，分别除各氧化物的量，即得到一套以碱性氧化物摩尔总数为1的各氧化物摩尔数的系数。

④ 将得到的各氧化物摩尔数系数按 RO、R$_2$O$_3$、RO$_2$ 的顺序排列为釉式。

【例1】 某釉料的化学组成如下，试计算其釉式。

组成	SiO$_2$	Al$_2$O$_3$	Fe$_2$O$_3$	CaO	MgO	K$_2$O	Na$_2$O	ZnO	灼减	合计
质量分数(%)	69.57	14.63	0.12	0.79	3.43	6.32	1.68	1.5	1.96	100

【解】 ① 先将该釉料换算成不含灼减的化学组成质量分数：

不含灼减的质量分数为：

组成	SiO$_2$	Al$_2$O$_3$	Fe$_2$O$_3$	CaO	MgO	K$_2$O	Na$_2$O	ZnO
质量分数(%)	70.96	14.92	0.12	0.81	3.50	6.45	1.71	1.53

② 将各氧化物的质量分数组成除以各氧化物的摩尔质量，得到各种氧化物的摩尔数

组成：

组成	SiO$_2$	Al$_2$O$_3$	Fe$_2$O$_3$	CaO	MgO	K$_2$O	Na$_2$O	ZnO
n（mol）	1.1807	0.1464	0.0008	0.0144	0.0868	0.0685	0.0276	0.0188

③ 将碱性氧化物的摩尔总数算出：

0.0144＋0.0868＋0.0685＋0.0276＋0.0188＝0.2161

④ 用碱性氧化物的摩尔总数除各氧化物的摩尔数得到一套以 RO＋RO$_2$ 系数为 1 的各氧化物系数：

组成	SiO$_2$	Al$_2$O$_3$	Fe$_2$O$_3$	CaO	MgO	K$_2$O	Na$_2$O	ZnO
系数	5.464	0.677	0.004	0.067	0.402	0.317	0.128	0.087

⑤ 将所得系数按规定顺序排列，即得到所要求的实验式：

$$\left.\begin{array}{l} 0.317\text{K}_2\text{O} \\ 0.128\text{Na}_2\text{O} \\ 0.067\text{CaO} \\ 0.401\text{MgO} \\ 0.087\text{ZnO} \end{array}\right\} \cdot \left.\begin{array}{l} 0.677\text{Al}_2\text{O}_3 \\ 0.004\text{Fe}_2\text{O}_3 \end{array}\right\} \cdot 5.464\text{SiO}_2$$

2. 从配方计算釉式

计算步骤如下：

① 首先要知道所使用各原料的化学组成，即各种原料所含每种氧化物的质量分数，将各原料化学组成换算成不含灼减量的质量分数。

② 将每种原料的配料量（质量）乘以各氧化物的质量分数，得各种氧化物的质量。

③ 将各原料中共同氧化物质量加在一起，得釉料中各氧化物的总质量。

④ 以各氧化物的摩尔质量分别除它的质量，得各氧化物物质的量。

⑤ 以碱性氧化物的摩尔质量总和去除各氧化物的物质的量，得到一系列以碱性氧化物（RO＋RO$_2$）系数为 1 的一套各氧化物的摩尔系数。

⑥ 按规定顺序排列各种氧化物，即为所要求的实验式。

【例2】 某建筑瓷锆釉的配方为：长石 25.6%，石灰石 18.4%，石英 32.2%，氧化锌 2%，黏土 10.0%，锆英石 11.8%。

各原料的化学组成于表 5-1 中，试计算其釉式。

表 5-1 原料的化学组成　　　　　　　　　　　　　　　　　单位：%

原料	SiO$_2$	Al$_2$O$_3$	Fe$_2$O$_3$	CaO	MgO	Na$_2$O	K$_2$O	ZnO	ZrO$_2$	灼减	总计
长石	65.04	20.40	0.24	0.8	0.18	3.74	9.38	—	—	0.11	99.89
黏土	49.82	35.74	1.06	0.65	0.6	0.82	0.95	—	—	10.0	99.64
石英	98.54	0.28	0.72	0.25	0.35	—	—	—	—	0.2	100.34
石灰石	1.0	0.24	—	54.66	0.22	—	—	—	—	43.04	99.52
氧化锌	—	—	—	—	—	—	—	100	—	—	100
锆英石	38.81	5.34	—	0.4	0.2	—	—	—	55.10	—	99.85

【解】 按上述步骤的方法计算釉中各氧化物的含量：

① 釉中氧化物的含量见表 5-2。

表 5-2　釉中氧化物的含量　　　　　　　　　　　　　单位：%

原料	釉料配比	化学组成									
		SiO_2	Al_2O_3	Fe_2O_3	CaO	MgO	Na_2O	K_2O	ZnO	ZrO_2	灼减
长石	25.6	16.65	5.22	0.06	0.20	0.05	0.96	2.4	—	—	0.03
黏土	10.0	4.98	3.57	0.11	0.07	0.06	0.08	0.1	—	—	1.00
石英	32.2	31.73	0.09	0.23	0.08	0.11	—	—	—	—	0.06
石灰石	18.4	0.18	0.04	—	10.06	0.04	—	—	—	—	7.99
氧化锌	2	—	—	—	—	—	—	—	2	—	—
锆英石	11.8	4.58	0.63	—	0.05	0.02	—	—	—	6.5	—
总计		58.12	9.55	0.40	10.46	0.28	1.04	2.5	2	6.5	9.08
除去灼减		63.97	10.51	0.44	11.5	0.31	1.14	2.75	2.2	7.15	

② 釉式的计算步骤见表 5-3。

表 5-3　釉式的计算步骤

项目	化学组成								
	SiO_2	Al_2O_3	Fe_2O_3	CaO	MgO	Na_2O	K_2O	ZnO	ZrO_2
质量百分数/%	63.97	10.51	0.44	11.5	0.31	1.14	2.75	2.2	7.15
相对分子质量	60.1	102	160	56.1	40.3	62	94.2	81.2	123.2
n/mol	1.064	0.103	0.003	0.205	0.008	0.018	0.029	0.027	0.058
$n(R_2O+RO)$/mol	0.287	0.287	0.287	0.287	0.287	0.287	0.287	0.287	0.287
$\dfrac{n}{n(R_2O+RO)}$	3.707	0.359	0.010	0.714	0.028	0.063	0.101	0.094	0.202

③ 计算所得釉式为：

$$\left.\begin{array}{l} 0.101K_2O \\ 0.063Na_2O \\ 0.714CaO \\ 0.028MgO \\ 0.094ZnO \end{array}\right\} \cdot \left.\begin{array}{l} 0.359Al_2O_3 \\ 0.010Fe_2O_3 \end{array}\right\} \cdot \left.\begin{array}{l} 3.707SiO_2 \\ 0.202ZrO_2 \end{array}\right\}$$

5.2.3　釉料配方的计算

1. 生料釉配方的计算

与熔块釉相对而言，生料釉是以生料配方经混合磨细后施釉烧成的。配方计算过程中首先是要选择生料釉的釉式，要结合坯体的化学组成和主要性能及国内外实际情况来确定。配釉料一般选用较纯的原料,计算时一般先用长石来满足钾(钠)含量,同时平衡部分氧化铝,然后用黏土平衡掉剩余的氧化铝,再逐项平衡其他组成,最后未被平衡的组成采用化工原料加以平衡。

【例3】 已知某长石质瓷的釉料,其釉式为:

$$\left.\begin{array}{l} 0.4860K_2O \\ 0.4490MgO \\ 0.0650ZnO \end{array}\right\} \cdot 0.6670Al_2O_3 \cdot 6.6920SiO_2$$

试用钾长石、高岭土、石英、氧化锌、滑石这五种原料进行配料。

【解】 ① 根据釉式计算各原料的量,见表5-4。

表5-4 原料中的氧化物含量　　　　　　　　　　　单位:mol

使用原料	釉料组成量				
	SiO₂	Al₂O₃	MgO	K₂O	ZnO
	6.6920	0.6670	0.4490	0.4860	0.0650
钾长石(K₂O·Al₂O₃·6SiO₂)0.4860 余量	2.9160 3.7760	0.4860 0.1810	 0.4490	0.4860 0	 0.0650
高岭土(Al₂O₃·2SiO₂·2H₂O)0.1810 余量	0.3620 3.4140	0.181 0	 0.4490		 0.0650
滑石(3MgO·4SiO₂·H₂O)0.1490 余量	0.5960 2.8180		0.4490 0		 0.0650
石英(SiO₂)2.8180 余量	2.8180 0				 0.0650
氧化锌(ZnO)0.0650 余量					0.0650 0

② 根据各原料的摩尔量计算配料量,见表5-5。

表5-5 配料量的计算

原料	n/mol	相对分子质量	配料量/g	质量百分数/%
钾长石	0.486	556.8	270.6	49.3
高岭土	0.181	258.2	46.7	8.5
滑石	0.149	379.3	56.5	10.3
石英	2.818	60.1	169.4	30.9
氧化锌	0.065	81.4	5.3	1.0

2. 熔块配方计算

当采用易溶于水的碳酸钠、碳酸钾、硼砂、硼酸等原料配釉时,在施釉过程中釉容易被坯体吸收,使坯体的烧结温度降低,而釉的成熟温度因釉浆成分改变而提高。坯体干燥后,这些水溶性盐类又随水分蒸发而集中在坯体表面，烧后产生缺陷。此外在釉中常要引入一些毒性原料（铅的化合物、钡盐、锑盐等），它们作为生料直接引入釉中会造成生产工人操作中毒。因此，需要把上述毒性原料和其他原料预先熔制成不溶于水或微溶于水、无毒的硅酸盐熔块（但渗彩釉则是用可溶性发色原料配制成釉液，直接渗入坯体中而制造渗彩玻化砖）。此外烧制熔块过程中原料挥发物的排除，有利于后序制品的烧成，使难熔原料变得易熔，使釉料成分均匀，扩大了配釉原料的种类等。

(1) 配制熔块的原则

① K_2O、Na_2O 除长石带入外，其他含 K_2O、Na_2O 的原料均需置于熔块原料之中，含硼化合物（除硼钙石、硼镁石外）也置于熔块成分之内。

② $(RO_2+R_2O_3)/(R_2O+RO)=1:1\sim 3:1$，这样可保证适当的熔化温度，因温度过高，碱盐易于挥发。

③ $(R_2O)/(RO)<1$，按比例制成熔块，可难溶或不溶于水。

④ $(SiO_2)/(B_2O_3)>2$，因硼盐的溶解度较大，提高氧化硅含量可降低其溶解度。

⑤ 熔块配料中 Al_2O_3 的用量应控制在 0.2mol 以内。如 Al_2O_3 用量太多，则高温黏度大，熔化困难，因而不能得到均匀的熔块，且熔化温度较高，会导致碱性物的挥发损失大。

⑥ 氧比（SiO_2 所带入的氧与其他氧化物所带入的氧之比）应为 2～6，按下式计算：

$$OR(氧比) = \frac{2n(SiO_2)}{n(RO) + 3n(Al_2O_3)} \qquad (5-2)$$

这些规则有助于正确配制熔块，但必须同时结合实际进行。

(2) 由配合料质量计算熔块熔融后的质量（产率）

配制熔块的许多原料在熔融时因排除了水分、二氧化碳、五氧化二氮、氧、三氧化硫、氟（四氟化硅）而灼减。归纳起来，有以下几个类型。

① 排除结晶水或结构水。例如硼酸、五水硼砂、氢氧化铝、高岭石、滑石等。

② 碳酸盐分解。碳酸钾、碳酸钡、碳酸钙、碳酸镁等会分解放出二氧化碳。

③ 硝酸盐分解。例如硝酸钾、硝酸钠等分解后只留下氧化钾和氧化钠。

④ 氧化物分解。例如铅丹的摩尔质量为 669.6g/mol，1mol 铅丹分解后生成 3mol 的氧化亚铅，质量变为 653.6g。另外，还有过氧化铅等的分解也会造成质量减轻。

⑤ 硫酸盐的分解。例如生石膏、硫酸钾、硫酸钠等的分解。

以上这些物质的分解，最终的产物都是金属氧化物，由其损失量可以计算出最终熔块的产量，当然还要考虑各环节的人工及机械造成的损失。

(3) 熔块的配料计算

若已知熔块的化学组成，可按前述的方法计算釉式后再进行配料计算。

【例 4】 某熔块的釉式如下所示，计算其配料量。

$$\left.\begin{array}{l} 0.150K_2O \\ 0.288Na_2O \\ 0.375CaO \\ 0.187PbO \end{array}\right\} \cdot 0.150Al_2O_3 \left\{\begin{array}{l} 2.150SiO_2 \\ 0.614B_2O_3 \end{array}\right.$$

【解】 ① 可列表进行计算，先计算原料引入的量，见表 5-6。

表 5-6　各原料中氧化物的量　　　　　　　　　　　　　　　　单位：mol

引入原料	氧化物						
	K_2O	Na_2O	CaO	PbO	Al_2O_3	B_2O_3	SiO_2
	0.150	0.288	0.375	0.187	0.150	0.614	2.15
钾长石 ($K_2O \cdot Al_2O_3 \cdot 6SiO_2$)0.150	0.150				0.150		0.90
余量	0	0.288	0.375	0.187	0	0.614	1.25
硼砂 ($Na_2O \cdot 2B_2O_3 \cdot 10H_2O$)0.288		0.288				0.576	
余量		0	0.375	0.187		0.038	1.25
碳酸钙($CaCO_3$)0.375			0.375				
余量			0	0.187		0.038	1.25
Pb_3O_4 0.187×(1/3)				0.187			
余量				0		0.038	1.25
硼酸(H_3BO_3)0.038×2						0.038	
余量						0	1.25
石英(SiO_2)1.25							1.25
余量							0

② 再由原料的引入量计算出配料量，见表 5-7。

表 5-7　原料的配料量

原料名称	原料量/mol	相对分子质量	配料量/g	质量百分数/%
钾长石	0.15	557	83.5	23.6
硼砂	0.288	382	110.0	31.1
碳酸钙	0.375	100	37.5	10.6
Pb_3O_4	0.187×(1/3)	653.6	42.6	12.1
石英	1.25	60	75.2	21.3
硼酸	0.038×2	62	4.7	1.3
合计				100

3. 熔块釉配方计算

熔块釉分为全熔块釉（熔块一般95%左右）和半熔块釉（熔块含量30%～85%，根据釉烧温度的高低）一般情况下生料组分由黏土、氧化锌、石灰石等组成，其中黏土主要起悬浮作用；熔块和生料二者的比例可根据制品烧成温度和生产工艺确定。

由熔块的实验式和熔块釉的实验式来计算熔块釉的配方，计算方法如下所示。

【例5】　已知熔块的实验式为：

$$\left.\begin{array}{l}0.4444PbO\\0.1111K_2O\\0.2778Na_2O\\0.1667CaO\end{array}\right\} \cdot \left.\begin{array}{l}0.1500Al_2O_3\\0.5556B_2O_3\end{array}\right\} \cdot 1.0000SiO_2$$

要求配制的釉的实验式为：

$$\left.\begin{array}{l}0.4000PbO\\0.1000K_2O\\0.2500Na_2O\\0.2500CaO\end{array}\right\} \cdot \left.\begin{array}{l}0.2000Al_2O_3\\0.5000B_2O_3\end{array}\right\} \cdot 1.50SiO_2$$

熔块所用的原料均为工业纯，计算该熔块釉的配方。

【解】 ① 先计算出熔块的"分子量"，见表5-8。

表5-8 计算熔块的"分子量"

氧化物种类	氧化物相对分子质量	氧化物摩尔量/mol	氧化物质量/g
PbO	223.2	0.4444	99.19
K_2O	94.2	0.1111	10.47
Na_2O	62.0	0.2778	17.22
CaO	56.1	0.1667	9.35
Al_2O_3	101.9	0.1500	15.29
B_2O_3	69.5	0.5556	38.61
SiO_2	60.1	1.0000	60.10
		熔块"分子量"=250.23	

② 根据熔块的实验式列表进行熔块的配料计算，见表5-9。

表5-9 配料计算   单位：mol

熔块组成	使用原料						
	PbO	K_2O	Na_2O	CaO	Al_2O_3	B_2O_3	SiO_2
	0.4444	0.1111	0.2778	0.1667	0.1500	0.5556	1.0000
氧化亚铅(PbO)0.4444 余量	0.4444 0	0.1111	0.2778	0.1667	0.1500	0.5556	1.0000
钾长石($K_2O \cdot Al_2O_3 \cdot 6SiO_2$)0.1111 余量		0.1111 0	0.2778	0.1667	0.1111 0.0389	0.5556	0.6666 0.3334
硼砂($Na_2O \cdot 2B_2O_3 \cdot 10H_2O$)0.2778 余量			0.2778 0	0.1667	0.0389	0.5556 0	0.3334
碳酸钙($CaCO_3$)0.1667 余量				0.1667 0	0.0389		0.3334
高岭土($Al_2O_3 \cdot 2SiO_2 \cdot 2H_2O$)0.0389 余量					0.0389 0		0.0778 0.2556
石英(SiO_2)0.2556 余量							0.2556 0

③ 计算熔块的生料配合量及配料比（表 5-10）。

表 5-10 熔块的生料配合量及配料比

原料种类	相对分子质量	配料摩尔量/mol	配合量/g	质量百分数/%
氧化亚铅	223.2	0.4444	99.19	32.09
钾长石	556.7	0.1111	61.85	20.01
硼砂	381.4	0.2778	105.95	34.28
碳酸钙	100.1	0.1667	16.69	5.40
高岭土	258.1	0.0389	10.04	3.25
石英	60.1	0.2556	15.36	4.97
		生料配合量＝309.08		合计 100.00

④ 根据釉式对熔块釉进行列表配料计算（表 5-11）。

表 5-11 配料计算　　　　　　　　　　　　　　　　　　单位：mol

使用原料	化学组成						
	K_2O	Na_2O	CaO	PbO	B_2O_3	Al_2O_3	SiO_2
	0.10	0.25	0.25	0.40	0.50	0.20	1.50
熔块 0.90 余量	0.10 0	0.25 0	0.15 0.10	0.40 0	0.50 0	0.135 0.065	0.90 0.60
碳酸钙 0.1 余量			0.10 0			0.065	0.60
高岭土 0.065 余量						0.065 0	0.13 0.47
石英 0.47 余量							0.47 0

注：在配制熔块釉时，根据釉的烧成温度不同，一般引入 0.85～0.95mol 的熔块（此例引入 0.9mol），其余不足部分由生料引入。

⑤ 计算熔块釉的配料量及配料比，见表 5-12。

表 5-12 熔块釉的配料量及配料比

原料种类	相对分子质量	原料量/mol	配料量/g	质量分数/%
熔块	250.23	0.90	225.21	80.36
碳酸钙	100.1	0.10	10.01	3.57
高岭土	258.1	0.065	16.78	5.99
石英	60.1	0.47	28.25	10.08
		总配料量＝280.25		合计 100.00

5.3 釉配方试验方法

由于釉料组成与性质之间的关系十分复杂,为了获得有既定性能的釉料配方或进行原料的替代等尚需经过多次试验。若能有规律地进行系统调试,则可事半功倍,短期内得到希望的效果,否则不仅会因试验次数过多造成人力物力的浪费,也有可能因试验时间的拖长而错失商机。一般釉料试验中常用的调试方法有以下几种。

5.3.1 孤立变量法

孤立变量法是釉料常用的调节方法之一,即固定釉料配方中其他成分不变,只改变其中一个组分,而改变一个组分时可以用优选法进行调节,即确定要引入或者要替代组分可能的最大和最小用量试验,在其二分之一处取点确定下一次的引入量,依此重复直到获得最佳引入量。

5.3.2 正交试验法

在工艺改革、新产品开发和配方调整等生产实践中,影响结果的往往都不是一种因素,而是众多因素。如果按逐个因素进行全面试验,当试验因素及其水平数较多时,全面试验次数会急剧增加。若试验还要设重复试验,试验规模就更大了,以至于在实践中几乎不可能实施。例如,某配方有 8 种原料,每种原料取三种配料量值,即水平数为 3,若进行全面试验,则试验次数为 $3^8=6561$ 次,这实际上是做不到的。但如果用正交试验只需做 27 次。所以,在实践中,对于影响因素较多的试验,一般采用部分实施法,以减少试验次数,缩短试验周期,其中最常用的是正交试验设计法。它以数理统计理论为基础,结合生产实际经验利用一套规格化的正交表进行试验安排。其特点是:①试验次数少,节省时间和消耗,试验点具有代表性,效果好;②同一因素的不同水平对试验指标的影响的综合可比性强。试验结果的影响因素主次分明,后续试验的方向明确。

(1) 正交表

正交表是进行正交试验的工具。它是将各种影响因素和各因素的状态抽象出来,同时又反映各种因素和各因素状态的试验表格;正交表用符号 $L_m(A^n)$ 表示,其中

L:正交表的代号;

m:正交表的横行数,代表试验次数;

A:各因素的水平数;

n:正交表的列数,代表因素数,也称因子数。

根据因素的水平数,正交表可以分为水平数相同的等水平正交表和水平数不同的混合水平正交表,$L_m(A^n)$ 型为等水平正交表;$L_m(A^n \times B^g)$ 型为混合型正交表。

在正交试验设计中,常把正交表写成表格的形式,并在其左旁写上行号(试验号),在其上方写上列号(因素号)。正交表中间的字码代表水平。

(2) 正交试验设计的基本程序

① 明确试验目的，确定试验指标。试验指标是由试验目的确定的，因此在试验设计之前，必须明确试验目的，而且要求试验目的能用数据表示出来，这些数据就是试验指标的反映。指标有定量指标和定性指标之分，定量指标如釉面的光泽度、白度、强度等，可以用仪器测定出具体数据。定性指标如釉面裂纹、斜孔、色调等，这些指标要使其定量化，转化为数据，以方便后期的分析。

② 选择试验因素，确定水平，列出因素水平表。根据试验指标，选择因素。应首先选取对试验指标影响大的因素、尚未完全掌握其规律的因素和未曾被考察因素。根据试验指标、选择的因素及实践经验，选择好每种因素的水平。

③ 选择合适的正交表。在能安排下试验因素和要考察的交互作用的前提下，尽可能选用小号正交表，以减少试验次数。

④ 表头设计。所谓表头设计，就是将试验因素分别安排到所选正交表的各列中去的过程。如果因素间无交互作用，各因素可以任意安排到正交表的各列中去，如果要考察交互作用，各因素不能随意安排，应按所选正交表的交互作用表进行安排。

⑤ 进行试验。根据正交表的试验号进行试验。试验时，可依次进行，也可以根据因素的水平，改变试验次序，或同时进行几个试验号的试验，以节约时间和能耗。要注意的是，除试验号中各因素及因素的水平不同，条件都应尽可能相同。

⑥ 分析处理试验数据。对试验结果的数据进行极差分析或方差分析，得出最佳的工艺条件和因素的主次关系。

(3) 正交试验的应用举例

影响金光釉釉面效果的组分因素较多，为了快速准确并尽可能以少的试验次数，找出影响金光釉的主要组分及加入量，试验拟用正交试验法。选用 $L_9(3^4)$ 正交表安排试验。

第一步，明确试验目的，确定试验指标。

从题可知，试验指标就是釉面效果，为定性化指标，我们可以依据模糊理论，通过目测评分将釉面效果量化。

第二步，选择因素，确定水平。

众所周知，影响金光釉釉面效果的主要组分因素为配方中氧化铁、氧化锰、氧化铜、五氧化二钒的含量。根据实践经验确定它们的水平，结果见表5-13。

表5-13　因素水平表　　　　　　　　　　　　　　　　单位:%

水平	因素			
	氧化铁	氧化锰	氧化铜	五氧化二钒
1	1	2	1	0.4
2	2	8	3	1.2
3	3	10	5	2.0

第三步，选择正交表。

由于有四种原料，每种原料中有三个水平，选用 $L_9(3^4)$ 正交表安排试验。

第四步，排表头，排水平。

将各种原料排在表的列号的位置上，每个列号排一种，将各种原料的水平依次排在水平位置上，见表 5-14。就得到由四种原料的配料量为三个取值的九个配方试验方案。

表 5-14 试验结果分析

试验号	氧化铁（A）	氧化锰（B）	氧化铜（C）	五氧化二钒（D）	长石	铅丹	硼砂	锂云母	D 熔块	综合评分
1	1	1	1	1	45	15	6	4	20	60
2	1	2	2	2	45	15	6	4	20	95
3	1	3	3	3	45	15	6	4	20	65
4	2	1	2	3	45	15	6	4	20	70
5	2	2	3	1	45	15	6	4	20	55
6	2	3	1	2	45	15	6	4	20	80
7	3	1	3	2	45	15	6	4	20	70
8	3	2	2	3	45	15	6	4	20	85
9	3	3	1	1	45	15	6	4	20	75
Ⅰ	220	200	225	190						
Ⅱ	205	235	240	245						655
Ⅲ	230	220	190	220						
R	25	35	50	55						

第五步，进行试验。

在其他因素都保持尽可能稳定的固定状态，对九个试验配方进行平行试验。

第六步，测定并记录数据。

对试样的釉面效果进行评分并填入表的试验结果栏内。

第七步，处理数据，分析结果。

计算极值：在正交表中的试验号下方，列有数码Ⅰ、Ⅱ、Ⅲ……代表极值。水平数相同的正交表中各列极值的数目相同。每一列极值的计算公式是：

第 i 列极值Ⅰ$_i$＝第 i 列的第一水平对应指标的数据和。

第 i 列极值Ⅱ$_i$＝第 i 列的第二水平对应指标的数据和。

第 i 列极值Ⅲ$_i$＝第 i 列的第三水平对应指标的数据和。

依次将列的极值计算出来，填入表 5-14 中。到此，数据处理就算完成。因素对指标影响的主次顺序，只要根据极差的大小来判断。即极差大的，影响大，是主要影响因素；极差小的，是次要因素。其中，五氧化二钒的极差达 55，是最大的，所以是最主要的影响因素；其次是氧化铜、氧化锰，影响最小的是氧化铁。

较佳加入量的确定：根据极值来确定。综合评分越高越好，所以，只要用极值大的对应水平组合起来。较佳加入量为：五氧化二钒 1.2%、氧化铜 3%、氧化锰 8%、氧化铁 3%。

为了更直观地反映组分因素对金属光泽釉釉面效果的影响规律和趋势，以因素水平为横坐标，指标的平均值为纵坐标，绘制因素与指标趋势图，如图 5-2 所示。由图可以看出，氧化铁的最佳含量应该大于 3%，因此，在进一步试验时可以提高氧化铁的含量，以寻求更佳的配方组成。

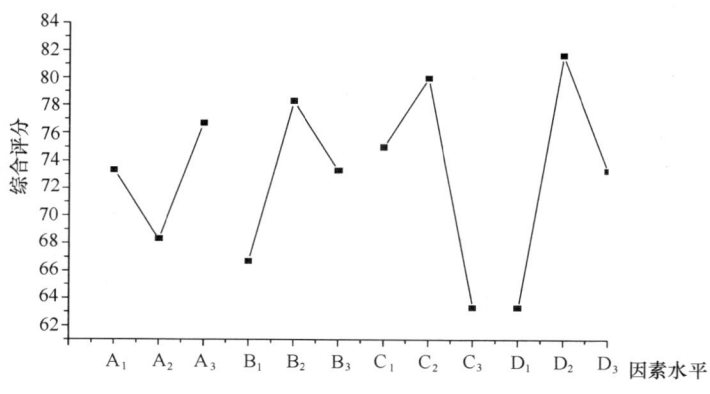

图 5-2 因素与指标趋势

（4）多指标正交试验结果的处理

实际生产中，衡量试验结果的指标往往不止一个，而是多项指标。就安排试验的方法而言，与前述是相同的。要研究的是处理数据和分析结果。对多指标试验的分析，通常采用的方法有以下两种。

综合平衡法：这种方法是按各个指标单独测定数据，再综合平衡。当各因素对每项影响的主次顺序一致时，就只要将多指标按单指标综合平衡处理就行；当各因素对每项指标影响的主次顺序不一致时，就应优先照顾主要指标的因素主次顺序，次要指标只要能达到要求就可以了。

综合评分法：此法是对主要指标给予加"权"评分，对次要指标酌情评分，然后，将每个指标的评分相加得总分。这样，就将多指标化为单指标了。

（5）水平数不同的正交试验结果的处理

利用混合型正交表安排正交试验时，安排试验的方法与前述相同；要指出的是，当各因素水平数相同时，只要比较极差 R 就可确定因素对指标影响的主次顺序，当水平数不同时，直接比较极差 R 是不能确定因素主次的。常用下列方法来处理。

计算极值的平均值：从前可知，极值是同因素同水平的指标数据之和，如果各因素的水平数不同，则极值相差很大。如果取极值的平均值 K，那就可以通过比较极差 R 来确定因素的主次关系了。

极差系数折算：将各因素的极差 R 利用公式折算出新的极差 R'，按 R' 来确定因素的主次。计算公式如下：

$$R' = dR\sqrt{n} \tag{5-3}$$

式中　R——因素的极差；
　　　n——每一水平重复数；
　　　d——不同水平时的极差折算系数。

极差折算系数见表 5-15。

表 5-15 极差折算系数

水平数	2	3	4	5	6	7	8	9	10
折算系数	0.71	0.52	0.45	0.40	0.37	0.35	0.34	0.32	0.31

5.4 釉浆制备及施釉工艺

尽管一般釉层的用料量远小于坯用料量（日用瓷釉约为坯质量的 1/11），但釉的质量却直接影响产品的性能和等级，给人以直观的视觉感觉。良好的釉面，可以极大地提高陶瓷制品的外观质量及装饰效果，从而提高制品的档次。所以，除釉料配方要合理外，还要特别重视釉浆的制备和釉浆的工艺性能。釉浆的质量和性能，直接影响制品烧成后的釉面质量。

5.4.1 釉浆的制备

釉浆的制备就是将釉用原料按釉料配方比例称量配制后，在磨机中加水、电解质等磨制成具有一定细度、密度和流动性浆料的过程。生料釉由釉用原料直接称重配制；熔块釉包括熔块和生料两部分；釉浆制备研磨时可将所有料一起研磨，也可先将瘠性硬质原料研磨至一定细度（为防止沉淀可加入 3%～5%的黏土）后，再加入软质原料一起研磨。

1. 生料釉的制备

生料釉的制备流程如图 5-3 所示。

图 5-3 生料釉的制备流程

如果所用硬质原料均为合乎要求的粉状料，则流程中的粗碎工序都可以省去，直接配料入球磨机即可。

2. 熔块釉的制备

熔块釉就是将水溶性原料、有毒原料及部分（或全部）原料先制成熔块，再与部分生料配比制成熔块釉，所以制备熔块釉首先必须制备熔块。

① 熔块的制备：熔块的制备流程如图 5-4 所示。

② 熔块釉的制备：熔块釉的制备过程与生料釉基本相同，只是把熔块也当作一种"原

图 5-4 熔块的制备流程

料",其流程如图 5-5 所示。

图 5-5 熔块釉的制备流程

3. 釉浆制备注意问题

釉用原料比坯用原料要求更加纯净,含杂质少。因此要注意原料的纯度,同时还要特别注意储放时避免污染,要保证现场的清洁。此外,釉浆制备过程中还必须要注意以下问题。

(1) 保证配料时称量的准确度

釉用原料的种类多,而且数量和密度差别大,尤其是乳浊剂、颜料等辅助原料的用量远比主体原料少,但它对釉料性能的影响却极为敏感。因此,按釉料配方配制釉料时要保证称量的准确度,一般用电子秤配料。电子秤要定期校验。配料前要准确地测定湿原料的含水率,并计算出湿原料的实际加入量,并将水分在总加水量中扣除。

釉料的加水量、电解质加入量计算也应十分准确。加水少会延长釉料的研磨时间,加水多会造成釉浆的密度不合格,加水量一般用带刻度的高位水箱或水表计量。

在配料时,无论是原料、水,还是电解质、色料都需要两人同时称量,以确保配料的准确。配料错误会酿成大的质量事故,并无法补救。

(2) 控制球磨机球石质量及配比

釉料制备通常是将所有釉用原料一起加入球磨机中湿磨,球磨机用的研磨介质一般是鹅卵石或高铝瓷球,现在釉料制备大多使用高铝瓷球。

① 对球石总的质量要求:硬度大、密度高,莫氏硬度>7,鹅卵石密度>2.6g/cm^3,无裂缝、无麻孔;高铝瓷球石密度>3.45g/cm^3。若球石质量不好,不但影响球磨机的研磨效率,而且被磨掉的成分较多进入釉浆后,会使釉浆的组成发生变化,影响釉浆的工艺性能。

② 对球石的大小和配比的要求:

大球 (ϕ38mm):中球 (ϕ32mm):小球 (ϕ25mm) = (20%~25%):(30%~50%):(30%~50%)。

球石的大小：

天然燧石与鹅卵石：大球 $\phi 80\sim 100$mm，中球 $\phi 60\sim 80$mm，小球 $\phi 40\sim 60$mm。高铝瓷球：大球 $\phi 60\sim 70$mm，中球 $\phi 35\sim 45$mm，小球 $\phi 30\sim 35$mm。

③ 球磨机球石的装载量：球磨机球石的装载量应占磨机有效容积的 50%～55%。

④ 球石的磨损与补充：每磨完一磨应补充一次球石，以保证球石数量的相对稳定，从而较好地控制研磨时间和研磨细度。一般补充量：高铝瓷球 1.5～2kg/t 干釉料；鹅卵石球 30～50kg/t 干釉料。补充时补充大球，去掉 ϕ5mm 以下小球。

(3) 重视釉浆制备用水的质量

水中杂质一般为有机或无机悬浮物，可溶性的钙、镁、钠的碳酸氢盐，硫酸盐及氧化物等。这些杂质会直接影响釉浆的黏度和球磨效率，使釉浆容易"触变"，稳定性差。釉浆的制备用水中含 Ca^{2+}、Mg^{2+} 及 SO_4^{2-} 离子应尽量减少，它们容易造成釉浆凝聚，流动性下降。一般要求水中 Ca^{2+}、$Mg^{2+}\leqslant 10\times 10^{-6}$；$SO_4^{2-}\leqslant 10\times 10^{-6}$。水的纯度一般为：地下井水＞泉水＞湖水＞河水＞海水。

(4) 控制及检测釉浆出球磨机时的质量

釉料经研磨后，釉浆出球磨机前要检测其技术指标并做先行试验，待技术指标和先行试验烧制的试样符合要求后，才可放磨。

釉浆出球磨机前要检测的技术指标如下：

① 细度：用 0.063mm 万孔筛（250 目筛）的筛余或激光粒度仪来控制。一般控制 0.063mm 万孔筛筛余为 0.02%～0.05%；10μm 以下颗粒占 92% 以上。

② 密度：可以用 200mL 釉浆的质量表示（g/200mL），也可以用单位体积釉浆的质量表示（g/mL）。一般釉浆密度为 1.35～2.0g/mL 或 270g/200mL，其中喷釉 1.69～2.0g/mL 或 338～400g/200mL；浸釉 1.35～1.6g/mL 或 270～320g/200mL。

③ 黏度：可以用恩勒黏度计或福特杯测定。一般用 t_0 和 t_{15} 表示，它与釉浆密度有关。t_0 是即刻黏性，一般在 25～65s（福特杯流速）；t_{15} 是釉浆静止 15min 后的流速，其值比 t_0 大 15s 左右。当 t_{15} 很大时，釉浆不能使用，否则，施釉后釉层会出现开裂。

(5) 釉浆出球磨机要过筛与除铁

釉浆的过筛与除铁对釉面质量影响很大，所以，要求比坯料泥浆严格得多，过筛一般分两三次进行，出磨时过 3.3mm 筛，再过 0.125mm 和 0.075mm 筛。最终将大于 0.075mm 的粗颗粒全部除去。过筛时，要经常检查筛网有无破损，定期更换筛网。筛网材质要求是尼龙或不锈钢。

釉浆中的铁会使釉料烧后产生斑点，影响美观，所以，出磨使用前要除铁。除铁可采取往复式永久除铁与电除铁器串联起来，有时将两台电除铁器串联起来，以增加除铁效果。

5.4.2　釉浆的工艺性能要求

为了获得一定厚度、均匀无缺陷的釉层，必须满足施釉的工艺要求。釉浆的工艺性能对实现施釉的工艺要求起着重要的作用。对釉浆的工艺性能要求主要有以下几个方面。

(1) 具有合适的细度

釉浆的细度直接影响釉浆的黏度和悬浮性，也影响釉浆与坯体的粘附能力，影响釉浆的熔化温度、坯釉烧成后的性能和釉面质量。一般来说，釉浆的细度越细，浆体的悬浮性越好，釉的熔化温度相应降低，釉与坯体粘附紧密且两者高温下的相互反应充分，因而可改善釉层组织，提高釉层质量。但过细的釉浆也会带来许多麻烦，釉浆磨得过细，浆体黏度过大，浸釉时会形成过厚的釉层，而且干坯从釉取出时很难甩净余釉，造成局部堆釉，干燥时釉层开裂，烧后釉层卷缩或脱落。当釉的高温黏度和表面张力较大时尤为严重，即使不发生缩釉和脱釉，也会由于釉层过厚而降低产品的机械强度和热稳定性甚至造成釉裂。当釉层厚度适中时，因釉料过细，高温反应过急，使坯体中的气体难以排除而产生釉面棕眼或干釉。对含铅熔块釉，会因粉磨过细而增高熔块的铅溶出量。根据研究，研磨时间从12h或16h增加至20h，釉面质量确有明显改善，但超过20h后，性能的改善已极不明显，因此过长时间研磨是不经济的。

随着釉浆细度的增加，不仅提高熔块的铅溶出量，而且长石中的碱和熔块中的钠、硼等离子的溶解度也都有所增加，致使浆体的pH值明显变化。另一方面，釉料中的黏土要发生离子交换，故湿磨过程中釉浆稠度变化是复杂的。一般熔块釉的pH值随粉磨时间延长而不断提高，生料釉浆的pH值开始随粉磨时间延长而增高，一定时间后反而下降。

(2) 具有适中的釉浆密度

对同样组分釉料来说，釉浆密度系指浆体的浓度，其对上釉速度和釉层厚度同样起着决定性作用。浓度大的釉浆会使上釉时间缩短，反之浓度过小就需增加施釉时间，否则就因釉层稀薄烧成时产生干釉。浓度需要随坯体的性质和形状进行调整。一般规定釉浆密度为 $1.28 \sim 1.80 \text{g/cm}^3$。

一般对低温素烧坯及干燥生坯，要求釉浆密度为 $1.43 \sim 1.47 \text{g/cm}^3$；中温素烧坯密度为 $1.50 \sim 1.60 \text{g/cm}^3$；烧结坯密度为 $1.60 \sim 1.70 \text{g/cm}^3$。

(3) 具有合适的黏度和触变性

增加水量虽可以稀释釉浆以及增大流动性，然而浆体的密度却随之降低，甚至会丧失触变性，减少釉在坯上的粘附量，并使浆体中的料粒迅速下沉。为保证不改变密度而达到调节黏度和触变性的目的，往往需引入添加剂或采取陈腐工艺来解决釉浆细度与黏度等性能之间的矛盾。

陈腐对含黏土釉浆的效果特别明显，可以改变釉浆的流动性和吸附量并使釉浆性能稳定。经过陈腐的釉浆，附着值会发生明显的变化，达到一定附着值时所需的黏土用量减少。通常附着值的变化取决于黏土的种类和釉组成。一般将釉陈腐2~3天，最好7天。

5.4.3 施釉工艺

施釉前，生坯或素烧坯均需进行表面的清洁处理，以除去积存的尘垢或油渍，以保证釉层的良好粘附。清洁处理的方法，可以用压缩空气在通风柜内进行吹扫，或者用海绵浸水后进行湿抹，或用排笔蘸水洗刷。

1. 施釉方法

施釉工艺视器形和要求不同而采用不同的施釉方法。目前，陶瓷生产中常用的施釉方法有以下几种。

(1) 浸釉法

浸釉法普遍用于日用陶瓷器皿的生产，以及便于用手工操作的中小型制品的生产。浸釉时用手持产品或用夹具夹持产品进入釉浆中，使之附着一层釉浆。附着釉层的厚度由浸釉时间的长短和釉浆密度、黏度来决定。国内日用瓷厂对盘类施釉采用的飘釉法也是浸釉法的一种。

随着陶瓷生产的机械化与自动化,有些过去采用浸釉法施釉的已改为淋釉法施釉,有些则采用机械手浸釉。

(2) 喷釉法

喷釉法是利用压缩空气将釉浆喷成雾状,使之粘附于坯体上的方法。喷釉时坯体转动或运动,以保证坯体表面得到厚薄均匀的釉层。喷釉法普遍用于日用陶瓷、建筑卫生陶瓷的生产中。喷釉法可分为手工喷釉和机械手喷釉。

① 手工喷釉:手工喷釉采用喷釉器或喷枪,有静压喷釉和压力喷釉两种方式。

静压喷釉是指釉浆放在离地面 $1.8\sim2m$ 的高位槽内,釉浆靠高位静压流向喷枪,这时喷枪釉浆压力仅有 $0.025\sim0.035MPa$。由于釉浆的压力较低,釉浆出枪量小,釉浆颗粒的喷出速度也较小,釉层附着力较低,很难保证釉层达到足够的厚度。压力喷釉是利用压力罐或泵向釉浆施加 $0.1\sim0.3MPa$ 的压力,压力高的釉浆通入喷枪,加大了釉浆出枪量和喷出速度,提高了喷釉效率和釉层厚度,也提高了产品质量。国内大部分瓷厂采用压力喷釉。

② 机械手喷釉:机械手喷釉是用电脑控制的机械手完成人工喷釉作业的施釉技术。喷釉雾化、沉积原理与人工喷釉相同,所使用的釉浆工艺参数、喷釉厚度等也与人工喷釉一样,所不同的只是以机械手模仿人手的动作,完成喷釉工作。机械手喷釉的优点是每件产品间喷釉质量差别小,喷釉工离喷釉柜远,操作环境好。但也存在价格昂贵、变换产品品种灵活性差等缺点。

(3) 浇(淋)釉法

手执一勺舀取釉浆,将釉浆浇到坯体上的施釉方法叫作浇釉法。对大件器皿的施釉多用此法,如缸、盆、大花瓶的施釉。在陶瓷墙地砖的生产中,施釉使用的淋釉和旋转圆盘施釉也可归类为浇釉法,是浇釉法的发展。

陶瓷墙地砖生产中使用的施釉装置,有淋釉装置、钟罩式施釉装置和旋转圆盘施釉装置。

淋釉装置是釉浆从扁平的缝隙中流出,这一设备特别适用于均匀施釉,釉浆密度较小,为 $1.40\sim1.45g/mL$。采用此种装置施釉,在砖的边缘部位施的釉较中部少,因釉浆与设备边缘的摩擦力影响,使其流速较中部慢。

钟罩式施釉装置的作用与淋釉装置相同,由于易于管理,比淋釉装置使用更为广泛。该装置可以使用高密度釉料,因而可用于一、二次烧成内墙砖的施釉。

旋转圆盘施釉装置由几十个直径为 $120\sim180mm$,每个厚度为 $2mm$ 的圆盘组合而成,其厚度为 $50\sim100mm$,进行旋转离心施釉。该设备对高密度及低密度釉料都可以使用,施釉量可从几克变化到上百克,还可以使用不同的釉料,进行多次施釉,并获得相当均匀的表面。该方法施釉使砖坯边缘不带任何釉料,无须进行刮边的清理工作。

(4) 刷釉法

刷釉法不用于大批量的生产,而多用于在同一坯体上施几种不同釉料。在艺术陶瓷生产上常采用刷釉法以增加一些特殊的艺术效果。刷釉时常用雕空的样板进行涂刷,样板可以用塑料或橡皮雕制,以便适应制品的不同表面。曲面复杂而要求特殊的制品,需用毛笔蘸釉涂于制品上,特别是同一制品上要施不同颜色釉时,涂釉法是比较方便的,因为涂釉法可以满足制品上不同厚度的釉层的要求。

(5) 荡釉法

适用于中空器物如壶、罐、瓶等内腔施釉。方法是将釉浆注入器物内,左右上下摇动,然后将余浆倒出。倒出多余釉浆时很有讲究,因为釉浆从一边倒出,则釉层厚薄不匀,釉浆贴着内壁出口的一边釉层特厚,这样会引起缺陷。有经验的操作者倒余釉时动作快,釉浆会沿圆周均匀流出,釉层均匀。

2. 施釉控制

施釉时,要适当选择釉浆的浓度。釉浆浓度过小,釉层过薄,坯体表面上的粗糙痕迹盖不住,且烧后釉面光泽度不好。釉浆浓度过大,施釉操作不易掌握,坯体内外棱角处往往施不到釉,且干燥过程中釉面易开裂,烧后制品表面可能产生堆釉现象。釉料细度过细,则釉浆黏度大,含水率高,在干燥坯上施釉,釉面易龟裂,甚至釉层与坯体脱离,烧后缩釉。釉层越厚,这种缺陷越显著。釉料细度达不到要求,则釉浆粘附力小,釉层与坯体附着不牢,也会引起坯釉脱离。

实 训 项 目

项目一:某日用瓷釉料配方为:钾长石 50,石英 15,高岭土 8,石灰石 20,滑石 12。计算出此釉料釉式。

项目二:已知一青瓷釉的釉式为:

$$\left.\begin{array}{l}0.765\text{CaO}\\0.187\text{K}_2\text{O}\\0.048\text{Na}_2\text{O}\end{array}\right\}\left.\begin{array}{l}0.523\text{Al}_2\text{O}_3\\0.041\text{Fe}_2\text{O}_3\end{array}\right\}3.952\text{SiO}_2$$

计算出此釉料配方。

项目三:已知某日用瓷釉料的化学组成如下:

组成	SiO_2	Al_2O_3	CaO	Fe_2O_3	K_2O	Na_2O
质量分数/%	68.31	16.12	4.78	0.05	8.52	2.22

计算其釉料釉式。

项目四:已知某熔块的釉式为:

$$\left.\begin{array}{l}0.115\text{CaO}\\0.674\text{K}_2\text{O}\\0.211\text{Na}_2\text{O}\end{array}\right\}0.223\text{Al}_2\text{O}_3\left.\right\}1.952\text{SiO}_2$$

计算出该釉料的化学组成。

项目五:某卫生陶瓷釉料配方如下:钾长石 40,石英 21,方解石 28,白云石 6,氧化锌 6,硅酸锆 12。

设计一组三水平四因素正交试验。

第6章 陶瓷常用釉

6.1 常用基础釉

虽然釉的品种多，组成各异，性质不同，适合装饰的制品也不同，但是其基本组成都可以表示为由基础釉和某些能起特定艺术效果的原料组成。如石灰釉为基础釉，添加含铁的着色原料，在还原气氛下可制得青釉；又如用玻璃质釉，添加结晶剂 ZnO，在氧化气氛下可制得硅酸锌结晶釉。

作为基础釉，常用的有长石釉、石灰釉、玻璃质釉、硼釉、铅釉、钙锌釉、钙镁釉、钙钡釉等。根据釉面艺术性能的需要，可在基础釉中加入着色剂、无光剂、乳浊剂、结晶剂等原料。

6.2 长石-石灰釉

6.2.1 长石釉

长石釉以长石为主要熔剂，由长石向釉中引入 K_2O 及 Na_2O 等碱性组分。在釉式中 K_2O+Na_2O 的摩尔数等于或稍大于碱土金属氧化物摩尔数的总和，如：

$$\left.\begin{array}{l} 0.5KNaO \\ 0.5CaO \end{array}\right\} \cdot (0.2\sim2.2)Al_2O_3 \cdot (4\sim26)SiO_2$$

参见表 5-1 中 1~9 号釉。它属于生料釉，主要由长石、石英、黏土、石灰石或方解石、白云石、氧化锌等原料配制而成。釉的特点是硬度大，光泽强，透光性好，略呈乳白色，有柔和感，烧成范围宽，与高硅坯体结合良好，适用于釉上彩绘。主要适用于日用瓷、硬质瓷、硬质精陶等产品。

6.2.2 石灰釉

该釉以石灰石或方解石为主要熔剂。由石灰石或方解石向釉中引入 CaO 组分，可含有少量的也可不含碱性组分。在釉式中 CaO 的摩尔数至少应大于其碱金属和碱土金属氧化物摩尔数的总和。其标准石灰釉釉式为：

$$\left.\begin{array}{l} 0.3K_2O \\ 0.7CaO \end{array}\right\} \cdot 0.5Al_2O_3 \cdot 4.0SiO_2$$

若釉式碱性组分中只含单一 CaO 则称为纯石灰釉。石灰釉也属生料釉，所用主要原料的种类与长石釉相同。该釉的特点是高温黏度小，釉层弹性好，透光性强，光泽好，机械强度高，外观有刚硬感，膨胀系数低，但烧成范围窄且易烟熏，与高铝质坯体结合良好，并有利于色料的呈色。主要适用于日用瓷、硬质瓷、硬质精陶以及建筑卫生陶瓷等产品。

6.2.3 长石-石灰混合釉

我国古代瓷釉开始时均为石灰釉，自唐宋以后，为改善釉的性能，开始在石灰釉中引入长石，即引入部分 K_2O、Na_2O 作助熔剂，因而人们又称为长石-石灰混合釉或石灰-碱釉。目前，陶瓷界并未严格划分石灰釉与石灰-碱釉（或长石釉与石灰-碱釉）的界限，实际上也很难区分开来。但通常人们习惯认为，在釉式碱性氧化物中，当 CaO 摩尔数大于等于 0.7（约相当于 CaO 质量百分含量大于等于 10%）时则属于石灰釉；而当 CaO 质量百分数小于 10%、R_2O 质量百分数大于 3% 时则属长石-石灰混合釉。目前应用最为广泛的仍是长石-石灰混合釉，该釉使用的原料及应用范围与石灰釉相同，具有与石灰釉相近的优点，但在一定程度上克服了石灰釉的缺点，如适当拓宽了烧成范围。长石釉、石灰釉及长石-石灰混合釉配方、化学组成及主要参数见表 6-1。

表 6-1 长石釉、石灰釉及长石-石灰混合釉配方、化学组成及主要参数

釉编号	化学组成/(质量百分数%)								釉烧温度/℃	应用范围
	SiO_2	Al_2O_3	Fe_2O_3	TiO_2	CaO	MgO	K_2O	Na_2O		
1	70.98	14.77	0.07		1.43	0.70	7.66 ZrO_2	4.40	1250～1270	彩釉砖底釉
2	70.6	16.8	0.7		1.3	0.2	4.2	4.9		日用瓷釉
3	74.99	14.80	0.37		1.09	0.36	4.31 ZnO	3.49 0.65		日用瓷釉
4	75.59	12.66	0.10		0.32	3.01	8.06	8.06		日用瓷釉
5	77.02	14.78	0.61		1.42	0.40	2.94	3.04		日用瓷釉
6	74.10	16.10			1.26	0.81	4.30	2.04		日用瓷釉
7	76.16	14.53	0.32		2.67	0.53	5.00	1.78		日用瓷釉
8	72.90	14.62	0.39		0.18	3.61	8.31			日用瓷釉
9	79.63	11.80	0.08		0.36	3.00	5.77			色釉基釉

6.3 铅硼低温釉

6.3.1 简单铅釉

简单铅釉是指仅以 PbO 作唯一熔剂的釉。主要用于彩饰色料的熔剂及少量艺术陶瓷制品，也用于琉璃瓦等制品。

PbO 和 SiO_2 在任何比例下都可形成玻璃。作为简单铅釉使用时，其组成一般在原硅酸铅至三硅酸铅之间。$PbO-SiO_2$ 系统的最低共熔点在原硅酸铅和三硅酸铅之间，其组成为 PbO 84.6%、SiO_2 15.4%。这是釉上彩，尤其是墙地砖丝网印花腐蚀釉常用的熔剂，其熔化温度为 715℃±10℃。

简单铅釉往往在水中或酸中有较大的溶解度。选择合适的组成，尽量降低铅溶出，对保护人身健康和环境极为重要。

为了降低铅溶出量，提高釉的耐水、耐酸性，可在简单铅釉中加入氧化铝。$PbO\text{-}Al_2O_3\text{-}SiO_2$ 系统低共熔组成为 $PbO \cdot 0.254Al_2O_3 \cdot 1.91SiO_2$。该组成的熔块玻璃完全熔化温度只有770℃，1150℃时黏度很小，其耐酸性比二硅酸铅高出约5倍。当（Al_2O_3＋R_2O＋RO）/SiO_2（摩尔比）＜0.5时，铅溶出量可以符合卫生要求。餐饮具用釉或彩饰，最好用无铅釉。

6.3.2 铅硼釉

在铅釉中加入 R_2O 的称为碱铅釉；加入碱土金属氧化物 RO 的称为碱土铅釉；加入 B_2O_3 的称为硼铅釉或铅硼釉；同时含有 PbO、R_2O、RO、B_2O_3 的则相对于简单铅釉称之为复杂铅釉，是在陶瓷制品中有应用价值的釉类。表6-2为各种硼铅釉的组成范围与相应的使用温度。

表6-2 传统铅硼釉的化学组成及使用温度

釉编号	化学组成/mol									使用温度/℃
	PbO	K_2O	Na_2O	CaO	MgO	ZnO	Al_2O_3	B_2O_3	SiO_2	
1	0.65	0.10	0.05	0.10	0.05	0.05	0.23	0.30	3.00	900
2	0.65	0.10	0.07	0.22	—	—	0.12	0.13	1.84	920
3	0.25	0.20	0.25	0.30	—	—	0.28	0.50	2.10	960
4	0.30	0.15	0.20	0.30	0.05	0.05	0.30	0.40	2.50	1000
5	0.25	—	0.25	0.50	—	—	0.30	0.50	3.00	1020
6	0.33	—	0.33	0.33	—	—	0.13	0.53	1.73	1040
7	0.40	0.10	0.25	0.25	—	—	0.20	0.50	1.50	1060
8	0.30	0.20	0.05	0.45	—	—	0.30	0.30	3.00	1080
9	0.21	0.06	0.21	0.53	—	—	0.28	0.41	3.54	1100
10	0.30	0.20	0.15	0.35	—	—	0.28	0.31	3.00	1120
11	0.25	0.06	0.19	0.49	—	—	0.28	0.38	2.81	1140
12	0.50	0.15	0.15	0.20	—	—	0.28	0.30	2.60	1160
13	0.20	0.20	0.10	0.30	—	0.20	0.30	0.30	3.00	1180
14	0.20	0.30	0.25	0.25	—	—	0.35	0.30	3.00	1200
15	0.45	0.05	0.05	0.50	—	—	0.27	0.32	2.70	1230

6.4 钙锌釉、钙镁釉、钙钡釉

6.4.1 钙锌釉和锌釉

钙锌釉是指在石灰釉基础上加入氧化锌作熔剂的釉，在赛格尔式中，ZnO 的摩尔数小于0.5。如果 ZnO 摩尔数大于0.5，则应称之为锌釉。

加入氧化锌后，釉的组成基本上可以看作 $K_2O\text{-}CaO\text{-}ZnO\text{-}Al_2O_3\text{-}SiO_2$ 五元系统的复杂共

熔物。

正长石和石英构成的系统，最低共熔点组成为 $KNaO \cdot Al_2O_3 \cdot 6.4SiO_2$；而 CaO-Al_2O_3-SiO_2 系统的三元最低共熔点组成为 $CaO \cdot 0.35Al_2O_3 \cdot 2.48SiO_2$；$ZnO$-$Al_2O_3$-$SiO_2$ 系统的最低共熔点组成为 $ZnO \cdot 0.318Al_2O_3 \cdot 0.81SiO_2$。由上述三个低共熔物的混合物所组成的最低共熔（三角锥变形）温度只有 1040℃，其组成大致为：

$$\left.\begin{array}{l} 0.4KNaO \\ 0.3CaO \\ 0.3ZnO \end{array}\right\} \cdot 0.6Al_2O_3 \cdot 3.55SiO_2$$

该点配料组成为（质量百分数%）：钾长石 59.62，方解石 8.03，氧化锌 6.50，高岭土 13.81，石英 12.04。

在该系统中组成的釉，可以在 1140~1420℃ 范围内使用。其中组成如下式的釉，这是个典型的釉，烧成温度为 1200~1230℃，被称为标准钙锌釉。

$$\left.\begin{array}{l} 0.35KNaO \\ 0.35CaO \\ 0.30ZnO \end{array}\right\} \cdot 0.55Al_2O_3 \cdot 3.30SiO_2$$

往高温釉中增加少量锌，可以降低釉的烧成温度，这是许多无铅釉中多少加一些 ZnO 的原因。

设计含锌量高的钙锌釉，主要是为了制取 1200℃ 以下烧成的光泽釉。一般来说，当 ZnO 和 CaO 摩尔数大体相当，或 ZnO 略多一些，且釉式中 Al_2O_3/SiO_2 比值在 $1/5.5$~$1/7.0$ 范围内时，均可构成 1200℃ 以下烧成的透明光泽釉。如：

$$\left.\begin{array}{l} 0.35KNaO \\ 0.30CaO \\ 0.35ZnO \end{array}\right\} \cdot 0.56Al_2O_3 \cdot 3.10SiO_2$$

$$\left.\begin{array}{l} 0.40KNaO \\ 0.30CaO \\ 0.30ZnO \end{array}\right\} \cdot 0.45Al_2O_3 \cdot 3.25SiO_2$$

在 ZnO 含量进一步提高，摩尔数大于 0.5 时，且 Al_2O_3 与 SiO_2 含量很低时，构成锌釉。锌釉的性能随 SiO_2 和 Al_2O_3 含量及其比值发生较大变化，如图 6-1 所示。锌釉易形成无光釉、结晶釉或乳浊釉。

6.4.2 钙镁釉

在钙釉中添加滑石、白云石或菱镁矿时构成钙镁釉，当 MgO 摩尔数大于 0.5 时，则为镁釉。引入滑石时称为滑石釉，引入白云石时则称为白云石釉。

在低温釉中一般不含 MgO；在高温釉中增加极少量 MgO，有一些助熔作用，但比 ZnO 显然小得多。MgO 超过 0.10mol 时，则反使釉的烧成温度提

图 6-1 锌釉（$0.20KNaO \cdot 0.20CaO \cdot 0.60ZnO$）性能随 SiO_2、Al_2O_3 变化关系（1280℃烧成）

高,或使釉无光。真正的光泽镁釉均为高温釉。但 MgO 能提高釉的白度,降低釉的热膨胀系数,增加釉的弹性,从而改善瓷器的耐急冷急热性。因此,许多瓷釉中均使用 MgO,高温烧成的硬质瓷釉则使用真正的镁釉。

含 MgO 的光泽透明釉,必须在合适的 Al_2O_3、SiO_2 含量和比值下才能形成,否则,很容易形成无光釉。

例如熔剂组成为 $0.15KNaO \cdot 0.30CaO \cdot 0.45MgO \cdot 0.10ZnO$ 的釉,在 1280℃ 氧化气氛烧成时,釉的性能与 Al_2O_3、SiO_2 含量及 SiO_2/Al_2O_3 比值的关系如图 6-2 所示。

图 6-2 镁釉($0.15KNaO \cdot 0.30CaO \cdot 0.45MgO \cdot 0.10ZnO$)
性能随 SiO_2/Al_2O_3 比变化关系(1280℃烧成)

6.4.3 钙钡釉

BaO 的助熔性在 ZnO 和 MgO 之间,在釉中不易使釉结晶或形成无光釉。BaO 的相对分子质量高,加入相同质量,其熔剂效果比 ZnO 小得多。BaO 多以 $BaCO_3$ 形式引入,又因 $BaCO_3$ 有毒性,使用时应注意。图 6-3 为钙钡釉性能与 Al_2O_3、SiO_2 含量的关系。

图 6-3 钙钡釉($0.20KNaO \cdot 0.45CaO \cdot 0.35BaO$)
性能随 SiO_2/Al_2O_3 比变化关系(1280℃烧成)

6.5 灰　　釉

灰釉是我国最古老的一种传统高温釉,其化学组成与石灰釉或长石-石灰釉相近,助熔剂亦以 CaO 为主,另外含有 MgO、K_2O、Na_2O 等,所不同的是灰釉中含有少量磷酸盐、氧化锰,有时铁含量略高。正是这些少量特殊组分使该釉具有色调优雅的特点,还原烧成可使瓷器具有白里泛青的特殊风格。随着制釉技术的发展,灰釉所用原料和制备方法不断变化,因此,可将灰釉分为天然灰釉和合成灰釉。

天然灰釉:用某种草木灰与长石、瓷石(釉果)及黏土等原料配制而成。草灰主要是用某些木料及农作物的废弃物等物质煅烧而成的,如柞灰、榉灰、栗皮灰、松灰、竹灰、稻草灰、糠灰等以及土灰和用青白石(石灰石)与凤尾草炼制而成的釉灰等,各种灰的性质、组成是由煅烧前物质的种类、产地决定的。一般木灰以石灰为主要成分;稻草灰、谷糠灰等则以 SiO_2 为主,其次含有一定量的 Al_2O_3、MgO、K_2O、Fe_2O_3、磷酸盐等。天然灰釉主要是由上述各种灰与长石、瓷石、石英及黏土等原料配制而成,如土灰-长石系、谷灰-长石系、土灰-稻草灰或谷灰系、釉灰-釉果(瓷石)系、土灰-谷灰-长石系等二组分或三组分或更多组分体系,该釉因使用原料种类及数量不同,可获得具有不同风格和效果的釉。

合成灰釉:尽管天然灰釉应用历史较长且具有独特效果,但由于所用的灰或釉灰的制备工艺比较繁琐,且化学组成不稳定,所制得釉的色调等性能重复性较差。因此,随着制瓷技术的发展,人们已认识到可以通过模仿天然灰釉化学组成,引入一些与天然灰的组成相近的一些原料,如滑石、石灰石、骨灰、氧化铁、二氧化锰等,并与硅石、长石、黏土等配合成釉,从而可提高釉及产品的质量,这种釉称为合成灰釉。

釉灰是配铜红釉及青釉的熔剂,对铜红釉的呈色有较好的作用,是铜红釉的常用原料。由于加入釉灰,青釉透明性强,对釉下青花的发色作用良好。

(1) 景德镇釉灰

其配制方法为:采用最纯的石灰石块置于石灰窑中,再以凤尾草敷在石块上,这样相间层积烧炼并反复几次煅烧,所得的石灰和凤尾草混合磨碎,淘净使用。石灰和凤尾草比例为 6∶4。

(2) 二灰

釉灰淘洗后的残渣经过一段时期的陈腐后,再经研磨淘漂精细后使用。

(3) 广东乌汤

谷糠 10 份,石灰 1 份,混合煅烧成块状,粉碎,淘洗,烘干备用。

釉灰一般用于配制艺术釉,除上述外,各地都有自己独特的原料选择与加工方式。

6.6 熔　块　釉

6.6.1 熔块釉的优点

熔块釉是将几种原料混合均匀,经高温熔融成流动性熔体急剧淬冷的块状玻璃。使用熔块釉的优点主要表现为:

① 水溶性原料，即碱金属碳酸盐、硼酸盐等不能直接用在釉配料中的原料，可将之与其他熔块釉制成不溶于水的玻璃。

② 在低温中反应缓慢的原料，譬如钡化合物等作为熔块釉的成分时，是一种强熔剂。将强熔剂预先引入熔块釉成分中时，可以多量使用，并能在较大的范围内选择，扩大烧成温度范围，对色料的呈色也会带来好的结果。

③ 作为釉成分固然理想但对人体有害的原料，可将之制成熔块釉，使其无害。

④ 组成相同时，将生原料用为釉成分，不如制成熔块釉能得到浓度更大的泥釉，并可缩小容积。还因为分解和反应完全终结，而使之具有化学稳定性。因此对于坯体的釉下色料更为稳定。熔块釉比生釉能上得更薄些，故可以使制品的轮廓更为清晰。

⑤ 制成熔块釉时成分更为均匀，可以防止因原料的相对密度、颗粒大小、形状或由于粒子的硬度等显著差异而产生釉料组成的分离。因此色料显色均匀，看上去非常美观，还可使色泽光亮。例如将生的铅化合物用于釉料中时，所得釉浆因发生分离而沉淀，因此必须连续地搅拌。但是如果将铅化合物同其他的成分一起制成熔块釉后，得到的玻璃相对密度较小，可以比较容易地使之悬浮在釉浆中。

⑥ 预先熔融制成熔块釉时，可从釉原料中排除大部分的气体。此为最大的优点，可减少气泡、针孔的生成。但是配料中的生黏土会导致核的生成，即产生极小的气泡。

使用熔块釉的主要原因在于使釉组成中的水溶性物质容易使用以及将釉成分中对人体有害的原料变成无害。但熔制设备投资大、成本高，不利于小批量生产，主要在建筑陶瓷中大批量使用。

6.6.2 熔块的分类和组成

每类熔块，除了有高低温之别外，还可能具有不同的热膨胀系数，或富含或不含某种特定组分，以适应不同烧成温度、不同坯体、不同陶瓷色料的需要。正因为这样，陶瓷熔块产品可多达数百种。陶瓷工业用熔块的类型及主要特征见表6-3。

表6-3 熔块分类和主要应用

熔块分类		主要应用
光泽釉用熔块	光泽透明熔块	高温型：1120℃，光泽透明釉 中温型：1060~1120℃，光泽透明釉 低温型：1060℃以下，光泽透明釉
	光泽乳浊熔块	中温型：1060~1120℃，光泽乳浊釉 低温型：1060℃以下，光泽乳浊釉
	光泽透明助熔熔块	用于各种温度下，加入生料釉中作助熔剂，以调整釉的烧成温度
彩饰用熔块	熔剂性熔块	二硅酸铅型 硅酸铅型 二硅酸三铅型 无铅型
	反应性熔剂熔块	硼熔块 闪光熔块

续表

熔块分类		主要应用
无光釉用熔块	无光熔块	锌无光熔块 钙无光熔块 钛无光熔块
坯用熔块	光泽透明熔块	用作日用瓷或卫生陶瓷低温烧成坯料的熔剂

6.7 乳浊釉

6.7.1 乳浊机理

透明釉层中存在着密度与釉玻璃不同的微小的晶粒、分相液滴或微小气泡时，入射到透明釉层中的光线遇到小于其波长的微粒，在微粒界面上由于光波作用，其原子和离子成为以光波频率振动的偶极子，吸收光波的能量，同时发生二次光辐射，使入射光的方向改变；入射到透明釉层中的光线遇到与其波长相当或更大微粒时，光线被粒子表面漫反射，使入射光的方向改变。在介质中光线由于偶极子光辐射或平面光波的漫反射使光线偏离入射方向的现象称为光的散射。入射光被散射，透明釉的透明度降低，釉层呈乳浊状，即为乳浊釉。入射光被散射的比例越多，则釉的乳浊程度越高。

乳浊剂粒子直径在 $0.4 \sim 0.75 \mu m$ 时，对可见光有最强的散射作用。乳浊剂粒子与釉玻璃之间折光率之差越大，散射系数越高，釉的乳浊性越强。

在实际应用中，釉层对入射透过光线散射的强度，不仅决定于微粒子的散射系数，还决定于釉中散射粒子的浓度，即光线透过釉层厚度方向上存在的散射粒子的个数。乳浊剂浓度高，光线被散射的几率增加，被散射后的光线被再次散射的几率也增加，所以提高釉层厚度，增加乳浊剂含量，也可提高釉层乳浊性和遮盖力。

6.7.2 锡乳浊釉

锡乳浊釉是原始加入的二氧化锡粒子悬浮在釉玻璃中产生乳浊的釉。它不仅是所有乳浊釉中应用历史最久、乳浊效果最好、对基础釉适应性最强的乳浊釉，而且至今仍然是艺术陶瓷、卫生陶瓷等产品中要求使用最高级乳浊釉的选用对象。

1. 二氧化锡乳浊剂

锡乳浊釉可以用天然锡石矿、铅锡灰和二氧化锡作乳浊剂。锡石矿因杂质多，很少用。铅锡灰是铅锡合金经氧化后的混合物，过去用于低温烧成的铅釉中，如低温马约利卡陶釉。陶瓷工业中锡釉主要用工业二氧化锡作为乳浊剂，二氧化锡在釉熔体中溶解度很小（0.6%～0.9%），溶解后也不易析出。这一特点决定了二氧化锡作为乳浊剂应用的特点：

① 由于在各种釉熔体中稳定性较好，总是以原始加入的悬浮粒子形式发生乳浊作用，因此，对基础釉的组成没有特殊要求，它可以在各种釉中作用。

② 二氧化锡乳浊剂在各种釉中均可以以球磨加料方式配入釉中，不必也不应当加入熔块配料中熔制。

③ 加入的二氧化锡乳浊剂，要求粒子很细，最好符合能产生最大乳浊效应的尺寸要求，粒径为 $0.4 \sim 0.7 \mu m$。

④ 二氧化锡以原始粒子存在于釉熔体中，使釉高温流动阻力略有增加，但不产生较大影响。因此，加入二氧化锡，釉的成熟温度、高温黏度和表面张力略有提高，但变化不大。大部分透明釉可直接加入二氧化锡形成乳浊釉。

2. 锡釉的工艺特征

（1）锡釉的组成

锡釉可以在几乎任何釉组成中直接加入超细二氧化锡构成。

（2）锡乳浊釉的烧成

二氧化锡不溶于水，在许多硅酸盐高温熔体中溶解度很小，然而却极易被还原：

$$SnO_2 + CO \Longrightarrow SnO + CO_2$$
$$SnO + CO \Longrightarrow Sn + CO_2$$
$$Sn + SnO_2 \Longrightarrow 2SnO$$

这些反应在低温下（$565 \sim 850 ℃$）即开始进行，而且具有较高的反应速度常数。

SnO_2 一旦被还原成 SnO，则 SnO 更容易进一步被还原成 Sn，而且 SnO 本身在硅酸盐熔体中的溶解度很大。也就是说，在还原气氛下，锡釉必然失去乳浊性而透明，Sn^{2+} 带明显灰色，所以被还原的锡釉为透明的灰黄色。

因此，锡乳浊釉烧成应自始至终保持强氧化气氛。

6.7.3 锆乳浊釉

锆乳浊釉是目前最广泛使用的乳浊釉，而且锆釉成本比锡釉低，性能比钛釉稳定。

锆釉的乳浊既可以磨加含锆乳浊剂的形式出现，也可以含锆乳浊剂溶解后再析出的形式出现，有时甚至两种乳浊机理在同一釉中起作用。因此，锆釉对基础釉组成的要求和相应工艺条件要比锡釉复杂得多，它是乳浊釉研究中报道最多的。

1. 含锆乳浊剂

锆乳浊釉除 ZrO_2 和 $ZrSiO_4$ 外，也可以 ZnO、CaO、MgO、BaO 与 ZrO_2 形成的 $MZrO_3$ 化合物形式加入。在个别釉中，还有加入 Na_2ZrO_3 作为乳浊釉乳化剂的。

研究表明，不论以何种含锆化合物作乳浊剂，最后起乳浊作用的只有 $ZrSiO_4$（锆英石）和 ZrO_2（斜锆石）两种晶相。ZrO_2 与碱土金属氧化物形成的锆酸盐，陡然增加成本，现已不再使用。Na_2ZrO_3 在水中溶解，只在熔块配料中使用。它比锆英石或 ZrO_2 易于形成玻璃，但同时因带入大量 Na_2O，熔块的热膨胀系数难以调整，因而很少采用。

ZrO_2 在磨加生料釉中使用时，溶解度大（约 5%），成本高；在熔块配料中使用时，结果与同时引入等量 $ZrO_2 + SiO_2$ 的锆英石完全相同。

因此，锆乳浊釉最实用的乳浊剂是天然的锆英砂和经精加工后的硅酸锆（$ZrSiO_4$）。

实际生产应用锆英石乳浊剂对粒度的要求分三种情况：

① 配入熔块中使用，希望 $ZrSiO_4$ 完全熔解在熔块中，一般将锆英石精矿砂预磨，至少

通过250目筛,即最大粒子小于$63\mu m$。

② 直接配入釉中使用,一方面起乳浊作用,同时希望较粗的锆英石粒子能提高釉的机械性能,特别是耐磨性能,可以使用磨细通过325目筛的锆英石粉。例如在快烧地砖底釉、面釉中使用,这样成本也低。

③ 直接配入釉中作乳浊剂,特别是在卫生瓷釉、高级炻器餐饮具釉、高级墙地砖面釉中作乳浊剂使用时,要求锆英石粒度达到表6-4所列粒度等级。对于快烧釉,最好采用平均粒径小于$1.0\mu m$的超细粉;慢烧的卫生瓷釉可考虑采用平均粒径稍粗的超细粉。

表6-4 锆英石超细粉的粒度分布

平均粒径/μm	粒度分布/(质量百分数%)							
	$1\mu m$	$1.5\mu m$	$2\mu m$	$3\mu m$	$4\mu m$	$5\mu m$	$6\mu m$	$9\mu m$
0.9	61.1	73.0	77.9	89.9	100.0	—	—	—
1.0	53.3	54.2	71.1	85.9	97.2	100.0	—	—
1.2	47.2	57.5	64.9	81.9	93.9	—	100.0	—
1.9	38.4	46.0	51.6	64.7	79.9	—	95.1	100.0

2. 锆釉的组成

① 在组分相同的情况下,ZrO_2含量提高,釉的白度也随之提高,而且在Al_2O_3、SiO_2摩尔含量高时,白度随ZrO_2含量增加而提高的梯度加大。

② 在ZrO_2和熔块釉组成相同时,釉的白度随Al_2O_3和SiO_2含量的提高而提高,一般$SiO_2/Al_2O_3=8:12$时白度最高。

③ 组成不变时,以ZnO代替CaO或BaO,釉的白度大幅度提高。

④ 在组成完全相同的情况下,制成熔块釉,釉的白度急剧提高。

⑤ 在釉组成和制备条件相同的情况下,釉的烧成温度和釉的黏度对釉的白度产生重大影响。在釉的烧成温度下,釉的黏度过低,例如在铅釉中,$ZrSiO_4$或ZrO_2溶解量增加,析出倾向变弱,锆釉的乳浊性能很差;在无铅釉情况下,烧成温度过高,随着釉黏度的降低,釉的乳浊能力降低。因此,锆釉组成的优化选择,最重要的任务之一是调整其组成,使之在烧成温度下具备使釉具有最佳乳浊效应和良好釉面性能的高温黏度。

6.7.4 钛乳浊釉

根据钛乳浊釉的特点选择恰当的组成是保证生成白色光泽釉的技术关键。作为陶瓷釉,希望析出钛榍石,形成较稳定的一些乳浊晶相。以钛榍石析晶的乳浊釉应该能使用到中温釉的温度。

为了保证TiO_2与CaO和SiO_2共同形成钛榍石,对釉组成的基本要求是:

① 釉中CaO/TiO_2摩尔比必须大于1,质量比必须大于0.7。在实际钛釉中,CaO/TiO_2质量比往往大于2。

② TiO_2质量百分含量一般在4.5%~7%。$TiO_2<4.5\%$,析出晶相量少,乳浊程度差;$TiO_2>7\%$,常使釉无光。

③ 在上述TiO_2含量和相应CaO/TiO_2摩尔比之下,釉中还必须含有足够量的SiO_2。视釉的烧成温度不同,SiO_2质量百分含量波动范围为45%~60%。

④ Al_2O_3 是钛釉中第四个重要组分。含少量 Al_2O_3 可以加强釉的网络结构,调整釉的使用温度,但 Al_2O_3 含量不能过高,尤其在 TiO_2 较高、CaO/TiO_2 偏低时更是如此。结果析出 TiO_2(金红石),釉面发黄,这一现象已被研究和实践所证实。Al_2O_3 在钛釉中的含量范围为 2%~9%。

⑤ 其余氧化物如 R_2O、RO、B_2O_3 等,主要起调节釉的烧成温度、热膨胀系数的作用,可在较大范围内变动。例外的是 PbO,在含铅釉中,TiO_2 使釉呈黄色,因此钛乳浊釉中不能含铅。

实训项目

项目一:设计一款烧成温度为 1250~1280℃的长石釉,其釉式中碱金属和碱土金属的物质的量分别为 0.5KNaO 和 0.5CaO。

项目二:设计一款烧成温度为 1250~1280℃的石灰釉,其釉式中碱金属和碱土金属的物质的量分别为 0.3KNaO 和 0.7CaO。

项目三:设计一款烧成温度为 1250~1280℃的锌釉,其釉式中碱金属和碱土金属的物质的量为 0.3KNaO、0.2CaO 和 0.5ZnO。

项目四:参考图 6-2,在光泽透明区域找到一个合适的点,利用釉式计算出一款烧成温度为 1280℃的钙镁釉配方。

项目五:参考图 6-3,在无光区域找到一个合适的点,利用釉式计算出一款烧成温度为 1280℃的钙钡釉配方。

项目六:设计一款烧成温度为 1250~1280℃的亮光高白锆釉。

项目七:设计一款烧成温度为 1250~1280℃的亮光钛白釉。

第7章 颜 色 釉

颜色釉是用含有着色金属元素的原料，与组分混合配制成釉料，烧成后显示出优美色调的釉，它除了具有一般釉料固有的防污、不吸水等性能外，还富有装饰作用。

颜色釉分为两种类型：一种是先将着色元素配制色料，将其引入不同温度范围的基础釉中使用即成颜色釉，这种颜色釉稳定性好，适合工业化大生产；另一种为直接在釉中添加着色离子化合物，无须配制色料，这种色釉着色稳定性差，但是变化丰富。色料发色在第2章中已介绍过。本章主要讨论着色离子化合物的色釉。

釉面颜色产生的根源是过渡金属元素，因此生产中也常按颜色釉中起主要作用的金属元素进行分类。其主要种类如下：

①铁系色釉；②铜系色釉；③钴系色釉；④锰系色釉；⑤铬系色釉；⑥钛系色釉；⑦钒系色釉；⑧镍系色釉；⑨锆系色釉等。

7.1 铁系色釉

铁系色釉是指以铁化合物为主要着色剂的一类颜色釉的统称，铁化合物添加到基础釉中，在不同的工艺条件下，可呈现出青色、青绿色、黄色、铁红色以及黑色、酱黑色等颜色釉。

7.1.1 铁系色釉的着色原料

配制铁系色釉的着色原料，通常是含铁量较高的天然矿物原料、化工原料和色料三大类。自然界含铁的矿物分布很广，常见的配釉用含铁矿物列于表7-1。

表7-1 天然含铁矿物

原料名称	外观状态	Fe_2O_3/%	用途	主要产地
紫金土	红色土块	4.17	配制铁青釉，如粉青、梅子青等，用时应粉碎、淘洗	浙江龙泉
紫金土	红色土块	6.23	配制粉青、冬青、紫金、茶叶末等，用时粉碎、过筛	景德镇雷公山
乌金土	乌色土块	13.4	配制乌金釉等，用时粉碎、精淘	景德镇李家坳
斑花时	褐色土块	75.6	配制铁锈花，粉碎、淘洗	河北
黑釉土	淡红土块	5.4	配制天目釉、雨点釉，浸泡、淘漂	山东
土骨	红褐铁砂	43.96	配制黄色或棕红色釉，浸泡、淘漂	江苏太湖
赭石	赭红石块	38.84	配制传统浇黄、鸡油黄，粉碎、过筛	江西庐山

天然含铁矿物中，氧化铁含量波动大，因此用天然含铁矿物作着色原料很难把握住釉的颜色深浅。使用前，一般都要经过粉碎、淘洗等处理，并进行化学分析，掌握其化学成分，以便准确配方。天然含铁矿物虽然到处都有，但真正能用于配色釉的不多，主要原因是，矿

物中常有大量的有色金属杂质，如锰、铜、铬、钴、镍等，影响色釉色调。但也是这些因素，常使以其配制的黑釉或某些艺术釉具有特殊的韵味和地方特色，古瓷釉多是以天然矿物原料配制的。但用于工业生产，也常因天然矿物的组成分布不均，变化幅度大，色调重复性差等难以使用。因此，往往用含铁的化工原料作为着色剂，如氧化铁、硫酸亚铁、氯化铁等，或将其制成硅酸铁色料应用。

7.1.2 铁系色釉的呈色机理

铁在硅酸盐熔体中存在着低价铁离子 Fe^{2+} 和高价铁离子 Fe^{3+} 两种价态，而且两种价态往往总是同时并存，存在的比例依氧化-还原条件而不同。

铁在瓷釉中的着色效果，主要表现在玻璃相中。Fe^{2+} 和 Fe^{3+} 在玻璃相中存在着下列平衡关系：$Fe_2O_3 \rightleftharpoons 2FeO + \frac{1}{2}O_2$。还原条件下，形成的 FeO 溶于釉熔体中，和 SiO_2 能生成 $FeSiO_3$，使釉的着色变化从青色变到暗灰色。氧化条件下，形成 Fe_2O_3，在釉熔体中的溶解度小，容易析出 α-Fe_2O_3，分散在釉熔体中，使釉的着色变化从黄色到红褐色，当 Fe_2O_3 发生富集或偏析时，就会形成花斑或晶体，铁的特征氧化物分散溶解在釉中时，引起釉色变化列于表 7-2。矾红、珊瑚红低温色釉是以 Fe_2O_3 着色的。

表 7-2 铁的不同状态与釉色关系

铁的存在状态	釉质颜色	相应光波长/nm	含氧量/%
Fe+FeO	蓝紫色	410	12.5
FeO	蓝色	470	22.2
FeO+Fe_2O_3	绿色	520	27.6
FeO+2Fe_2O_3	黄色	580	28.6
FeO+3Fe_2O_3	橙色	600	29.0
Fe_2O_3	红色	650	30.0

从表中可看出，铁在釉中能存在的状态是氧化亚铁 FeO、氧化铁 Fe_2O_3 和磁性氧化铁 Fe_3O_4（FeO、Fe_2O_3）。

它们间存在着下列平衡关系：$6FeO + \frac{3}{2}O_2 \rightleftharpoons 2Fe_3O_4 + \frac{1}{2}O_2 \rightleftharpoons 3Fe_2O_3$。釉的颜色往往是它们混合着色的结果。

这一平衡要受到环境的制约，除烧成气氛外，釉的组成、烧成温度等因素发生变化，平衡也随之移动。

7.1.3 影响铁系色釉呈色的因素

1. 烧成温度的影响

烧成温度高，Fe_2O_3 会分解，生成 FeO 和 O_2，使釉中的 Fe_2O_3 减少，FeO 增多，釉色向青绿色方向发展。烧铁青釉，如影青、梅子青、豆青釉等，烧成温度宜高。相反，铁红釉等应降低烧成温度。一般烧铁红釉不宜超过 1240℃。

2. 气氛的影响

气氛不同,铁在釉中的存在状态不同,釉色也不同。

还原气氛有利于 Fe_2O_3 解离。Fe_2O_3 和 CO 的反应为:

$$Fe_2O_3 + CO \xrightarrow{960\sim1120℃} 2FeO + CO_2$$

在 960～1120℃ 之间,CO 的浓度越高,反应进行得越完全,釉色向青色方向变化。

氧化气氛有利于 Fe_2O_3 的存在。FeO 被氧化成 Fe_2O_3,釉色向红色方向发展,反应式为:

$$FeO + O_2 \longrightarrow Fe_2O_3$$

反应进行得越完全,釉色越红。上述反应都是在釉熔融前进行的。釉熔融后,反应基本上无法进行,为此应有足够的时间来保证反应的进行;特别是 960～1120℃ 的还原时间应相当长（一般为 4～10h）。

这是由于气氛的影响对釉熔融前强,熔融后弱。釉熔融后,具有黏性和流动性的釉熔体连成一片,使釉料间的毛细管通道封闭,从而导致气体无法进入釉层和铁的氧化物反应。没有反应完的铁氧化物仍留在釉中,使釉色出现不纯的色调。

3. 基础釉组成的影响

铁系色釉的基础釉是以石灰釉或石灰-碱釉为主。一般地说,基础釉中的 KNaO 含量增加,不利于 FeO 生成而有利于 Fe_2O_3 的存在,这是 Na_2O 释放出游离氧的缘故。虽然石灰-碱釉中 KNaO 含量高于石灰釉,但是石灰-碱釉的高温黏度大,釉面光泽柔和,使青釉厚而不流,釉内气泡细小,能获得晶莹饱满、翠青似玉的色釉。在含碱金属高的硼釉中,釉呈现氧化铁的酒红色,在铅釉中可呈现黄色或红色。

4. 铁含量的影响

铁含量是影响铁系色釉的主要因素。一般地说,随着铁含量增加,釉色加深。氧化铁着色的色釉在 Fe_2O_3 含量较低的一定范围内,釉色主要受气氛影响,采用还原焰烧成,釉中 Fe_2O_3 占到 1% 左右时,釉色呈现影青色;釉内铁量在 2%～4% 时,釉色呈青绿色;铁量增加到大于 5% 时,釉呈暗灰青、茶叶末或墨绿色;铁量增加到大于 6% 时,釉色几乎为墨色;釉中 Fe_2O_3 达饱和状态时,使釉面易形成无光泽的灰褐色膜;氧化铁含量最高时,特别是达到 8% 以上时,釉色主要取决于氧化铁含量,而气氛的影响已降低到次要地位。

5. 杂质元素的影响

二价的 Co、Ni、Cu、Mn、Mg、Ca 等离子,常与 Fe^{2+} 发生类质同象取代,干扰铁对釉的着色。三价的 V、Cr、Al、Rn 等离子可与 Fe^{3+} 发生类质同象取代,影响铁对釉的着色。当杂质元素含量较高时,在发生类质同象取代后,多余杂质如果是着色力强的元素,则会遮盖铁对釉着色,如在墨褐色的铁系色釉中加入一定量的 Co,则釉色会呈暗蓝色。在环境条件允许下,杂质元素会和铁反应,生成不同的铁化合物。常见的有尖晶石型矿物,如 $CoFe_2O_4$、$ZnFe_2O_4$、$LiFe_5O_8$ 等,使釉色发生变化,用 Fe_2O_3 与锰、铬、锌的氧化物适当配合可得棕色釉,Fe_2O_3 与钴、铜等氧化物配合可得褐色、墨色釉。利用杂质元素的调色作用,添加某些物质到色釉中就可得深蓝、蔚蓝等色釉。

7.1.4 铁系色釉配制工艺示例

1. 铁青釉

铁青釉是制瓷工业上最早出现的颜色釉，习惯上称为青瓷。

青釉的基础釉历来都是用石灰釉或石灰-碱釉。石灰釉的碱性成分是CaO为主，一般含量在5%以上。我国古代的高钙石灰釉，CaO含量达20%。景德镇传统的石灰釉是以釉果为基础，以釉灰为主要助熔剂，属于石灰石-石英-绢云母质釉。石灰釉的白度随釉灰含量的增加而降低。釉灰多则釉色青，釉灰少则釉色白。釉果具有长石、石英、高岭土三者的作用，由于绢云母的存在，釉浆具有悬浮性和涂挂性。

釉灰中含有90%的石灰，具有优良的高温助熔作用。

石灰-碱釉中CaO含量为7%～12%，KNaO含量为4%～6%。这种釉的高温黏度比石灰釉要高，釉面光泽度、透明度比石灰釉稍差，呈半光亮。宋代龙泉青釉多以石灰-碱釉为基础釉。

以长石代替釉果作主要原料，以石灰石取代釉灰作助熔原料，再以相当于长石用量一半的石英配成的釉，也具有石灰-碱釉的良好性能，而且透明度高，光泽也好。

以长石、釉果、石英、滑石、石灰石为原料配制出的白度较高的混合釉，现已在各瓷厂广泛应用。有时，还加入少量的ZnO或$BaCO_3$，对提高白度效果明显，同时对釉的发色也有利。如果在上述基础釉中，含有1%～3%的Fe_2O_3，经还原焰烧成，就可得到青釉。

根据釉青色的深浅程度，铁青釉又有粉青、影青、豆青、梅子青等色釉之分。对青瓷发展具有深刻影响的要数龙泉青瓷了。

(1) 龙泉青

龙泉青瓷极盛于宋代，尤以官窑、哥窑、弟窑烧制的青瓷具有代表性，在世界上享有盛誉，使中外陶瓷科技工艺者极感兴趣。

龙泉青瓷的突出特点是：釉层较厚，晶润颇佳，釉色青翠，色调从粉青到梅子青皆全。龙泉青瓷的青釉历来以石灰-碱釉为基础，釉的化学组成大致如下：

SiO_2为62%～69%，官窑偏低；Al_2O_3为14%～19%，弟窑偏低；CaO为6%～15%；K_2O+Na_2O为3%～7%；Fe_2O_3为0.8%～3%。

坯内铁分的变化同样会影响釉的呈色，试验指出，坯内铁含量在2.5%左右时，釉呈粉青色；坯内铁含量在1.5%以下时，釉呈浅影青色；在0.5%左右时，釉呈灰青色，还可能会产生釉内裂纹。

(2) 影青

影青釉的特色：釉色似白而青，釉层较厚，晶莹润流澈，透明度高；瓷坯上暗雕的图纹内外都可映见。

我国古代的影青釉，要数景德镇湖田窑的最有代表性，经分析，湖田窑影青釉化学组成为：

SiO_2 66.68，Al_2O_3 14.30，Fe_2O_3 0.94，CaO 14.87，MgO 0.26，K_2O 2.06，Na_2O 1.22。

代表性的釉式为：

$$\left.\begin{array}{l}0.070K_2O\\0.063Na_2O\\0.847CaO\\0.020MgO\end{array}\right\} \cdot \left.\begin{array}{l}0.447Al_2O_3\\(0.014\sim0.03)Fe_2O_3\end{array}\right\} \cdot 3.544SiO_2$$

现在较广泛应用的影青釉釉式为：

$$\left.\begin{array}{l}0.307KNaO\\0.660CaO\\0.033MgO\end{array}\right\} \cdot \left.\begin{array}{l}0.501Al_2O_3\\(0.014\sim0.030)Fe_2O_3\end{array}\right\} \cdot 3.58SiO_2$$

景德镇一般用釉果、龙泉石、白云石、石灰石等作配釉的原料，如某厂影青釉的配方为：

釉果 75，釉灰 8，白云石 4，龙泉石 10。

配釉时，将各种原料的粉料直接一次投入湿式球磨，釉浆出磨细度为万孔筛筛余 0.15% 以下，釉浆含水率 55%～60%。采用浸、喷釉法直接施釉于坯体上，釉厚一般为 0.6～1mm。刻有图纹的坯体，则主要用喷釉法施釉。烧成温度为 1280～1300℃，还原气氛，还原期烟气中 CO 含量在 4% 左右。

(3) 豆青

豆青釉的特色：黄绿色调，深浅适中，恰似将熟的豆角色调。

豆青釉的基础釉一般选用石灰釉。氧化铁在 0.04～0.09mol 之间，经强还原焰烧成而呈现的色调。由于氧化铁的含量及施釉厚度不同，豆青釉有豆青和深豆青之分，颜色浅而淡的，施釉厚度为 1～1.5mm 的为豆青。典型釉式如下：

$$\left.\begin{array}{l}0.30KNaO\\0.67CaO\\0.03MgO\end{array}\right\} \cdot \left.\begin{array}{l}(0.55\sim0.60)Al_2O_3\\(0.03\sim0.06)Fe_2O_3\end{array}\right\} \cdot (4.40\sim5.40)SiO_2$$

釉色深，釉层厚达 2.5mm 的为深豆青，典型釉式如下：

$$\left.\begin{array}{l}0.50KNaO\\0.45CaO\\0.05MgO\end{array}\right\} \cdot \left.\begin{array}{l}(0.508\sim0.62)Al_2O_3\\(0.06\sim0.09)Fe_2O_3\end{array}\right\} \cdot (4.5\sim5.5)SiO_2$$

配制时，在基础釉中，加入含铁量较高的紫金土或者氧化铁，也可采用配釉原料直接配制。经球磨达万孔筛，筛余在 0.1% 以下，施釉多采用喷釉法，坯较厚时，也可先采用浸釉法施釉后，再喷釉，使釉层达到所要求的厚度。

要得到色釉厚的制品，往往要反复多次喷釉；生坯上喷釉，釉层厚度为 2.5～3mm，在还原焰下于 1280～1300℃ 烧成。如果还原焰烧得不足，制品会出现黄褐色或黑灰色，这是造成豆青釉不稳定的因素之一。

豆青釉适合于装饰大盘、大瓶、大缸等具有暗雕粗壮纹样的大件制品。

(4) 粉青、梅子青

粉青是青绿色的釉，铁含量在 0.02～0.025mol 之间，釉色较影青深。

龙泉粉青是著名色釉，呈色青翠，光泽柔和，色调鲜艳，釉面滋润，犹如美玉一般，配方举例如下：

坯料配方：木岱石层瓷土 41.67，坞头瓷土 20.8，东山思瓷土 20.83，宝溪紫金土 16.67。

釉料配方：大窑瓷土 26.30，石灰石 18.70，糠灰 21.10，岭根瓷土 24.90，高际头紫金土 9.00。

龙泉梅子青也是传世名釉，其特色是呈色青翠，绚丽静穆，幽雅润澈，光彩焕发，俗称"青瓷之花"。

龙泉梅子青工艺上和粉青差不多，只是要求重还原期稍长一些，CO 含量偏高一些。

坯料配方：木岱石层瓷土 35，木岱口紫金土 15，源底瓷土 50。

釉料配方：大窑瓷土 18.3，石灰石 18.7，糠灰 21.6，岭根瓷土 26.5，高际头紫金土 14.9。

粉青瓷是著名色瓷，各地争相仿造，创造了独具特色的粉青色釉瓷。

景德镇生产的粉青釉呈现浅湖绿色调中泛浅蓝色，以氧化铁和氧化钴为着色剂的混色釉，工艺上和前述基本相同；要求施釉厚度为 1~1.5mm，还原气氛下于 1260~1300℃ 烧成，某厂粉青釉配方为：

釉果 73.9，二灰 11.4，龙泉石 7.6，紫金土 5.1，白云石 2，氧化钴（外加）0.05%。

湖南醴陵某厂配方为：

石灰釉 75，长石釉 25，造珠明料（外加）0.17%，Co_3O_4 0.03%，白云石 1%。

仿造的青釉，大多数加钴，实际上这些仿造的青釉已属铁钴青釉。

2. 铁红釉

铁红釉是以 Fe_2O_3 着色的，呈铁红、棕红色的颜色釉，这种釉的基础釉一般是低温铅釉或中温的硼釉、铅硼釉等。釉中 Fe_2O_3 的含量比较高，最少也达 10%，釉烧温度一般不超过 1240℃。

以石灰釉为基础釉，添加 Fe_2O_3，也可烧制出铁红釉，某厂配制的铁红釉是以下面的釉式为依据的。

$$\left.\begin{matrix} 0.036KNaO \\ 0.926CaO \\ 0.038MgO \end{matrix}\right\} \cdot \left.\begin{matrix} 0.437Al_2O_3 \\ 0.179Fe_2O_3 \end{matrix}\right\} \cdot \left.\begin{matrix} 2.187SiO_2 \\ 0.035TiO_2 \end{matrix}\right\}$$

$$\left.\begin{matrix} 0.029KNaO \\ 0.938CaO \\ 0.033MgO \end{matrix}\right\} \cdot \left.\begin{matrix} 0.342Al_2O_3 \\ 0.161Fe_2O_3 \end{matrix}\right\} \cdot \left.\begin{matrix} 1.720SiO_2 \\ 0.023TiO_2 \end{matrix}\right\}$$

盖斯比克研究的铁红釉中不含碱土金属氧化物，具代表性的釉式为（釉烧温度 1250℃）：

$$\left.\begin{matrix} 0.80K_2O \\ 0.20Na_2O \end{matrix}\right\} \cdot \left.\begin{matrix} 1.17Al_2O_3 \\ 0.50Fe_2O_3 \end{matrix}\right\} \cdot 5.35SiO_2$$

从以上三例来看，在铁红釉的组成中，第一，SiO_2、Al_2O_3 之比较低，釉的高温黏度大，使 Fe_2O_3 不易被釉熔体溶解和反应，即仍以 Fe_2O_3 存在于釉中而呈红色；第二，Fe_2O_3 含量较高，一般不少于总量的 10%；第三，釉烧温度较低。

配制铁红釉的工艺要点：①配釉原料中尽可能少含其他着色元素，以防止与 Fe_2O_3 发生反应；②釉中 $SiO_2/Al_2O_3=4\sim6.0$，釉浆细度为万孔筛筛余 $0.05\%\sim0.15\%$，相对密度控制在 $1.30\sim1.50$，釉层厚度为 $0.8\sim1.5mm$；③氧化气氛，烧成温度不宜超过 $1240℃$，在高温时，升温速度不宜过快，否则，易发泡、变色。

景德镇某厂生产的铁红釉，化学成分如下：

SiO_2	Al_2O_3	Fe_2O_3	CaO	MgO	K_2O	Na_2O	P_2O_5	总计
52.10	9.87	12.38	8.55	3.58	5.03	1.43	7.00	99.94

对铁红釉进行研究，铁红釉层的断面分三层，表面是极薄的红色层，中层是黑色，底层是无色底釉层。

铁红釉在熔融状态下，发生多级液相分离。由于 Fe^{3+} 的亲氧性强，容易聚集或分散在微相中，从而使釉层分成明显的三层。

究竟是形成红色（色斑）花釉还是单色釉决定于烧成温度和时间。烧成温度偏低，时间较短，$α\text{-}Fe_2O_3$ 从釉熔体聚集到微相中的量少，只在表面形成极薄的红色斑，就终止了烧成，这就形成铁红花釉；相反，烧成温度高，熔体黏度低，液相分离快，$α\text{-}Fe_2O_3$ 聚集到微相中的量多，且有足够的时间，使富 $α\text{-}Fe_2O_3$ 的微相平铺到所有釉面，则成铁红单色釉。

3. 铁黄釉

著名的唐三彩中的黄釉，就是以氧化铁为主要着色剂的黄釉，其代表性的配方是：

氧化铁 7，红丹 70，石英 20，长石 3。

氧化气氛 $850\sim900℃$ 烧成。

我国传统名贵珐黄三彩的珐黄属高碱釉，配方是：

硝酸钾 48.28，烧石英 41.38，赭石 10.34。

以硼铅熔块釉为基础釉，其代表性的配方为：

釉料配方：熔块 47，铅丹 18，方解石 4，长石 13，红泥 9，铁粉 9。

熔块配方：长石 27.7，石英 13，铅丹 18，方解石 5.6，硼砂 4.7。

氧化气氛 $1100\sim1200℃$ 下烧成，铁黄釉的基础釉以低、中温釉为宜，釉烧温度不宜超过 $1240℃$；釉中 Fe_2O_3 含量 $2\%\sim8\%$。要求 Fe_2O_3 都能分散在釉熔体中而不分解，也不聚集析晶。

4. 乌金釉

乌金釉是指以铁化合物为主要着色剂，釉面光亮的黑釉，其突出的特点是：釉层乌黑如漆，釉面晶莹透亮，能照见人影。

乌金釉是传统名釉，其组成主要是以石灰釉为基础釉，釉中含有 $4\%\sim7\%$ 的 Fe_2O_3，以及少量的 MnO_2、CoO 着色剂，着色剂应溶解分散在釉层中。

传统乌金釉各具地方特色，景德镇生产的乌金釉历来是用乌金土为着色原料加入基础原料中配成。由于原料低廉易得，至今仍在应用，某厂乌金釉配方为：

祁门瓷土 18，瑶里釉果 30.5，二灰 18，乌金土 33.5。

乌金釉除以天然矿物作着色原料，现在多数工厂采用化工原料 Fe_2O_3 或色料作着色剂，效果颇佳。配制得好的，无论是黑度、亮度都超过了传统的乌金釉。

在乌金釉的釉坯上，再涂滴流动性大的颜色釉，可得到各种乌金花釉，如乌金钛花釉等。

5. 天目釉

天目釉是指以铁的化合物为主要着色剂的黑釉,其特点主要是:色调丰富多彩,有茶黄黑、浓黄黑、棕黑、褐黑、绀黑,彩面光泽稍差,有的会出现各种 Fe_2O_3 的流纹、斑块、斑点。天目釉在我国宋代就有很多产瓷区已生产出来。由于各地生产的天目釉的颜色、纹样不同,就给予很多不同名称,如吉州天目、河南天目、建阳天目以及油滴天目、玳瑁天目、兔毫天目等,有的通过剪贴装饰,在制品上呈现出图纹,如梅花天目、木叶纹天目等。有关天目釉详情将在艺术釉一章论述。

综上所述,铁黄釉的基础釉以低、中温釉为宜,釉烧温度不宜超过1240℃;釉中 Fe_2O_3 含量2%~8%。要求 Fe_2O_3 都能分散在釉熔体中不分解,也不聚集析晶。

7.2 铜系色釉

铜元素有多种发色,铜红、铜蓝、铜紫、铜绿。秦兵马俑有铜紫装饰,铜蓝和铜紫在汉代陶俑、陶罐上也已出现,铜绿最迟也在唐三彩中应用,铜红为宋代河南钧窑首创。元代景德镇元红、元紫都与钧红相接近,明代高温祭红烧制成功,清代景德镇铜红釉发展到空前高峰,美人醉、郎窑红(优品称"宝石红")、三阳开泰等名品相继问世。现今,人们已可以用氧化焰来烧制铜红了。

铜蓝自汉代出现后,到明代生产地较多,瓷器和陶瓦上均有应用,特别是一些伊斯兰教清真寺用瓦。纯正的铜蓝釉色彩艳丽,像孔雀的蓝羽毛一般美丽,故也有名"孔雀蓝"。

7.2.1 铜系色釉的着色原料

铜系色釉用铜着色原料见表7-3。

表 7-3 常用铜着色原料

名 称		分子式	外 观	主要性质
天然原料	孔雀石	$CuCO_3 \cdot Cu(OH)_2$		
	蓝铜石	$2CuCO_3 \cdot Cu(OH)_2$		
	松绿石	$CuAl_6(PO_4)_4 \cdot (OH)_8 \cdot 5H_2O$		
化工原料	铜粉	Cu	灰黄色	
	氧化铜	CuO	黑褐色粉末	1230℃熔融
	碱式碳酸铜	$CuCO_3 \cdot Cu(OH)_2$		600~800℃转化为 CuO
	硫酸铜	$CuSO_4 \cdot 5H_2O$		900~1100℃分解

7.2.2 铜系色釉的呈色机理

铜由于其原子结构的关系在釉中往往以一价、二价的化合物或单质铜存在,二价铜氧化物热稳定性差,易分解为一价氧化物。

当以一价铜氧化物存在于釉中时,会将釉着成红色, Cu_2O 的着色力强,用量在0.1%~

0.15%时，即能使釉着成绚丽的血红色。我国的铜红釉，如祭红、郎窑红、钧红等名贵红釉，就是 Cu_2O 着色的。

当铜以二价氧化物存在于釉中时，会将釉着成蓝色或绿色。颜色的深浅与 CuO 的用量关系极大。以 CuO 着色时，CuO 会与釉中组分发生作用进入釉的玻璃体中。我国唐三彩中的绿釉，即 CuO 着色的。

用铜着色时，在釉中存在着下列关系：

$$2CuO \Longrightarrow Cu_2O + \frac{1}{2}O_2 \Longrightarrow 2Cu + O_2$$

釉的着色往往受平衡的影响，也往往是 CuO、Cu_2O、Cu 的混合着色。

这一平衡的移动取决于釉的组成、温度和气氛，尤其对烧成气氛特别敏感。提高温度，CuO 易分解为 Cu_2O 和 O_2，使平衡向右移动，一般铜红釉的烧成温度较铜绿釉要高。

釉组成中还原性组分多，烧还原气氛，平衡也向右移动，所以，一般铜红釉要烧还原焰，铜绿釉应烧氧化焰。

Cu_2O 还可进一步还原为单质铜，使釉着成暗铜灰色。

关于铜红的着色机理，中外学者都进行过较多的研究，因各自研究系统的不同，结论上有一定的偏差，总结其结果有以下几点：

在铜红釉系列品种中（含花釉），有四种呈色类型：离子着色、胶体着色、晶体着色和液相分离着色。在不同的品种中，是几种机理的不同组合。

(1) 离子着色

陶瓷呈色原料被釉所分解或化合就形成离子着色釉。这种色釉的呈色与溶液颜色相似。

不同离子在同一基础釉中能发生不同的色调，而相同的离子在不同的基础釉中也能发生不同的色调。例如 CuO 在碱金属离子含量高的釉中呈土耳其蓝色，在含铅量高的釉中则呈绿色或黄绿色，而在酸性釉中可以是无色的。

同一元素因化合价不同，其发色也不同。如同样是铁元素，二价呈蓝绿色，三价时发黄色或茶色。同一元素化合价相同而配位数不同，其发色也不同。例如 Co^{2+}，当其配位数为四时，发蓝色-紫红色；而当配位数为六时，发粉红色。

同一元素在 pH 值不同的釉中发色不同。如钒元素在酸性釉中呈淡绿色，而在碱性釉中则呈褐色。一般来说，钒在酸性釉中经常以低价离子存在，而在碱性釉中则以高价离子存在。

此外，发色离子邻近离子的状态也影响发色。

(2) 胶体着色

胶体着色是指釉色来源于其中的发色胶团。这种胶团的尺寸很小，肉眼或普通显微镜无法观察到，但可借助于高倍率透射电子显微镜和扫描电镜或丁达尔效应等证实它的存在。

在一定尺寸范围内，胶团吸收白光中一定波长而散射其补色光，胶体色釉的颜色（即散射光的色调）、胶团大小与发色有密切的关系。胶团大时，它吸收波长较长的光波而散射波长较短的光波。

胶体色釉的呈色不但与胶团特性、颗粒大小有关，而且与胶团在釉玻璃中的浓度有关。

铜红釉呈色料通常以 Cu_2O、CuO、铜花或铜灰引入。在高温还原气氛下转变成 Cu_2O，并溶入釉中成为玻璃网络中的修饰离子，这时玻璃是无色的，其结构形式为：$\equiv$Si—O—Cu^+。当冷却时析出 Cu_2O，即 $\equiv$Si—O—Cu^+ + Cu^+—O—Si$\equiv$ $\longrightarrow$ Si—O—Si + Cu_2O。然后 Cu_2O 分子进行适当的聚集就成为发红色的胶态 Cu_2O。通常在铜红釉中加入 SnO_2，其作用在于加速 Cu_2O 的形成。

胶体着色色釉种类不多。

（3）晶体着色

釉的呈色是由于釉玻璃中存在发色的微细晶体。晶体着色色釉中最有代表性的是各种结晶釉。

（4）液相分离着色

液相分离着色类似于有液相分离趋势的所有二元玻璃一样，瓷釉中任一组元都会集中于一相中，而另一组元则集中于另一相；显而易见，第三组元如钴、镍、铜和其他色剂的少量添加，往往分布于微相之中，而呈现出瓷釉的各种色彩。

R. chaon 认为，铜红玻璃熔体在高温时含有 Cu^{2+}、CuO、Cu^+、Cu_2O 及 Cu 等五种形式的铜。当条件有所变化，五者之间的平衡移动，可能引起一种或多种消失而产生不同的颜色和现象，这通常用肉眼就能观察到（CuO 黑色、Cu^{2+} 蓝色、Cu^+ 无色、Cu_2O 红色）。

7.2.3 影响铜系色釉呈色的因素

影响铜系色釉呈色的因素是多方面的，特别是烧制美丽的红色，没有丰富的实践知识是很难烧制成功的，就一般而言，主要有下列因素。

1. 烧成温度的影响

氧化铜在 1030℃ 挥发，即使在高黏度的釉中，氧分压较低时，也会分解挥发，使铜系色釉的颜色变成蓝或灰绿色。利用 CuO 的高温挥发性，直接加热来使釉着色，也是烧制铜系釉的方法之一。

温度越高，釉流动性越好，CuO 溶解性增大，釉色越均匀。

铜绿釉中，以 CuO 存在，所以烧成温度不能高，且宜快烧快冷。铜红釉，则应在釉烧温度相当高的情况下烧制为好。

2. 烧成气氛的影响

烧成气氛不同，会使铜系色釉呈现截然不同的颜色。还原气氛下，釉色呈红色或紫红色。

$$2CuO + CO \longrightarrow Cu_2O + CO_2$$
$$Cu_2O + CO \longrightarrow 2Cu + CO_2$$

当还原气氛控制不当，还原时间不当，则会出现从绿到红和从红到黄灰色的中间色。

3. 釉组成的影响

釉的组成不同以及某些辅助原料的引入，会使铜系色釉的颜色发生显著的变化。

氧化气氛下，CuO 可使碱金属含量高的釉着成深蓝色或蓝色，用 CaO、MgO、BaO 置换 K_2O、Na_2O 时，就呈蓝绿色，置换量小于 0.3mol 时，对色调影响不明显。

向蓝色的碱金属铜釉中增加 Al_2O_3、SiO_2 含量，如加高岭土就变为绿色，加 B_2O_3 则变为蓝绿色，加 SnO_2、Fe_2O_3 则呈现明快的蓝色。

CuO 在铜釉中，可获得透明的淡绿色釉。CuO 较易溶解在铅釉中，溶解度随温度的升高而增大，可达 3%～8%。用碱金属置换部分 PbO 时，釉便变为蓝绿色。

为了烧成铜蓝釉，以碱金属含量高的釉作基础釉，但其膨胀系数较大，会出现龟裂。添加 Al_2O_3 可克服龟裂。引入矾土也可得到同样的效果，只是色调变绿。

为了烧成铜绿釉，以铅釉、硼釉作基础釉为宜，硼、铅的存在都可促进铜进入玻璃体中。石灰釉也是铜绿釉的良好基础釉。钛化合物引入铜绿釉中，使釉色向蓝发展，直至青色。引入萤石，由于 F 的乳浊作用，使釉呈天蓝色。

还原气氛下，只要烧成控制得当，长石釉、石灰釉等为基础釉的铜釉，都可获得铜红釉。Mn、Ti 的存在，可起铜红的助色作用。

含锂多的铜釉，再加 1% 左右的 SnO_2，还原气氛下，可制得铜红釉，锂具有促使 CuO 还原为 Cu_2O 的作用。

铅釉为基础釉的铅铜绿釉，于 600～800℃ 温度进行还原烧成，会呈现铜红彩的红色。

配制铜绿、铜红釉时，CuO 的用量一般在 1% 以下，最多不宜超过 5%，如用量过多使 CuO 达到饱和状态时，则会出现黑色金属状的无光泽釉或金属效果釉面。

7.2.4 铜系色釉配制工艺示例

1. 铜红釉

铜红釉色彩艳丽，很受人青睐，引起了国内外学者的关注，他们进行了大量的研究和探讨。塞格尔（Seger）分析我国的血红辰砂釉，并进行大量试验，从而指出，辰砂釉是以石灰钾釉为主，呈色是 Cu_2O 所致。Cu_2O 含量低，釉透明性强而显色浓；Cu_2O 含量高，釉透明性差且呈色淡。一般 Cu_2O 含量在 0.5% 以上时，则成不透明红釉；含量在 0.1%～0.15% 时，则成金红色透明釉。

赫格曼配制的铜红釉是含钡和锌的长石釉，其组成如下（质量比）：

熔块配方：硅砂 448，长石 196，锌白 45，碳酸钡 105，熔融硼砂 130，碳酸钠 48，高岭土 28。

釉料配方：草酸铜 2，熔块 100，烧氧化锡 1。

赫格曼指出，为了使釉在烧成过程中生成 Cu_2O，釉熔融之前用强还原焰，熔融之后用中性或极弱的氧化焰，可以得到非常好看的铜红。重要的釉在开始熔融和熔融结束之前的阶段要完全避免氧化焰，若用氧化焰则向绿色转化。

对于铜红釉的釉料组成、呈色、烧成等，目前还没有统一的理论，存在着几种不同的见解。

对釉料组成的见解主要有：

①基础釉宜用高硅低铝釉；②基础釉宜用含硼高的硅釉；③基础釉里应少含钾或不含钾，含少量铝，含大量的钠；④铜红釉中应含一定的锡、铁氧化物；⑤P_2O_5、ZnO、TiO_2、CaO 的存在有利于铜红呈色；⑥铅的存在会带来不良影响；⑦B_2O_3 的存在，可促进铜红的生成，且防止釉面开裂。

对烧成方面的见解主要有：

①氧化与还原交替烧成铜红釉，还原过强则成金属铜；②自赤热至成熟均宜用强还原

焰；③釉中存在还原剂（如 SiC、SnO）时，在氧化焰下烧成也可得到铜红；④用弱还原焰，延长还原时间。

铜红釉是名贵的工艺美术色釉，它是以铜化合物作着色原料的釉，经还原烧成而呈现出各种红色色调的色釉的统称。我国铜红釉品种中名贵的有钧红、祭红、郎窑红、美人醉等。

（1）钧红釉

钧红釉简称钧红，是问世最早的铜红釉制品，由河南省禹州市烧造，其特色是釉色鲜艳紫红，釉面滋润均匀，华丽而不俗，透明照人，釉面有碎裂纹并微有流淌现象。

钧红釉是以石灰釉为基础釉，多以铜花及 CuO 为着色剂。

由窑渣带入的 MnO_2、TiO_2 对铜红釉的呈色有助色作用。

SnO_2、Fe_2O_2 的存在，是铜红釉红色色素的有效分散解体和还原触媒。

工艺要点：

① 按配方称料用湿式球磨，细度为万孔筛余 1.8%，釉浆的悬浮性要好。

② 施釉于烧好的瓷胎上，瓷坯内釉是白色纹片釉或钧红釉。由于是在瓷坯上施釉，釉层厚度要求 1.4~2mm，所以采用多次施釉法，一般是先蘸或淋一次钧红，再补喷 3~5 次，并使器具上部的釉层略比下部厚，以免高温烧成时，釉往下流，造成上部产生干釉。

③ 还原气氛，1300℃的温度下烧成。

④ 钧红釉的烧成控制很重要，如果控制不好，即使是同一配方，也会出现不同的红色，即发生"窑变"，使烧造的钧红釉出现红、紫等多种色调。

河南省禹州市是烧造钧红釉的发源地。某厂的釉料配方工艺为：

釉料配方：长石 10，汝岳土 52，方解石 16，滑石 3，石英 13，二氧化锡 1.7，铜矿石 4，氧化铜 0.3。

坯体配方：罗王土 40，大口坡土 45，东坡土 15。

（2）祭红釉

祭红釉又称"鲜红""霁红""鸡血红""宝石红"，祭红是钧红之后，于明代宣德年间烧制的铜红色釉。

祭红釉的特点：釉面光亮，色彩深沉，安定肃穆，不产生流釉现象，釉面也没有龟裂纹理，色调鲜红匀称。

由于该釉的高温黏度较大，呈色要红，要光亮，且无龟裂，因此，在配釉时，要根据烧成温度、气氛的变化，选择基础原料。按景德镇传统的烧成条件，一般选用熔融温度较低的瓷石，如陈石、三宝蓬、瑶里釉果等为主要原料，选石灰石为熔剂原料配制的石灰釉为基础釉。石灰釉对呈色有利。

作为着色剂的铜花或氧化铜的用量，一般在 0.2%~0.5%为好。

此釉宜柴窑，1280℃温度下烧成。

实践证明，首先，祭红釉的原料，用预先煅烧的比用生料直接配制的祭红釉呈色要稳定，因此，应尽可能将原料煅烧至 1200℃左右。经细碎后，再称料，这样使碳酸盐、硫酸盐及有机杂质分解、排除，以改善釉的性能。

其次，釉浆粒度宜细，一般控制在万孔筛筛余 0.02%左右。因为颗粒细，有利于 CuO 分散在釉中，使釉浆组成均匀，有利于降低熔融温度，促进釉的玻化，有利于釉中各组分的反应进行，以达到提高釉的热稳定性。

再次，釉浆的含水率宜控制为 45%～50%，用喷釉法施在坯体上，釉雾宜细，喷好的釉面要平整，釉层厚度均匀。这样，有利于釉面烧后光滑，呈色稳定一致。釉层厚度一般为 0.7～1mm，过薄了呈色不鲜，过厚了易流釉，或产生裂纹，或产生针孔，影响釉面质量。

最后，祭红釉的烧成是至关重要的，除尽可能选择并配制出烧成温度范围较宽的祭红釉配方，掌握和控制好烧成条件仍是烧成祭红釉制品的关键因素。祭红釉的烧成条件：弱还原焰，使 CuO 还原为 Cu_2O，尽可能不被还原为金属铜；升温比较缓慢，柔和均匀，由还原转为中性焰时，气氛的转化也应缓慢，不可过急。现代铜红釉用梭式窑，以液化气或天然气为燃料，烧成率很高。

（3）郎红釉

郎红釉又称"牛血红釉""郎窑红""宝石红"。清朝康熙年间由景德镇烧制，此釉的特点是：色调是比钧红、祭红更为艳的鲜红色釉，釉面光润、明亮，釉的流动性大，具有较大片的裂纹。

配方例参见表 7-4，从这些配方分析，郎红釉仍以石灰釉为基础，着色原料以铜花为主。釉中 CuO 的含量比钧红釉要低一些。

表 7-4　铜系色釉工艺配方（郎窑红釉）

名称	配方/%	工艺要点
郎窑红	红烧料 7.18，铜花 0.52，白玻璃粉 1.72，含水石 2.79，二灰 20.08，高岭土 1.08，三宝釉果 63.84，烧料 2.39	1. 按配方称料，湿法球磨，细度为万孔筛余 0.35%～0.4%。 2. 用含水率约 50% 的釉浆，以浸釉或喷釉法施于坯上，釉层厚度 1.5～2mm。 3. 还原气氛，于 1300℃烧成
	铜花 0.40，红珠子 0.40，玛瑙 0.8，晶料 0.40，绿玻璃 3.2，白玻璃 1.2，二灰 22.5，含水石 0.4，高岭土 0.4，烧料 1.6，陈湾釉果 67.5	
	铜花 0.4，含水石 2.34，铅晶料 0.37，绿玻璃 8.79，二灰 20.52，石英 0.88，陈湾釉果 67.44	
	绿玻璃 5.42，铜花 0.32，含水石 2.10，锡晶料 0.37，绿烧料 1.39，紫石英 0.80，釉灰 19，陈湾釉果 71.00	
	红烧料 0.67，高岭土 0.81，含水石 3.80，铜花 0.59，绿玻璃 9.28，铅晶料 0.84，白烧料 2.76，二灰 29.32，陈湾釉果 51.59	
	绿玻璃 60.6，晶料 32.00，釉灰 7.4，铜花 0.40	
	绿玻璃 3.98，铅晶料 32.00，窑渣 64.02，铜花 0.45	

配料后湿式球磨，细度为万孔筛筛余 0.3%～0.4%，釉浆含水率 50% 左右。

施釉采用浸釉或喷釉施于生坯上，釉层厚度为 1.5～2mm。

由于配方中引入了铅晶料、锡晶料、玻璃粉等辅助熔剂，加上含 CaO 较高的二灰或含水石等助熔原料，就造成釉的高温黏度小，流动性大，从而使釉面光润，光泽好。引入的

Na_2O 等较多，使釉的膨胀系数大于坯，从而造成釉面出现龟裂。

釉料的颗粒较细，较难熔的物料如铜花、石英等，也变得易熔于釉熔体中，且处于分散均匀的状态。釉层较厚，使色调显得很红。当釉层较薄时，呈色不纯正均匀，在不规则的红色中，会混有紫、灰色条纹或绿色斑点等。

郎红釉的烧成条件为还原气氛，1300℃烧成，一般烧成条件不易控制。

2. 铜绿釉

铜绿釉是指以铜化合物为主要着色剂，在氧化气氛下烧成后，釉层呈现绿色或蓝绿色的釉料。用铜绿釉来装饰陶瓷制品很早就盛行，如唐三彩中的绿釉就是铜绿釉。

用氧化铜配制绿釉时，各种氧化物的用量范围是：

① SiO_2 1～3.5mol。

② B_2O_3 0～0.5mol。

③ Al_2O_3 应低于 0.25mol，偏高会使釉色发黄。

④ 在 RO 组分中，一种氧化物的用量应小于 0.3mol，但 CaO、BaO 在 0.45mol 以下范围不影响色调，MgO 不宜多。

⑤ ZnO 使色调发紫，且影响较大。

⑥ K_2O、Na_2O 使色调加深，向蓝色发展。

⑦ K_2O、ZnO 共用比 Na_2O、ZnO 共用色调更浓。

P_2O_5 的存在，有利于铜绿色发色，大多数石灰质铜绿釉都添加 2%～4% 的骨灰。钡质铜绿釉能呈现鲜艳的绿色。Li_2O 的存在，使釉带蓝色。Li_2O、B_2O_3 同时存在，铜的蓝绿色呈色有利且鲜艳。釉中由于有 Li_2O、B_2O_3，使釉的绿色加深，带有蓝色调。

我国传统的唐三彩、浇黄三彩以及珐黄三彩的绿釉是铜绿铅釉，参见表7-5。

表 7-5　唐三彩、浇黄三彩、珐黄三彩的工艺配方

釉名	产地	配方/%		烧成气氛和温度	工艺要点
唐三彩	河南洛阳	坯体	碱石 45，长石 27，石英 18，紫木节 10	氧化 850～900℃	1. 制品成型后于 1000～1100℃ 素烧。 2. 釉浆相对密度为 1.4～1.5，用涂釉法分别涂填于坯体上，厚度 1.5mm 左右
		绿釉	红丹 70，氧化铜 6，石英 21，长石 3		
		白釉	铅粉 70，长石 4，石英 20，ZnO 6		
		黄釉	红丹 70，石英 20，长石 30，Fe_2O_3 7		
浇黄三彩		浇黄	铅粉 79，赭石 6，烧石英 15	氧化 800～850℃	1. 分别称料球磨 40h 以上。 2. 喷釉用含水率 50% 的釉浆，浇釉或涂釉用含水率 35% 的釉浆。 3. 釉厚 0.5mm。 4. 施釉时，瓷胎要预热
		浇绿	铅粉 70.5，氧化铜 5.9，烧石英 23.6		
		浇紫	铅粉 78，烧石英 16.5，叫珠子 5.5		

续表

釉名	产地	配方/%		烧成气氛和温度	工艺要点
珐黄三彩		珐黄	硝酸钾 48.28，烧石英 41.38，赭石 10.34	氧化 1200~1220℃	1. 分别称样球磨，万孔筛余 2.5%，含水率 27%~30%。 2. 用泥浆先在坯上牵制一定花纹，使坯面形成凸凹的图样轮廓，经高温成石瓷胎。 3. 将釉浆分别填涂在瓷胎上，釉层应填涂均匀，一般釉厚约 0.4mm
		珐绿	硝酸钾 50.77，烧石英 43.17，CuO 6.06		
		珐紫	硝酸钾 47.62，烧石英 47.62，氧化锰 4.76		
		珐白	硝酸钾 50，烧石英 50		

蓝绿铜釉配方举例列于表 7-6。

表 7-6 铜系色釉的工艺配方（蓝绿釉）示例

名称	配方/%	烧成气氛和温度
天青釉	汝岳 32.5，石英 7.8，方解石 7.8，熔块 42，铜矿石 5.2，氧化铜 1，滑石 1，二氧化锡 1，碱石 1.7 熔块配方：硼砂 23，石英 25，长石 20，铅丹 20，方解石 12	氧化 1250~1280℃
彩绿釉	石英 20，钾长石 20，玻璃 10，坯泥 28，方解石 14，氧化铜 2，氧化锌 6	氧化 1160~1200℃
深绿釉	铅丹 51.5，瓷土 3.6，石英 23.3，氧化铜 21.6	氧化 900~1000℃
透明绿釉	钾长石 65，石灰石 16，硼砂 10，高岭土 7，氧化铜 2	氧化 1200~1260℃
绿釉	釉果 45，白云石 6，高岭土 15，石英 27，石灰石 5，碳酸铜 2，外加氧化锌 3%	氧化 1200~1240℃
黄绿	釉果 64，石灰石 16，石英 15，高岭土 5，外加 $CuCO_3$ 3%	氧化 1260~1280℃
蓝绿透明釉	熔块 92，苏州土 4，碳酸铜 4 熔块配方：长石 15，硼砂 8，硼酸 10，锂云母 12，石灰石 11，滑石 9，石英 30，硝酸钾 5	氧化 1000℃ 以下
铜青釉	钾长石 47.2，石灰石 5.6，石英 30.3，高岭土 14.6，氧化铜 2.3	氧化 1250~1280℃

7.3 钴系色釉

钴系色釉是指以钴化合物为主要着色剂的一类颜色釉。钴系色釉以蓝色为主，受基础釉及杂质的影响，可获得绿色、粉红色、黑色等颜色釉。

7.3.1 钴系色釉的着色原料

钴着色原料可分为天然矿物原料和化工原料两大类。闻名中外的青花瓷即是以钴土矿为着色原料。云南产钴土矿（云墨）称"珠明料"，湖南等地产称"珠子"。由于天然钴矿物原料中一般都混有铁、锰、镍、铜等的化合物，所以在某些方面可以获得特殊效果，但配制色釉，往往达不到预期的效果。所以，在含钴色料的配制中多采用化工原料，主要有如下几种，见表7-7。

表7-7 常用钴着色原料

名称	分子式	外观	备注
氧化钴	Co_2O_3	灰黑色粉末	配制钴蓝釉及青花料
氧化亚钴	CoO	灰绿色粉末	
四氧化三钴	Co_3O_4	灰黑色粉末	
硝酸钴	$Co(NO_3)_2 \cdot 6H_2O$	红色结晶，易潮解	—
氯化钴	$CoCl_2 \cdot 6H_2O$	红色结晶，失去部分结晶水成浅蓝色结晶	—
碳酸钴	$CoCO_3$	红蓝粉末，不溶于水	—
磷酸钴	$Co_3(PO_4)_2 \cdot 8H_2O$	蔷薇红粉末，不溶于水	—

钴的着色力很强，配色釉的一般用量都低于6%（折合成CoO的含量），最低用量为十万分之五左右。

钴在釉中不易受气氛影响，高温下均呈稳定的CoO状态，这也是在钴系色釉中的基本状态。

7.3.2 钴系色釉的呈色机理

氧化钴、三氧化二钴、四氧化三钴不像铁氧化物那样易受气氛转化，而主要是受温度影响。高温下稳定的钴氧化物是CoO，这也是在钴系色釉中的基本状态，在低温时吸氧，而成为高价钴氧化物，它们的互相转化关系为：

$$Co_2O_3 \xrightarrow{>265℃} Co_3O_4 \xrightarrow{>800℃} CoO$$
$$\text{（灰黑色）} \quad \text{（灰黑色）} \quad \text{（灰绿色）}$$

互相转化时，基本的晶格结构几乎不发生变化。氧化钴高温转化时，由于放出氧气，往往使釉中泛起很小的气泡。

氧化钴容易和釉中组分结合，而成为固溶体。

氧化钴与SiO_2结合的化合物，称为绀青。在釉中，可组成任意比例的硅酸钴固溶体。

氧化钴与氧化铝作用形成的铝酸钴，称为海碧。铝酸钴作为颜料，理论组成要求分子比为1:1，即铝钴尖晶石$CoO \cdot Al_2O_3$。铝钴尖晶石的蓝色色调能经受高温且稳定，能抵抗釉在高温熔融时二氧化硅等组分的侵蚀，呈现稳定的蓝色。若有少量氧化锌存在时，有利于促进$CoO \cdot Al_2O_3$尖晶石的生成；若釉中同时具有BaO、CaO、ZnO、MgO等，能获得多种尖晶石混合晶体，而呈现的蓝色则是铝钴尖晶石所致。

Co^{2+}和Ba^{2+}、Ca^{2+}、Zn^{2+}、Mg^{2+}、Mn^{2+}、Cu^{2+}、Fe^{2+}、Ni^{2+}等离子在电价、半径、配位数等方面十分接近，易发生类质同象。

釉中的 Co^{2+}，由于受釉组成的影响，可形成 $[CoO_6]$ 和 $[CoO_4]$ 两种配位体，其颜色不同，前者为紫红色，后者为蓝色。

7.3.3 影响钴在釉中呈色的因素

1. 钴系色釉的颜色与所用的着色原料关系极大

钴土矿是良好的钴天然着色原料，使用广泛。钴土矿所含的锰、铁、镍等杂质，对钴的呈色影响很大。如以石灰釉为基础釉，添加百分之几的钴土矿物，若钴含量高，则釉色出现纯蓝色，若钴土矿中锰含量高，则呈现出带灰紫色或褐色的青色。

钴土矿中一般都含有较多的锰、铁、镍等杂质，为了减少钴土矿中带入的锰、铁、镍对钴蓝呈色的影响，宜用还原焰烧成，使深色的锰、铁、镍化合物变为浅色化合物。

不用钴土矿而改用氧化钴等化工原料作着色原料，则可避免上述杂质成分的带入。用钴蓝等釉用色料，则呈色稳定，钴蓝釉中含有少量的 Fe_2O_3、NiO，反而会使釉色更美丽。

2. 釉的组成不同，也会使钴的着色发生变化

镁釉中，钴蓝色中会带红，甚至呈现紫色。

石灰釉作基础釉，钙有利于钴蓝呈色。

钡釉易使钴蓝向土耳其蓝变化。

长石釉中，釉色往往呈现暗蓝色。

锌釉中，钴蓝色变浅或呈现绿色。

钾、钠、锂等含量较高的釉中，钴蓝色调鲜艳。

釉中硅高铝低时，氧化钴易与 SiO_2 生成带紫味蓝的硅酸钴固溶体，即使采用钴铝尖晶石色料作着色剂，在釉中矿化剂的作用下，也会生成硅酸钴固溶体，而使蓝色釉带紫味。

向钴蓝釉中，加入少量骨灰或磷酸盐，或用磷酸钴作着色剂，会使蓝色釉呈现带紫色阴影的鲜明色调。

钴蓝釉中引入 SnO_2 或 ZnO 则会使釉面呈现蓝绿色。

3. 着色原料的粒度对呈色影响

氧化钴、钴土矿、钴蓝色料加入釉中之前，应充分研磨细，加入釉中后，要混磨均匀，否则釉面颜色不均匀，尤其易出现色点。

4. 在中温、高温烧成的钴系色釉中，钴都会呈现+2价，此时对温度、气氛并不敏感，为了消除锰、铁、镍对钴发色的影响，才采用还原焰烧成。

7.3.4 钴系色釉工艺配方示例

钴系色釉工艺配方示例见表7-8。

表7-8 钴系色釉工艺配方

序号	名称	配方/%	气氛、温度
1	霁蓝釉	长石40，釉果14，石灰石12，滑石3.5，石英18，高岭土11，氧化钴1.5，外加 Fe_2O_3 0.8%	还原 1280~1320℃
2	天蓝釉	长石50，石英25，石部土泥13，滑石12，外加土白坑洗泥2%，氧化钴0.4%	还原 1300~1400℃

续表

序号	名称	配方/%	气氛、温度
3	深蓝釉	色料配方：氧化钴 32，氧化锌 38，石英 30 基础釉配方：长石 52，石英 28，大同土 5，石灰石 15 色釉配方：基础釉 90，色料 10	氧化、还原 1260～1280℃
4	天青釉	基础釉配方：长石 40，石英 30，西山塘泥 20，氧化锌 10 色釉配方：基础釉 97.40，白云石，2.21，珠明料 0.33，氧化钴 0.06	氧化、还原 1320～1350℃
5	紫蓝釉	色料配方：氧化钴 33.3，大同砂 28.3，二氧化锰 8.4，氧化镁 30 基础釉配方与 3 号深蓝釉的配方基础釉配方相同 色釉配方：基础釉 92，色料 8	氧化 1250～1260℃
6	海蓝釉	色基配方：氧化铝 75，氧化锌 15，氧化钴 10 色釉配方：石英 27，石灰石 18，长石 43，碱石 12，外加色基 3%～4%	氧化 1280～1300℃
7	青紫色釉	钾长石 70，白云石 5，氧化锌 5，高岭土 6，石英 14，外加氧化钴 1.5%，氧化铁 0.8%	氧化、还原 1220～1300℃

7.4 锰系色釉

锰的化合物可以使釉着成淡红色、褐色、紫色、棕色，与铁、钴化合物一起使釉着成黑色、酱色等。

7.4.1 锰系色釉的着色原料

用锰化合物来配制色釉，应用相当广，常用来配釉的锰化合物为：含锰的天然矿物，包括黝锰矿、软锰矿等，含 MnO_2 为 40%～95%，Fe_2O_3 为 6%～20%，余下为石英、方解石之类。天然锰矿中锰含量变动幅度较大，制色釉时，要进行精选处理。天然锰矿可配制棕色、褐色、褐黑色等色釉，含铁较高，对呈色影响较大。

为了配制紫色或淡红色色釉，宜用化工原料，常用的化工原料有：

磷酸锰：$Mn_3(PO_4)_2 \cdot 7H_2O$，分子量 481，粉红色。

硫酸锰：$MnSO_4 \cdot 4H_2O$，分子量 223，微红色。

碳酸锰：$MnCO_3$，分子量 115，玫瑰色粉末。

二氧化锰：MnO_2，分子量 87，棕黑色粉末。

用含锰的色料配制淡红色釉会使釉色更稳定，常用的色料为：

锰红：用二氧化锰、氧化铝，加入适量的熔剂，在高温下煅烧而制得。用磷酸锰、碳酸锰、硫酸锰代替二氧化锰制锰红效果更好。

除单独用锰化合物来配制色釉外，更多的情况下是锰化合物和着色原料共用使釉着色。棕色电瓷釉是用大量锰化合物和铬铁化合物共同为着色剂的；黑釉则多用锰、铁、铬、钴的化合物共同为着色剂；锰铁化合物并用，可制得天目釉等。

7.4.2 呈色机理及影响呈色的因素

锰的电子构型为 $3d^5 4s^2$，锰可呈多种价态，形成多种氧化物，如氧化锰 MnO、三氧化

二锰 Mn_2O_3、四氧化三锰 $MnO·Mn_2O_3$、二氧化锰 MnO_2、锰酸酐 MnO_3 以及高锰酸酐 Mn_2O_7，其颜色随价态的升高而变深，如 MnO 为淡黄色，Mn_2O_7 为紫红色。

釉熔体中，锰可成 MnO、Mn_2O_3、Mn_3O_4 和 MnO_2 状态，而使釉着色。

由于温度和气氛不同，锰在釉熔体中存在下列平衡：

$$6MnO_2 \Longleftrightarrow 2Mn_3O_4 + 2O_2 \Longleftrightarrow 3Mn_2O_3 + \frac{3}{2}O_2 \Longleftrightarrow 6MnO + 3O_2$$

  玫瑰紫   紫红   玫瑰红   黄色

平衡的移动主要取决于温度和氧分压。升高温度，平衡向右移动，所以在高温下，低价锰的氧化物更稳定；烧成温度低，平衡向左移动。氧分压高，即窑内气氛是氧化气氛，平衡向左移动，所以要使釉着为红色或玫瑰红，宜烧氧化焰；烧还原焰，会成为低价锰化合物，使釉的颜色变淡。

另外，锰在釉熔体中的稳定性，还与锰氧化物的结构有关，如其结构呈刚玉型 Mn_2O_3，无论是氧化还是还原气氛烧成，均可呈现美丽的红色，高温下也稳定，其结构呈尖晶石型 $MnO·Mn_2O_3$，弱还原焰也呈漂亮的淡紫红色。

除温度、气氛会使锰的价态发生变化，而使釉着成不同颜色外，釉的组成和杂质元素的存在，也会使锰对釉的着色发生变化。

锰在组成不同的釉中，呈不同的颜色。含铅多的釉中呈紫色，在硼铅釉中为紫褐色；在碱釉中显漂亮的紫红色，且碱成分越高，紫色中的红色调越强；含 SnO_2 的釉，少量的锰即可使釉呈紫褐色。

Mn^{2+} 能与 Fe^{2+}、Ca^{2+}、Zn^{2+} 等离子发生类质同象，Mn^{3+} 可以与 Fe^{3+}、Cr^{3+}、Ti^{3+}、Al^{3+} 等离子发生类质同象，从而改变锰在釉中的存在状态，而使釉色发生变化。当釉中杂质元素含量较高时，可形成尖晶石类、橄榄石类或辉石类矿物，而使锰对釉的着色发生变化。

此外，着色剂添加量不同，釉色也不同。釉中若存在适量 MnO_2 和少量的铬，可得更漂亮的紫色；锰与铁同时对釉着色，可呈褐紫色带红色或黄棕色、黑色。

用锰配制色釉，釉色与锰化合物的用量关系极大，锰化合物折合 MnO_2 低于 0.1%，基本上显不出锰的呈色。

7.4.3 锰系色釉配方示例

1. 锰棕红色配方及工艺

釉料配方：白土 54.54，土骨 14.54，石英 6.40，二氧化锰 6，方解石 18.52。

工艺要点：干粉配料，一次投料湿式球磨，釉浆细度全部过 200 目筛，用水调和相对密度为 1.40~1.45 的釉浆，采用浸釉或喷釉法施釉于陶坯上。

氧化焰，1220℃烧成，釉面呈棕红色。

2. 低温锰紫釉配方及工艺

釉料配方：铅丹 63.3，瓷土 4.4，石英 28.6，氧化锰 3.8。

工艺要点：先将瓷土、石英、氧化锰湿式球磨 10~15h，再加入铅丹混磨 1h，至无颗粒感为好，用蘸釉和喷釉法施釉于石胎上，于 850~900℃彩烧。

3. 锰红釉配方及工艺

釉料配方：长石 66，石英 13，大同土 3，石灰石 18，外加锰红色料 20%。

工艺方法：按一般长石釉的工艺方法进行。

用锰红色料配锰红釉的颜色，主要受色料颜色和用量的影响，一般用量为4%～20%。配方示例见表7-9。好的锰红色料到高温1400℃也是稳定的。

表7-9　锰系色釉的配方示例

釉名	配方/%	气氛、温度
锰红釉	普通白釉80，锰红色料20	氧化 1200～1300℃
	色料配比：硼砂10，氧化铝76，石灰石2，二氧化锰7，磷酸氢二铵5	
	长石49，石灰石15，石英24，碱石12，外加色料10%	氧化、还原 1280～1320℃
	色料配比：氧化铝81，硼砂9，氧化锰9，碳酸钙1	
	长石60，烧滑石5，硅石22，碳酸钡8，苏州土5，外加色料20%	氧化 1260～1280℃
	色料配比：氧化铝76，碳酸锰9，烧硼砂9，碳酸钙1，磷酸钙5	
粉红釉	釉果70，石灰石24，高岭土6，外加锰红色料4%	1300℃左右
黑褐色釉	高岭土4.0，煅烧高岭土21.5，长石17.7，方解石8.8，硼砂37.0，锰铁色料11.0	氧化 1280～1300℃
	锰铁色料：以等摩尔量的二氧化锰和三氧化二铁煅烧至1100℃	
象牙黄釉	普通白釉91，金红石3，碳酸锰6	氧化 1280～1300℃

由于高温下锰会分解或反应，配制高温烧成的锰红釉时，应先制成色料，再加入到基础釉中为好。

7.5　铬系色釉

铬化合物能使釉呈现绿色、棕色、黄色、褐色等多种色调。

7.5.1　铬系色釉的着色原料

天然铬铁矿（$FeO \cdot Cr_2O_3$）杂质较多，不宜配色釉，目前常用来配色釉的化工原料主要有：

氧化铬：Cr_2O_3，分子量152，带绿色结晶粉末，熔点1990℃，不能作釉的助熔剂，在釉中的溶解度小，其作用与Al_2O_3一样，可提高釉的熔融温度。若要不改变釉的熔融温度，则应降低与Cr_2O_3相当量的Al_2O_3。

重铬酸钾：$K_2Cr_2O_7$，分子量294，红黄色大晶体。

铬酸铅：$PbCrO_4$，分子量324，黄色晶体，称为铬黄。

碱式铬酸铅：$2PbO \cdot PbCrO_4$，分子量546，红色晶体，称铬红。

重铬酸钾、氧化铬可配制铬绿、铬锡红、铬铝红等色釉，铬黄、铬红用于配制低温红色、黄色色釉，如玫瑰红、珊瑚红等。铬锡红、铬铝红是Cr_2O_3与SnO_2、Cr_2O_3和Al_2O_3煅烧制得的色料。

7.5.2　呈色机理及影响呈色的因素

铬可形成+2、+3、+4、+5、+6价的化合物或铬酸盐，釉中主要以+2、+3和+6

价的铬化合物存在。+2 价的铬化物，必须是在还原性强的环境下才能形成。+6 价的铬酸盐，应在氧化性强的环境下才能形成，遇有还原性物质易还原为 Cr^{3+}。因此，釉中铬存在下列不稳定平衡：

$$2CrO_3 \rightleftharpoons Cr_2O_3 + \frac{3}{2}O_2 \rightleftharpoons 2CrO + 2O_2$$

橙红色　　　　　绿色　　　　　黄棕色

铬酸酐使釉着成橙红色；Cr_2O_3 将釉着成绿色；CrO 将釉着成黄色。

温度、气氛、釉的组成会使平衡发生移动。提高温度，CrO_3 分解为 Cr_2O_3。Cr_2O_3 主要用于配高温铬绿釉，铬绿色釉中添加 ZnO 或 MgO 显灰绿色，CaO 使绿色更美。在 SiO_2 含量高的酸性釉中，呈绿色；含 SiO_2 少的釉中，显黄色。

配制高温铬绿釉，基础釉宜用石灰釉，釉中 MgO、ZnO、SnO_2、Fe_2O_3、MnO、TiO_2 都应减到最低用量，可与 NiO、CuO、CoO 等并用。尤其是 CoO，只要引入极少量，就可得到绿色釉。

铬化合物也常用来配低温铬红釉和铬黄釉。究竟呈红釉，还是黄釉，与铅釉中 PbO 与 SiO_2 的含量有关。随着釉中 SiO_2 的增加，釉色由红变为橙红到黄色，甚至为绿色。

铅釉中添加铬化合物，比较容易获得黄色釉。如：铅釉 $1.0PbO \cdot 0.1Al_2O_3 \cdot 1.7SiO_2$ 中，加 4%~5% 铬酸铅，可获得色彩艳丽的黄色。色彩不均匀时，可添加 2%~3% 的 SnO_2 加以调整。不用铬酸铅，改用铬红或 Cr_2O_3，也是黄色。如铬黄釉

$$\left.\begin{array}{l}0.7PbO\\0.2K_2O\\0.1Na_2O\end{array}\right\} \cdot 0.13Al_2O_3 \cdot 1.85SiO_2 + 1\% \sim 1.5\%Cr_2O_3$$

之所以呈黄色，是由于 $PbO + Cr_2O_3 \longrightarrow PbCrO_4$（黄色化合物）。

铅釉添加铬化合物成红色釉，则釉中 SiO_2 的含量必须低，以使 PbO 和 Cr_2O_3 能生成碱式铬酸铅。如在铅釉 $1.0PbO \cdot 0.15Al_2O_3 \cdot 1.0SiO_2$ 中加 4%~5% 铬酸铅（黄）或 2%~4% Cr_2O_3，都可获得鲜红的色调。

铅铬红釉中，用 CaO、K_2O、BaO、ZnO 等置换一部分 PbO，会降低红色的美丽色彩，ZnO 尤其明显。当增加 SiO_2 时，则釉的红色变成黄色，为此，烧制铅铬红釉时，釉烧温度不宜超过 1000℃，以防坯中 SiO_2 溶入釉中，改变釉的组成。若红色不均匀时，可加入 1%~4% 的 SnO_2。釉中 Al_2O_3、SiO_2 过低，PbO、Cr_2O_3 含量高，则易成为结晶分离的红色釉。

由于 Cr_2O_3 在釉中的溶解度较小，大多情况下先制成熔块或色料。

7.5.3　铬系色釉的配方示例

1. 果绿釉配方工艺

配方：色剂 16.67，石灰釉 83.33。

色剂配方：重铬酸钾 21.13，石英 42.25，氯化钙 8.45，碳酸钙 14.08，氟化钙 14.09。

石灰釉配方：灰浆 20，沩山釉泥 80。

工艺要点:
(1) 色剂配制:除氟化钙外,先将各组分混磨磨细,再加氟化钙混匀,置于坩埚(匣钵)内,放入大窑,选择1320～1350℃温度的窑温进行煅烧,取出粗碎,漂洗至无黄水为止,再细碎。
(2) 釉浆制备:色剂用水调稀后过200目筛,再按配比混磨均匀。
(3) 施釉:采用喷、浸、浇釉方法均可,釉厚0.8～1mm。
(4) 烧成:氧化或还原气氛,1320～1350℃烧成。

2. 碧绿釉配方工艺

釉料配方:揭阳长石26.70,石部土泥5.80,土白坑洗泥24.10,石英13.05,绿柱石23.10,滑石7.25,外加Cr_2O_3 2%。

工艺要点:
(1) 釉浆制备:先不加Cr_2O_3,制成白釉。白釉按普通方法制备,后按色釉称料后,湿式球磨,全部过160目筛。白釉浆相对密度1.6～1.70,色釉相对密度1.30左右。
(2) 施釉:素烧坯先浸一次色釉,待干后,再喷白釉,喷釉要均匀。生坯要先浇一次色釉,稍干后,再喷白釉。釉层厚度约0.5mm。
(3) 烧成:还原气氛1300～1400℃烧成。

3. 朱红釉配方工艺

釉料配方:白釉61,土白坑洗泥5.38,铬锡红色料33.62。

基础白釉釉式:

$$\left.\begin{array}{l} 0.102KNaO \\ 0.845CaO \\ 0.053MgO \end{array}\right\} \cdot \left.\begin{array}{l} 0.503Al_2O_3 \\ 0.006Fe_2O_3 \end{array}\right\} \cdot 3.26SiO_2$$

工艺要点:
(1) 铬锡红色料,配料前应磨得极细,再投入白釉、土白坑洗泥一起湿式球磨,过250目筛,釉浆相对密度1.3～1.35。
(2) 用浸釉、喷釉法施釉于坯体上,釉厚0.8mm左右。
(3) 用氧化气氛1260～1280℃烧成。

4. 鸡血红釉(低温色釉)配方工艺

釉料配方:熔块95,苏州土5,外加铬锡红8%～10%。

熔块组成:铅丹42,钟乳石11,钾长石10,石英26,硼砂7,硼酸1.6,氧化锌1.4。

色料配方:二氧化锡61.2,碳酸钙37.4,三氧化二铬1.4。

色料配制:按配方称料,混磨,过40目筛,置于坩埚(匣钵)内,于1320～1350℃煅烧,并保温7～10h,取出,磨至极细,用热水洗涤,烘干。

釉浆制备:按配方先制成熔块并细磨,将熔块、苏州土、色料粉一次投入湿式球磨,万孔筛筛余2%,釉浆相对密度1.5左右。

7.6 其他金属化合物颜色釉

7.6.1 镍系色釉

镍化合物可使釉着成多种颜色,如黄褐、青色、蓝、绿和紫红色等。镍系色釉一般采用化工原料来着色,主要有:

氧化镍:NiO,分子量75,灰绿色粉末。

三氧化二镍:Ni_2O_3,分子量165.4,黑灰色粉末。

碳酸镍:$NiCO_3$,分子量118.7,淡绿色结晶。

硫酸镍:$NiSO_4 \cdot 7H_2O$,分子量280.7,绿色结晶。

用镍化合物配制色釉,呈色变化较大,一般很少单独用镍来使釉着色,而是配制成色料或和着色原料共用。用镍、钴、锌配成的灰色色料,可适应各种基础釉,使釉着成灰色且对气氛不敏感;用镍、钴、锌、钒也可配成灰色色料,效果比锑锡灰好;用铁、铬、钴、镍或铁、钴、铬、镍、钒或铁、铬、钴、镍、锌等化合物可配成适应性良好的色料,使釉着成黑色或灰绿色。

镍系色釉呈色机理及影响呈色的因素为:

镍化合物与钴化合物一样,在釉熔体中的着色基础是NiO。Ni_2O_3在600℃以上,便分解为NiO,放出游离氧。Ni^{2+}在釉中也有六配位和四配位两种存在状态。六配位[NiO_6]呈灰黄色,四配位[NiO_4]呈紫色,它们对釉的着色受釉碱性成分的种类、釉的酸度以及釉中Al_2O_3、SiO_2含量的影响。

试验证明,在Li_2O-CaO-SiO_2玻璃相中,镍以六配位为主,呈灰黄色;在K_2O-CaO-SiO_2玻璃相中,镍以四配位为主,呈紫色;而在Na_2O-CaO-SiO_2玻璃相中,呈色介于上述二者之间。

在锌无光釉中,只加入0.1%~0.3%的$NiCO_3$即可呈现出漂亮的蓝绿色;在锌结晶釉中,会使晶花和底釉形成两种不同颜色。

镍在同一基础釉中,用量不同时,釉的颜色不同;NiO和Fe_2O_3较易发生反应,且发生相对富集,使釉色不均匀。镍与钴同时对釉着色,可获得从蓝到紫的一系列颜色。镍、铁、铜、铬同时对釉着色,可将大部分光吸收而呈暗黑色,但这与用量有关。

7.6.2 钛系色釉

用钛化合物作主要着色剂,可配制出以橙红色、黄色为主要色调的颜色釉,也可配制出乳浊釉、无光釉、结晶釉,还可配制出彩虹釉、蓝彩釉,配制钛花釉的面釉等釉料。配色釉的常常是化工原料,如钛白粉,化学式为TiO_2,分子量80,白色粉末,熔点1850℃。

钛可与Fe、Mg、Ca、Mn等离子广泛地发生类质同象进入硅酸盐晶格,成为晶间阳离子。高温下,可形成连续类质同象系列,如钛也可进入铬、铝尖晶石晶格中,Ti^{4+}还可替代Sn^{4+}进入锡石晶格。

TiO_2对于气氛较敏感,还原气氛下TiO_2可还原为Ti_2O_3,使釉呈灰蓝色。

$$2TiO_2 = Ti_2O_3 + \frac{1}{2}O_2$$

用 TiO_2 配黄色釉时，烧成温度不宜太高，一般控制在 1250℃ 左右，无铅釉中为白色；若釉中有微量铁质，也变黄色或奶油色。

碱性釉中可形成 TiO_3^{2-}、TiO_4^{4-} 等阴离子，使釉呈橙红色。

含 ZnO、MgO 的釉中加入 TiO_2，则能形成较好的象牙黄色的乳浊釉或无光釉。

在透明釉中加 8%～16% 的 TiO_2，则能形成较好的象牙黄色的乳浊釉、无光釉或结晶釉。

在色釉中引入 TiO_2，会引起色调的改变，如使铜绿釉的绿色变为青绿色，使钴蓝釉变为绿色釉，使铬绿釉变为褐色釉。

配方示例：

1. 钛红釉

配方：长石 52.8，石英 10.4，大同土 2.4，石灰石 14.4，碱土 6，钛白粉 14。

釉浆制备：先将碱土、钛白粉混磨均匀，煅烧后，球磨至极细；将长石、石英、大同土、石灰石一次投入，湿式球磨为基础釉釉浆。然后，两者再混磨均匀即成色釉浆。

用浸釉、浇釉、喷釉法施釉于坯体上，于氧化气氛 1240～1260℃ 烧成。

此色釉既可作高温单色釉，釉面光泽度尚好，颜色呈棕红色，钛白粉越细，呈色越均匀，还可作花釉的面釉。

如果将组成为 TiO_2 80.0、Sb_2O_5 7.70、Al_2O_3 9.8、Cr_2O_3 2.50 的色料，取代上述釉中的钛白粉，可制钛铬锑黄釉。

2. 彩虹釉

某厂配制的彩虹釉釉式为：
$$\left.\begin{array}{l} 0.0395K_2O \\ 0.1794Na_2O \\ 0.1612ZnO \\ 0.4626CaO \\ 0.0643MgO \\ 0.0930BaO \end{array}\right\} \cdot \left.\begin{array}{l} 0.1092Al_2O_3 \\ 0.0041Fe_2O_3 \end{array}\right\} \cdot \left.\begin{array}{l} 1.348SiO_2 \\ 0.2093TiO_2 \\ 0.0147CeO_2 \end{array}\right\}$$

从釉式来看，主要着色剂是 TiO_2，再加上微量的铁和稀土铈。这种组成的釉通常是黄色的。釉中 RO_2：（R_2O+RO）为（1～1.6）：1，Al_2O_3 含量低，釉料呈碱性，熔融温度低，经测定，该釉在 1030℃ 到达流动点，且有碎裂纹。

把这种釉装饰在瓷盘上，经 1300℃ 烧成，获得从瓷盘边缘到中心依次为黄色环、橙色环、红色环、白色环、紫色环的明显可辨的色环，故称彩虹釉。

出现彩色环的原因主要是釉层厚度问题，经高温烧成，此釉的流动性大，从而形成从边缘到中心的不同厚度。

3. 蓝彩釉

釉料配方：长石 25，石英 27，石灰石 23，$MgCO_3$ 2.2，$BaCO_3$ 7.5，ZnO 5.8，TiO_2 9.5。

按配方称料，一次投料湿式球磨，万孔筛筛余 0.2%；施釉于生坯上，釉厚 1～1.5mm；还原气氛，1280～1340℃ 烧成，可获得以蓝色为主的多彩釉，施于锅盘内产生光的干涉而呈现彩色环。

7.6.3 钒系色釉

以钒化合物为主要着色剂，可获得粉红、黄蓝、绿、黑等颜色釉。

氧化气氛下烧成，V_2O_5 则表现为钒酸盐的黄色调。

还原气氛下烧成，V_2O_3 表现出与 Al_2O_3 或 Fe_2O_3 相类似的性质。

配釉时，用钒系色料作着色剂在大多数基础釉都可得到好的结果，尤其在硼锆釉、镁质釉、钙质釉中呈色更有利。

实 训 项 目

项目一：根据下面影青釉的化学组成，计算出该釉料的配方。

SiO_2	Al_2O_3	Fe_2O_3	CaO	MgO	K_2O	Na_2O
66.68	14.30	0.94	14.87	0.26	2.06	1.22

项目二：根据下面豆青釉的釉式，计算出该釉料的配方。

$$\left.\begin{array}{l}0.30KNaO\\0.67CaO\\0.03MgO\end{array}\right\}\left\{\begin{array}{l}0.55\sim0.60Al_2O_3\\0.03\sim0.06Fe_2O_3\end{array}\right\}4.40\sim5.40SiO_2$$

项目三：将下面配方制成釉浆，施在同种高温白坯上，氧化气氛烧至 1280℃。观察铁含量对颜色的影响。

序号	钾长石	石英	高岭土	石灰石	滑石	氧化铁
1	50	20	7	15	5	2
2	50	20	7	15	5	5
3	50	20	7	15	5	8
4	50	20	7	15	5	12

项目四：将下面配方制成釉浆，施在同种高温白坯上，氧化气氛烧至表中温度。观察烧成温度对颜色的影响。

序号	钾长石	石英	高岭土	石灰石	滑石	氧化锰	烧成温度/℃
1	50	20	7	15	5	5	1250
2	50	20	7	15	5	5	1280
3	50	20	7	15	5	5	1300

项目五：将下面配方制成釉浆，施在同种高温白坯上，氧化气氛烧至 1280℃。观察基础釉对颜色的影响。

序号	钾长石	石英	高岭土	石灰石	高膨胀釉粉	氧化铜
1	50	20	7	20		5
2		10	5		80	5

第8章 艺 术 釉

8.1 结 晶 釉

在基础釉中引入一种或两种以上的结晶剂,使其在釉的熔融过程中过饱和,在冷却过程中析出,形成结晶花纹,即结晶釉。我国两宋时期的"天目""星盏""茶叶末""铁锈花""油滴釉"等都是结晶釉的名贵品种。今日结晶釉的品种繁多,从巨型到微型无不包括,大的直径可达12cm,小的犹如天空中的星星一般。其晶体的形状有菊花状、放射状、条状、冰花状、星状、松针状、闪星及螺旋状等,颜色更是丰富多彩。在日用瓷如花瓶、食品罐等装饰瓷中应用较多。结晶釉晶花近似自然变幻,给人以美的感觉,尤其是最近研发的人工晶核定点定位引种,可使花位按人们的要求来设置,从而生产出更美的陶瓷制品,以美化人们的生活环境。

8.1.1 结晶釉的分类

结晶釉可以按晶花的大小、形状或形态来分类,如"兔毫""星盏""砂金"等,以晶体的形状而言,有菊花状、放射状、条状、冰花状、星状、松针状、闪星及螺旋状等。工艺更多是按结晶剂的种类来分类命名,如氧化锌系、氧化钛系、氧化锰系、铁系结晶等。

已介绍的结晶釉组成系统近30种。两个或两个以上系统结晶釉类型又可以复合派生出不同花色的结晶釉新品种,种类相当繁多。在众多结晶釉系统中,研究应用较多的是锌系、钛系、锰系、铁系。

8.1.2 结晶釉的影响因素和工艺要点

1. 结晶釉的影响因素

釉熔体析晶受诸多因素的影响,如烧成制度、化学组成等,归纳起来有如下几个方面:
(1) 釉的组成

晶体的形成因釉的种类不同而不同,晶体的化学组成也因此而异,如铁红釉中为Fe_2O_3结晶,而钙无光釉中则析出了钙长石等晶体。因此,釉料的组成是影响熔体析晶能力的内在因素。利用釉料主要组成系统的相图可以了解该系统的析晶特性。假定系统达到平衡态,如果釉料的组成对应于有关相图中一定化合物的组成或处于某晶体的初晶区,则此釉料容易析晶;若釉料的成分接近于相图中的相界线特别是落在低共熔点上,则可能会析出两种或两种以上晶体,它们会互相干扰,从而阻碍析晶。因此,要在配料时适当控制釉料的组成,以达到析晶或不析晶的目的。实际生产中,为了析晶,一般采用如下几种方法。

① 加入晶核剂

也即加入乳浊剂,在制作乳浊釉中,加入磨细的SnO_2、ZrO_2、TiO_2、P_2O_5等。这些氧化物配位数较高,阳离子场强大,在热处理过程中易从硅酸盐网络中分出来导致分相、析晶。

② 引入某种组分

引入某种组分使其与玻璃熔体中的组分形成化合物而析出，如增多石灰石用量会析出钙长石或硅灰石，增多釉中的 Al_2O_3 或 BaO 可析出莫来石或钡长石。

③ 适当引入碱金属或碱土金属氧化物

加入 RO 能够在高温时降低熔体的黏度，加速扩散作用，使熔体有利于析晶。素木洋一认为，RO 组对晶化效果顺序是 $Na_2O>K_2O>PbO>MgO$。

④ 晶种的引种

在结晶釉中预先引入人工合成的籽晶，能促使结晶作用，并以晶种为核心，逐步发育，使晶体均匀生长。近年来，采用人工籽晶定点定位引种技术有较大发展，可达到晶花生长位置的人为控制，为生产出更美的艺术品打下基础。

硅酸锌晶种制备方法是，将氧化锌70%（质量百分数）、石英20%、高岭土10%，配比后入磨，混合均匀并达到一定细度后，即可作为晶种备用。也有人将氧化锌70%、石英20%、长石10%混合磨细，经1300℃高温煅烧后，敲碎制成小颗粒（小于1mm）埋在坯体表面，再施结晶釉。

在高温流动性大的结晶釉（1号釉）中用坯上埋晶法定位，在高温流动性小的结晶釉（2号釉）中用釉下点晶法和釉上点晶法。介绍如下：

A. 坯上埋晶法

坯体未施釉前，在定位点用小刀垂直向下钻一小孔，其尺寸为直径0.15mm，深2mm，将粉状晶种垫满小孔内，然后用涂抹法施1号釉，釉层厚度控制在2~3mm即可。

B. 釉下点晶法

坯体未施釉前，先将甘油与水按1∶50混合均匀，然后放入少量粉状晶种，混合湿润后，用毛笔蘸少量带甘油水的晶种，使它粘附在坯体欲定位点的面上。点晶时避免晶种堆积，稍等片刻即用浸釉法施2号釉。

C. 釉上点晶法

坯体用浸釉法施2号釉，待干后用毛笔蘸取少量带甘油水的晶种，使它粘附在欲定点的位置上，点晶时也要避免晶种堆积。

(2) 釉的黏度

釉的黏度是抑制或促进熔体中生成较大结晶或微晶的重要因素，因而通过黏度的调整，也可获得乳浊釉和透明釉。一般来说，釉熔体黏度大的，其扩散阻力大，因而不利于晶体长大；反之，釉熔体黏度小，其扩散作用就十分明显，则有利于粒子的定向排列，有利于晶体生长。因而，结晶釉往往是黏度较小的釉。

因此，为了在釉中获得好的结晶，必须要提高温度及加入碱金属氧化物以降低釉的高温黏度，使得结晶体易于形成，但是釉的黏度太小又容易引起流釉粘坯现象，在生产实际中，必须协调好两者之间的关系，以获得较理想的效果。

(3) 分相

近年来，陶瓷研究者们发现在铁红釉、钛乳浊釉及许多古代瓷釉（油滴釉、铜红釉、兔毫釉等）中都有液相分离的结构。分相对釉熔体的析晶也有显著的影响，晶核形成和晶体生长机理十分复杂，目前尚未完全弄清楚，但可概括为以下几方面。

① 分相提供成核的推动力。从热力学的角度考虑，分相与析晶热力学势垒的变化关系如图 8-1 所示，从组成 X_0 的玻璃中析出 X_c 晶体时，由于分相，使自由焓的差从 ΔG_0 增大到 ΔG_1，因而析晶速率增大。

图 8-1　分相与析晶热力学势垒的变化关系

② 一些试验表明，熔体分解的液相比原始相更接近化学计量。越接近化学计量的组成其结晶倾向越大。因为熔体中含该种化合物的浓度越大，饱和度也越大，自然易于析晶。

③ 分相所产生的界面提供成核的有利部位。

④ 分相使两液相中的一个相具有比均匀的母相更大的原子迁移率，使总的成核速率加大。

⑤ 分相使加入的晶核剂富集在一相中。当富集到一定程度时，起着晶核的作用，便析出晶体。

（4）烧成制度

釉料在烧成时，往往经历着晶体的生长与熔解过程，如在高温时，部分析出的晶体开始熔解，而在冷却时，残余的微晶又成为晶核而析出晶体。因此，在烧成过程中，若想获得结晶良好的釉，则需要在晶核形成及晶体生长的交叉温度区进行长时间保温。若不想获得结晶的釉面，则快速通过该温度区。因此，一般来说，快速冷却可以在一定程度上避免釉层析晶。

由于化学组成不同，釉熔体偶尔也会出现如前所述的晶核形成温度区及晶体生长温度区完全分离及完全重合的情况，在这时，为了析出晶体，可采用如图 8-2 所示的烧成制度进行。

2. 结晶釉工艺要点

结晶釉的制备工艺与普通釉无原则区别，但需注意以下几点：

（1）结晶剂要在釉磨细后加入，混磨均匀即可，以此增大结晶剂或晶种的粒度，从而增加它抵抗高温熔体熔融的能力。

（2）结晶釉可采用任何施釉方法，但釉层都要比普通釉厚，厚度为 0.5～2mm，大部分

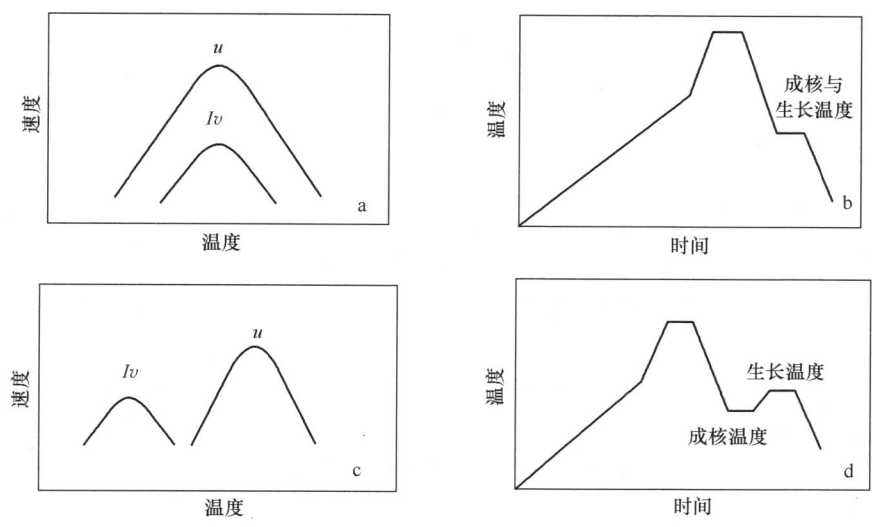

a—两种速度曲线重合；b—对应于 a 的烧成曲线；
c—两种速度曲线分离；d—对应于 c 的烧成曲线。

图 8-2　不同情况下的烧成制度曲线

为 1~1.5mm。由于一般的结晶釉高温黏度较小，为了减少流釉粘底，也可根据组成，先在坯上施一层黏度大的底釉后再施结晶釉。

（3）结晶釉制品的烧成工艺制度是"快烧慢冷"。所谓快烧，是指在坯体安全条件下，尽量进行快速升温，且只要满足釉玻化完善的要求，高温保温时间尽量短，这样可避免大量流釉及结晶剂熔融。所谓慢冷，是指在冷却过程中，应在最佳析晶区保温足够时间，再慢慢冷却。

根据间歇式窑炉实际操作的经验，提出"烤、升、平、突、降、保、冷"七字操作法。具体介绍如下：

烤——制品在低温阶段升温宜稍慢；

升——制品干燥，脱除部分结晶水以后，应尽可能快速升温；

平——接近釉料开始玻化，晶体进行烧结时，略加保温，以便釉和坯体中的物理化学反应进行得充分，为下一阶段快烧作准备；

突——尽可能快地突击升到最高烧成温度；

降——快速降温至析晶保温温度；

保——在析晶温度区平衡保温，使晶体充分发育；

冷——析晶完毕，在窑中自然降温，使制品冷却。

通常结晶釉的烧成曲线如图 8-3 所示，最关键的是确定最高烧成温度和最佳保温温度。

（4）器型的控制

结晶釉因施釉较厚，高温黏度小，容易向下流。因此，瓷件的造型对它的影响较大，一般希望瓷件的型面不要太垂直，上釉时也要注意上厚下薄，瓷坯底部要加垫片，以防粘底。

（5）定型晶花

组成确定后，结晶晶花的形态主要是通过烧成工艺参数控制，尤其是析晶温度区间的保温温度和保温时间控制。主要有以下几点方法：

图 8-3 结晶釉的烧成曲线示意图

① 保温温度选择

保温温度决定晶花形状。根据美国戴安（Diane）的研究，在晶体生长阶段保温温度与晶花的形态有图 8-4 所示关系。即保温温度从高至低，晶花形态从棒状→带状→蝴蝶结状→花朵状依次变得完整、美观，在析晶区间较低的温度下保温，可以获得蒲公英等形态的结晶。

图 8-4 晶花随着析晶区保温温度的变化示意图

② 保温时间确定

保温时间决定晶花大小。在析晶保温区，保温时间可以在 0.5~5h 的区间内选择，甚至范围可以更大。一般随着保温时间的延长，晶花逐渐长大，硅酸锌结晶晶花可以达 10mm 左右。但有时保温时间过长，也可能造成晶花重叠或长出釉面而使釉面生涩无光等缺陷。

③ 保温方式

保温的方式也影响到晶花的形态，如果采取反复数次的保温方式，就会造成圈圈环绕的晶花形状。

除上述方法外，也有加入结晶促进剂的方式。据戴安介绍，在铁、锰等结晶釉中，加入 1% 以下的钼或镉或钨等元素，不仅能促进结晶的快速生长，而且可以获得特殊的艺术效果。

8.1.3 硅酸锌结晶釉

它可以形成尺寸较大的扇形纹样的结晶釉，具有结晶性能好、晶型美观、有复杂的变化性、易制作的特点，故被称为"入门结晶釉"。它要求釉中含有较大的氧化锌量（一般在 20%~30%），对基质釉料的要求不甚严格，其结晶釉配方见表 8-1。

表 8-1 硅酸锌结晶釉配方　　　　　单位:%

编号	玻璃	石英	长石	瓷土	高岭土	滑石	釉果	白云石	石灰石	碳酸钡	氧化锌	氧化钛	氧化铜	氧化钴	氧化镍	硼砂	烧成温度/℃	呈色
1	64.8	0.32			5.41						28.6			0.49		0.52	1280	蓝色晶
2	39	24									30	1					1300	绿底浅绿晶
3	55	6	9	5							25			0.3			1290	蓝底深蓝晶
4	60	4	2	3		1.6					29			0.4			1310	蓝底浅蓝晶
5		30	20					10	10		30						1340	白色晶花
6	32	14	10			8					36		0.2	0.03			1300	蓝绿结晶
7	31	22		4		5					36	2	1.4	0.3			1310	蓝色晶
8	20						45	10			25			0.1	2		1300	蓝绿结晶
9	10						55	10			25	3			2		1300	绿底黄晶
10	62	6			4	2					24	2					1250	绿色晶

在硅酸锌结晶釉中,加入一定量的铅粉或铅丹,可促使晶花的形式多变,呈现出各种纤维状、针状花条及放射状的结晶形态,称为硅锌铅结晶釉,其釉配方见表8-2。

表 8-2 硅锌铅结晶釉配方　　　　　单位:%

编号	玻璃	石英	纯碱	水白	滑石	铅粉	铅丹	瓷土	长石	氧化锌	碳酸钙	氧化铜	氧化钴	氧化锰	氧化镍	氧化钒	烧成温度/℃	呈色
1	23	25	2		5	2			10	30	3						1300	白色晶花
2	32	18	2			8				34			0.5				1300	蓝底深蓝晶
3	30	20					6			40				6		2	1270	紫茄底金黄晶
4	30	23		5	4	4		5		36		0.4					1280	绿底浅绿晶
5	62	4		1.6		1	2			29		0.4					1250	蓝底深蓝晶

8.1.4 硅酸钛结晶釉

它也是较易制作的一种结晶釉,一般只要求釉中含有10%～15%的二氧化钛,就会在高温下呈现过饱和状态,形成结晶能力好的结晶釉。此结晶釉晶形小而复杂,多呈星状、针状、树枝状、花簇状。若加入着色金属氧化物,也会出现网状、冰花状、条纹状晶形。用它装饰小件产品非常美观,其釉配方见表8-3。

表 8-3 硅酸钛结晶釉配方　　　　　单位:%

编号	玻璃	高岭土	滑石	釉灰	氧化钛	氧化锌	氧化铁	氧化钴	氧化锰	氧化铜	氧化钒	烧成温度/℃	呈色
1	66.81	3.01			14.04	8.03	3.01		3	2.01		1280	黄绿晶

续表

编号	玻璃	高岭土	滑石	釉灰	氧化钛	氧化锌	氧化铁	氧化钴	氧化锰	氧化铜	氧化钒	烧成温度/℃	呈色
2	71.17	3.70			13.88	7.47	4.27		1			1280	黄晶
3	59.43	4.46	7	8	12.48	6.24					1.34	1280	黄晶
4	70.85	3.19			14.88	6.38		4.34				1280	蓝晶
5	66.82	3.01	13	91	15.03	8.02		2.10		5.0		1280	蓝绿晶
6	73.37	3.20			14.31	6.60		2.42				1280	浅蓝晶
7	70	3			15	8						1250	黄晶
8	72.92	3.12			15.63	8.33						1330	米黄晶

8.1.5 硅酸锰结晶釉

氧化锰的结晶能力很强,晶体容易生成,并呈棕红色。一般在釉中加入15%~20%的二氧化锰,就能制得结晶釉。但单独以锰作为结晶剂时,晶形虽大,颜色却暗淡,不很美观。所以,一般多采用以硅酸锌结晶釉作为基础釉,再加入3%~15%二氧化锰或锰红色剂,使在锌釉中形成各种奇异的晶形,往往产生重叠式的鱼鳞晶花或巧妙的螺旋形状的晶花。若以碳酸锰引入时,呈色会更好。硅酸锰结晶釉配方见表8-4。

表8-4 硅酸锰结晶釉配方   单位:%

编号	长石	石英	石灰石	玻璃	星子高岭	苏州土	烧滑石	氧化锌	氧化锰	碳酸锰	锰红色剂	氧化钴	烧成温度/℃	呈色
1	10	13	8						3					
2	70	30	12						40					
3	14	13	8						2			2		
4		6		58			2	24					1250	桃红
5	4.16	4.16		48.33	8.33			23.23	12.49				1280	红棕
6		12		50				35		10			1260	红棕
7		12		50	3			35		5		0.25	1260	红棕

8.1.6 铁红结晶釉

铁红结晶釉是在棕黑色釉面上分布的鲜艳的绯红色花斑,有的尚有金圈,绚丽多彩,它主要用于美术瓷,也是最符合墙地砖装饰的结晶釉之一。

1. 机理

铁红结晶釉是一种含铁磷硅酸盐的生料釉。釉熔体在冷却过程中,由于在磷硅酸盐玻璃基质中逐渐形成富铁液滴,分散在基质中的这种液滴表面张力小,能够聚集成团形成朱斑。这种聚集体继续产生液相分离,从而形成更加富铁的高铁相和低铁的贫铁相,在连续的高铁

相中析出 α-Fe_2O_3 构成大红花。如从断面观察,能很明显地看出釉的表面颜色与釉面下的断层有着明显的颜色差别,上层是红色,下面是黑色,这是很明显的两种不同液相的分离现象。

2. 配方实例

[实例 1]

墙地砖用铁红结晶釉配方(质量百分数%):

长石 46,石英 13,高岭土 5,石灰石 7,滑石 5,氧化铁 11,骨灰 13。

釉式为:

$$\left.\begin{array}{l} 0.210 \text{ KNaO} \\ 0.144 \text{ MgO} \\ 0.520 \text{ CaO} \\ 0.126 \text{ P}_2\text{O}_5 \end{array}\right\} \cdot 0.322 \text{ Al}_2\text{O}_3 \cdot 2.74 \text{ SiO}_3$$

釉烧温度:1250~1270℃。

[实例 2]

美术瓷用铁红结晶釉配方:

其原料采用长石、石英、苏州土、氧化铁、骨灰(杂骨经水洗后,在 1250~1300℃下煅烧并加工成细粉)。

釉式为:

$$\left.\begin{array}{l} 0.168 \text{ K}_2\text{O} \\ 0.072 \text{ Na}_2\text{O} \\ 0.480 \text{ CaO} \\ 0.280 \text{ MgO} \end{array}\right\} \cdot \left.\begin{array}{l} 0.340 \text{ Al}_2\text{O}_3 \\ 0.243 \text{ Fe}_2\text{O}_3 \end{array}\right\} \cdot \begin{array}{l} 2.730 \text{ SiO}_2 \\ 0.155 \text{ P}_2\text{O}_5 \end{array}$$

釉烧温度为 1270℃,烧成制度要根据产品的形状来制定。一般采用室温~1000℃,每小时升温 150~200℃;1000~1100℃时,每小时升温 40~60℃;1100~1270℃时,每小时升温 50~60℃。止火温度必须控制在±5℃,如果超过 10℃或保温时间过长,则产品外观花纹变为条状或没有花纹。釉烧后产品应呈棕红色底,有黄金晶花出现。

3. 影响因素

① 配方中加入不同数量的磷酸钙时,影响铁红结晶釉呈色的效果明显。如以骨灰形式引入,其含量达到 8%~15%时,会出现鲜艳的红色晶花,加入量以 10%~15%最为适宜。因为配方中的 P_2O_5 是使铁红结晶釉易产生液相分离现象的成分之一。

② 配方中加入不同数量的 Fe_2O_3,会对铁红结晶釉的艺术效果产生较大的影响。当配方中引入的 Fe_2O_3 低于 8%时,釉面呈现黄棕色而不呈现红色;当在配方中引入 10%~17%的 Fe_2O_3 时,随着铁的增加,釉面颜色由黄棕色向棕红色过渡并有黄金晶花转化。

③ 不同的硅铝含量会影响釉的色彩和斑纹的形貌。当 SiO_2 含量大于等于 2.73mol 时,呈褐棕底红晶花,釉高温黏度增大;当 Al_2O_3 含量大于等于 0.34mol 时,釉在一定范围内有适宜的高温黏度,这对于铁红结晶釉的形成和晶体生长起重要作用。

④ 配方中还需含有一定量的 MgO,它可促进镁铁尖晶石的生长,呈现褐棕色釉面。

⑤ 烧成制度的确定是关键,要严格控制升温制度。当接近最高温度时要快速升温,保温时间要短(一般 5~10min)。冷却阶段也需控制,因为从 1200℃降至 900℃是晶花形成的关键。

8.1.7 金星釉

金星釉是一种特殊类型的结晶釉。它也是由于釉中含有一种或几种含量较高的作为结晶剂的金属氧化物,在釉的成熟温度下,这些金属氧化物完全熔解在釉中,但在冷却过程中,部分金属氧化物则以晶体形式析出,它们埋藏在釉的表面之下,悬浮在透明的玻璃基体之中。由于这些晶体对入射光的反射作用,看上去就像金星一样光辉闪耀,所以称为金星釉,也有称作砂金釉的。按结晶剂的不同,金星釉又可分为铁金星釉、铬金星釉、铀金星釉、铬铁金星釉及铬铜金星釉等。现分别介绍常用的铁金星釉与铬铜金星釉。

1. 铁金星釉

(1) 配方与工艺

铁金星釉实际上是铁硅酸盐结晶釉。

铁金星釉所用熔块配方及釉配方见表 8-5 和表 8-6。

表 8-5 铁金星釉用熔块配方　　　　　　　　　　　单位:%

编号	长石	石英	氧化锌	硼砂	铅丹	苏州土
1	29.3	15.6	1.2	14.6	37.8	1.5
2	24.5	2.2	1.3	20.5	51.5	

表 8-6 铁金星釉配方　　　　　　　　　　　单位:%

编号	1号熔块	2号熔块	苏州土	Fe_2O_3	CeO	备注
1		92.5	2	5.5		褐色调,金砂粒小
2		91	1.5	7.5		紫褐色调,金砂粒大
3	89.5		2	8	0.5	猪肝色调,金砂粒大

(2) 制作要点

① 基础釉应在规定的烧成范围内熔融,流动性要好,以选用铅硼熔块为宜,再加入显色兼结晶剂 Fe_2O_3 5%~8%。铅硼熔块在高温时有较好的流动性,能使 Fe_2O_3 溶解达到饱和状态,当烧成达到最高温度后,应快速降至 750~650℃,保温 10min 左右,以保证 Fe_2O_3 因过饱和而凝聚析晶,成为悬浮于釉中的微小的金色晶片,然后再继续冷却。从釉面上看,它给人们以金光灿烂、晶莹耀眼的感觉。

② 在氧化铁原料中,+3 价铁含量必须是较高的,否则会影响色泽和结晶体的生长,釉中 Fe_2O_3 的饱和度要适当,一般为 0.2~0.85mol,氧化铁少了,不能得到好而均匀的晶体,过多了则会使釉面粗糙,光泽暗淡,不易形成金色闪点。

③ 釉中铝的含量,应尽可能低一些,否则会增加釉的难熔性,使釉高温黏度大,不利于析晶。

④ 氧化钠量可稍多,有助于金星生长,氧化钙、氧化锌、氧化钛会阻碍金星的生长。

⑤ 工艺控制要严,产品釉层必须均匀一致,必须在隔焰窑中煅烧,否则与火焰不均匀的接触就不能得到均匀一致的产品。

2. 铬铜金星釉

铬铜金星釉是在黄绿以至深橄榄绿的釉面下,出现悬浮在透明玻璃基体中的许多互相孤立的极细小金粒，它们在入射光的照射下，闪耀着灿烂的金光。下面介绍用于玻璃瓦（低温）及花瓶（高温）的铬铜金星釉的两个实例。

[实例1]

琉璃瓦用低温铬铜金星釉

釉配方：熔块100份、苏州土6份（外加）。

熔块配方（质量百分数%）：

硼砂30，石英30，铅丹8，石灰石6，碳酸钡10，氧化铜4，重铬酸钾2。

[实例2]

高温金星绿釉

（1）配方与工艺

高温金星绿釉采用长石、石英、石灰石、大同土、熟滑石、窗玻璃粉、碳酸钡、氧化铬、氧化铜等原料配制而成。

釉式为：

$$\left.\begin{array}{l} 0.1432\ K_2O \\ 0.1257\ Na_2O \\ 0.5724\ CaO \\ 0.0421\ MgO \\ 0.0625\ BaO \\ 0.0541\ CuO \end{array}\right\} \cdot \left.\begin{array}{l} 0.3215\ Al_2O_3 \\ 0.0211\ Fe_2O_3 \\ 0.0937\ Cr_2O_3 \end{array}\right\} \cdot 3.5264\ SiO_2$$

采用喷釉工艺，釉层需厚些，一般为1.5～2.0mm，在1290～1310℃氧化焰下烧成。

（2）制作要点

① 釉料组成中的氧化钠含量增高，则釉的结晶倾向增强，较容易产生金星的效果。但玻璃粉用得太多，会引起釉料性能的变化。为此，釉料中可引入适当的氧化钙、氧化镁、氧化钡。这样一方面能对结晶起促进作用，另一方面可起助熔剂作用，使釉面平整，光亮如镜。

② 如釉中只加入氧化铬，釉呈黄绿色，且微晶少。当釉中再加入适量的氧化铜时，釉呈深橄榄绿色偏黑，且微晶增多，可见氧化铜在釉中既起助色作用，又起到使微晶增多的作用。

③ 坯体中含氧化铁的量要尽量少，否则会影响金星效果。

④ 要求釉层有一定的厚度。当釉层厚度为1mm左右时，结晶小且少，釉色也带黄色调；当釉层厚度为1.5～2mm时，结晶和釉色效果为最佳；当釉层过于厚时，就极少出现闪烁的金光效果，且带来流釉粘底的缺陷，所以釉层厚度应以1.5～2.0mm为宜。

8.2 无 光 釉

无光釉是釉面无光泽、细腻平滑而不反射光线的陶瓷釉。无光釉也称为闷光釉。

无光釉可以装饰在建筑卫生陶瓷制品上，如墙地砖、外墙砖等，也可用来装饰室内陈设陶瓷器具。在瓷雕的某些部位，以光泽釉装饰，某些部位用无光釉装饰，如人发、皮肤部位等进行的综合装饰具有特殊的艺术效果。

使釉面无光的方法，常用的有：

① 用氢氟酸腐蚀光泽釉面，可获得粗糙的无光釉面。
② 降低烧成温度，使釉料欠火生烧。
③ 配制无光釉料，使釉料在烧成后期的冷却过程中析出微小晶体，而获得无光釉面，这是本节所要介绍的。

8.2.1 无光釉的组成

釉面无光的原因，在于釉层里分布着众多微小的结晶体，为此，釉熔体中就应有过饱和的成晶物质，以期在熔体冷却时，能析出微小晶体。像这样能在釉熔体中析出微小晶体的物质，称为无光剂。

因此，无光釉应由基础釉和无光剂组成。无光颜色釉则应由基础釉、无光剂、着色剂三者组成。

无光釉的基础釉可以是钙釉、钡釉、锌釉、铅釉等。

无光釉的无光剂是 CaO（或石灰石、石膏）、BaO（或 $BaCO_3$、$BaSO_4$）、MgO（或 $MgCO_3$、滑石）、TiO_2、ZnO、MnO_2 等惰性物质。

配制无光釉时，往往不只是用一种无光剂，可以同时采用几种无光剂，使釉层里同时析出几种微小晶体来抑制晶体的长大。例如钙无光釉中，无光剂是 CaO，可生成钙长石或硅灰石微晶；如果添加钡时，则同时有钡长石微晶析出；如添加 MnO_2 时，可能同时会有蔷薇辉石微晶析出。有的物质既是无光剂，又是着色剂，如 TiO_2、MnO_2 等。

无光釉所用的基础釉、无光剂不同，釉的种类就不同，釉面的形成、微晶的析出条件就不同。下面介绍几种常用无光釉组成及形成条件。

1. 钙质无光釉

钙质无光釉是釉层中以析出众多的钙长石微晶为主的釉。因而，钙质无光釉的组成中，除要有含量较多的 CaO 外，Al_2O_3、SiO_2 含量也应较多。在 $CaO-Al_2O_3-SiO_2$ 系统中，CaO 对釉熔融的作用比较缓慢。在熔融温度下，能生成钙长石 $CaO \cdot Al_2O_3 \cdot 2SiO_2$，只要钙长石晶坯能成为稳定晶核，则釉熔体的冷却过程中，便可成为微晶，只要这些微晶的数量足够多，便可得到无光釉面。

钙长石析晶对釉组成的要求：足够的 CaO、Al_2O_3 和 SiO_2，SiO_2/Al_2O_3 为 3～6，且铅、碱金属氧化物含量不能过多。

钙长石晶体生成的区域是在铝含量高、硅含量低的区域。当 Al_2O_3 含量过高，釉面无光且显得非常粗糙。

2. 钡质无光釉

钡质无光釉是釉层中以析出众多钡长石微晶为主的釉。钡无光釉釉面往往具有光滑柔和的似天鹅绒般的外观，釉面不易起皱和开裂。钡质无光釉的组成中，作为无光剂的 BaO 应在 0.3mol 以上为宜，且以硫酸钡形式引入为好。

钡长石析晶对釉组成的要求是 Al_2O_3、SiO_2 含量不要太多，且 SiO_2/Al_2O_3 控制在 3～6 之间为好。

3. 锌质无光釉

锌质无光釉是釉层中以析出众多硅锌矿微晶为主的釉料，釉料组成中，Al_2O_3、SiO_2 含量不宜高，且釉应为酸性，以便 ZnO 与 SiO_2 析出 Zn_2SiO_4 微晶。

硅锌矿 Zn_2SiO_4 有 α、β、γ 三种晶型。釉中析出的晶型不同，釉面效果不同。

α-Zn_2SiO_4 是在熔体缓慢冷却时析晶，且发育快，可得大晶花；

β-Zn_2SiO_4 是在釉熔体快速冷却时析晶，微晶；

γ-Zn_2SiO_4 是在釉熔体快速骤冷时析晶，微晶。

锌质无光釉中，主晶相应是 β 或 γ 或 β 与 γ 的微晶，这种微晶形成的无光釉面往往是丝绢光滑釉面。

现在，很多厂家配制锌无光釉，是在石灰釉、钡釉、铅釉中添加 8%～15% 的 ZnO。这样配制的无光釉，烧成温度低。锌无光釉的烧成温度不宜太高，否则会使釉面出现针孔等缺陷。

除上述几种组成的无光釉外，还有镁质无光釉、金红石无光釉、钙钡无光釉、锌钡无光釉等。

无光釉与普通釉在组成上的主要差别是无光釉中应饱含无光剂。无光剂在一定温度下，与釉熔体的作用较缓慢，或在釉熔体中的溶解低，易在釉熔体中达饱和状态而析晶。有了合适的釉料组成，也应有相应的工艺方法相配合。一般来讲，工艺上要注意的是：釉浆细度较普通釉浆细度还应细些；施釉厚度与普通釉差不多，不宜过厚；烧成时，不宜过烧，有的可进行缓慢冷却。对于某一具体的釉料，其工艺过程宜经过试验确定。否则，即使是好的配方，工艺条件变化，也不易得到很稳定的无光釉。

烧成条件对制无光釉是关键因素，尤其是烧成温度和冷却速度至关重要。烧成温度较高、冷却时间长的烧成条件，可适当增加 Al_2O_3 含量，反之亦然。冷却过快，易变为光泽釉。

4. 刚玉质无光釉

刚玉质无光釉是釉层中以析出 α-Al_2O_3 微晶为主的无光釉。诚然，釉组成中必然要有含量较高的 Al_2O_3，使其在釉熔体中成饱和状态，釉熔体冷却时，能析出众多的 α-Al_2O_3 微晶。

刚玉质无光釉的化学成分中，Al_2O_3、SiO_2 的含量较高，且应使 $SiO_2/Al_2O_3=3\sim6$。众所周知，釉中 Al_2O_3、SiO_2 的含量多，会提高釉的烧成温度，因此，要根据烧成温度来确定釉中 Al_2O_3、SiO_2 的量。但无论怎样，SiO_2/Al_2O_3 应控制为 $3\sim6$。一般来讲，要获得良好的无光釉，可按下列规则来控制硅铝比。

当 SiO_2 在 3mol 以下时，SiO_2/Al_2O_3 宜控制为 $3\sim6$；

当 SiO_2 在 4～6mol 时，SiO_2/Al_2O_3 宜控制为 $4\sim5$；

当 SiO_2 在 6～10mol 时，SiO_2/Al_2O_3 宜控制为 $5\sim6$；

当 SiO_2 含量高，虽然 SiO_2/Al_2O_3 为 $5\sim6$ 之内，釉熔体析出的微晶除刚玉外，往往还夹杂着莫来石等微晶。

配制这种无光釉，可采用普通白釉中添加一定量的高岭土来实现。

8.2.2 影响无光釉的因素

影响无光釉的因素主要有以下几点：

(1) 结晶剂用量的影响：各种结晶剂的用量必须合适，太多或太少都会失去无光釉的特性。

(2) 硅铝比的影响：当碱性氧化物含量固定不变时，随着硅铝比升高，釉面会从无光向半无光至光亮过渡，对于生料无光釉一般硅铝比在 7～8 为宜。

(3) 乳浊剂的影响：由于锆英石的加入，釉黏度增大会产生一系列缺陷，故在生料无光釉中，锆英石用量以小于 4% 为好。

(4) 工艺的影响：烧成制度影响很大。根据不同的配方选择最佳烧成温度、保温时间、冷却速度是制作好的无光釉的关键。

8.2.3 无光色釉的配方实例

大多数着色氧化物在无光釉中都可发色，而制得无光色釉。着色氧化物添加到釉中，一则会使釉着色，二则会起助熔作用（Cr_2O_3 不能起助熔作用）。同时，色调受 RO 组成的量和种类、Al_2O_3 和 SiO_2 的量及烧成温度的影响，各种着色氧化物在不同釉中的溶解度也不同，就决定了其在釉中的用量范围。

在无光釉中加金红石或着色氧化物，用量一般为 5%～20%，均可得到由微小晶体形成的无光色釉。下面介绍几种无光色釉的配方及调整：

(1) 白色无光釉（1220～1260℃）

釉果 60，碳酸钙 14，高岭土 8，碳酸钡 16，氧化锌 2。

(2) 平滑无光白釉：SK 5～8

霞石正长岩 35，白垩粉 5，白云石 20，瓷土 20，石英 20。

氧化焰时，能得半透明带闪光的干涩白釉；还原焰时，在瓷坯上呈现出淡青色无光釉。

(3) 铁褐无光釉：SK 03

铅丹 47.6，白垩 10.4，钾长石 19.4，黏土 9.0，高岭土 22.6，外加 Fe_2O_3 3%。

提高温度，显色减弱；增加 Al_2O_3、黏土以及 BaO 时，色调较好；MnO 的存在会使色调减弱；冷却过快，会出现光泽。

调整：改加 $CuCO_3$ 3.5%～4%，得绿色无光釉；改加 $CoCO_3$ 0.3%～4%，得蓝色；加色料，显色也好。

铁在无光或半无光的釉中，根据铁的含量及釉的组成可显现褐色、黄灰色以及从骆驼毛色到暗褐的色调。铁与氧化钛共用制黄色无光釉时，百分之几的氧化铁显黄色已很浓；加得过多则变为褐色。随着铁、钛量不同，颜色加深，如配方 (4)。

(4) 金褐无光釉：SK 5～6

钾长石 28，石灰石 14，氧化锌 10，碳酸锂 3，碳酸钡 3，白云石 12，冰晶石 7，膨润土 5，石英 18；外加黑色氧化铁 10%，金红石 6%。

铁、钛、铜化合物共用制无光釉时，可获得满意的着色效果。

(5) 黑色金属状无光釉：SK 5～7

霞石正长岩 73，白云石 5，石灰石 5，瓷土 4，膨润土 3，氧化锌 3，中细金红石 10，细粒铁钛矿 100，碳酸铜 4。

氧化焰下烧成，可得到无光泽的、似金属状，并带金色、银色结晶点的黑色无光釉。

(6) 亮豌豆绿无光釉：SK 07～04

1 号熔块 29.55，2 号熔块 35.10，锌白 5.7，氧化锡 4.1，高岭土 9.70，烧高岭土 6.0，石英 4.6，氧化铁 0.15，氧化铜 0.30。

1 号熔块配方：铅丹 34.0，石英 24.0，硼砂 18.0，长石 12.0，石灰石 7.0，高岭土 5.0。

2号熔块配方：铅丹79.0，石英21.0。

8.3 裂 纹 釉

裂纹釉也称纹片釉、龟裂釉，是制品釉层上具有细小裂纹的艺术釉。釉层上开裂，对普通制品来讲，是一种产品缺陷，甚至使成品成为废品；而裂纹釉正是利用这种缺陷来装饰陶瓷制品，使陶瓷制品具有特定艺术效果，而得到人们的青睐。裂纹釉主要用来装饰陈设瓷、工艺美术瓷。

8.3.1 裂纹釉的组成

裂纹釉和普通釉一样，是用一般釉用原料配成，现举几例如下：

例1：石英20，长石74，石灰石6。

例2：石英16，长石74，石灰石8，苏州土2。

例3：石英18，长石57.3，石灰石13.4，小白矸子11.3。

例4：黄色低温裂纹釉：铅白58.0，石英11.0，长石24.0，石灰石30.0，氧化铁4.0。先将坯体经高温烧成素坯，再施釉，在低温下进行釉烧可得到黄色裂纹釉。

从上述配方来看，裂纹釉组成中，膨胀系数计算常数大的碱性氧化物K_2O、Na_2O、PbO等的含量较高，一般达0.5mol。为此，在釉料中增加长石的用量，以增加Na_2O和K_2O；降低石灰石和石英用量，以降低CaO和SiO_2；石英用量一般不超过20%，有利于釉面龟裂，若长石用量不变，减少石英，也有利于釉面开裂。

另外，普通釉料施在K_2O、Na_2O含量低的坯体上，同样可获得裂纹釉。试验指出，SiO_2/Al_2O_3之比达10左右的瓷釉易开裂。

用铅白、铅丹取代石灰石和长石，可制得低温裂纹釉，艺术效果也较好。

最早出现的裂纹釉是宋代龙泉瓷釉的釉层裂纹，是在石灰釉中含有较多的膨胀系数较大的碱金属氧化物，B_2O_3、Al_2O_3、MgO等会降低釉的龟裂倾向，ZnO、MgO等降低釉的膨胀系数的氧化物，在裂纹釉中含量都较少。

8.3.2 裂纹釉的形成机理

裂纹釉的形成机理，简单地说，就是釉的膨胀系数大于坯的膨胀系数。

当制品冷却时，釉的收缩大于坯，则釉层发生龟裂。收缩的差值越大，龟裂的程度也越大，并且釉的弹性越小，龟裂也越大。

釉与坯结合牢固，釉的膨胀系数大于坯，冷却时，釉本身受到张应力，当釉层的张应力大于釉的抗拉强度时，便产生裂纹。

釉的龟裂与诸多因素有关，不是与膨胀系数成比例的，而是在坯、釉的热膨胀系数相差不很大时，出现龟裂才能形成裂纹釉。

坯的膨胀系数大于釉，使釉受到过大的压应力时，也会使釉脱离坯体，而出现裂纹，这种裂纹容易使釉崩落。

8.3.3 影响裂纹釉的主要因素

要使釉产生龟裂，必须是釉受到拉力而产生裂纹，主要决定于坯、釉的组成和工艺条件两个方面。

1. 坯、釉组成对裂纹釉的影响

影响坯、釉膨胀系数和弹性的主要因素是坯、釉的组成。石英是坯、釉的主体组分，由于其高温变态，也是引起釉龟裂的主要原因。一般来讲，石英的用量少些，对龟裂有利。长石能增大膨胀系数，石灰石增大膨胀系数，滑石降低膨胀系数。坯体经高温烧成，若出现堇青石、硅铝酸锂辉石等晶相，由于它们的膨胀系数小，容易使石灰釉、长石釉产生龟裂。即坯体在黏土和长石含量较多的范围内，易使釉面发生龟裂。石英含量多时，易使釉面崩裂。

釉的组成是产生龟裂的本质因素：

含铅和硼少的釉，施在含黏土、长石较多的坯体上，易龟裂。含 MgO 较多的镁釉、滑石质釉，不易发生龟裂。含 SiO_2、Al_2O_3 高的釉，受热膨胀时，使一部分液相挤入坯体，使釉中的 K_2O、Na_2O 等易熔成分降低，从而不易龟裂。

釉的膨胀系数可以由各组分的膨胀系数加和，为了使釉的膨胀系数高于坯，因此，要根据坯体组成来考虑釉的组成，一般的法则是：

① 增加釉中的 K_2O、Na_2O 的含量，减少 SiO_2、Al_2O_3 的含量，可用长石代替一部分石英、黏土。

② 以分子量大的金属氧化物取代分子量小的金属氧化物，如用 CaO 取代 MgO，用 BaO 取代 CaO、MgO 等。

③ 用 PbO 等铅化合物取代长石，也可得到龟裂纹，且能降低釉的烧成温度。

④ 尽量少用或不用弹性模数加和系数大、抗裂性能高的氧化物，如 ZnO、ZrO_2 等。锌釉、锆釉不宜配制裂纹釉。

⑤ 膨胀系数低的着色氧化物，若添加量过多，不易制得带色裂纹彩。如 SnO_2、TiO_2、CuO 等，当添加 2% 的 TiO_2 就有明显效果。

2. 工艺条件对裂纹釉的影响

不同组成的釉，施在不同组成的坯体上，所产生的裂纹效果不尽相同；同组成的釉，施在同组成的坯体上，往往也会产生不同的纹路。这主要是工艺条件的改变造成的。

（1）釉的粒度对裂纹釉的影响

釉的粒度是釉的工艺指标之一，裂纹釉的粒度应控制在万孔筛筛余 0.01%～0.05%，较一般釉料要细些。釉的粒度过粗，较大的颗粒会沉降，引起粗细颗粒分层，从而造成釉料化学组成的改变，使裂纹不均匀，即有的区域有裂纹，有的区域没有裂纹。粒度越细，物质就具有较大的化学活性，容易溶解在釉中，可以使烧成温度下降，有利于釉、坯之间的中间层形成，特别是石英的粒度很重要，粒度细，易使釉组成均匀，裂纹均匀。但釉研磨得过细，会引起釉面缺陷，如缩釉、剥釉等，也是要注意防止的。

（2）釉层厚度对裂纹釉的影响

釉层厚度是制得裂纹釉的重要工艺条件，也是决定釉龟裂的重要因素。釉层过厚，会引起釉层内产生微弱应力，减弱釉的弹性，易使釉层发裂；釉层过薄，液相被坯体吸收，使釉干枯而无光，也就得不到裂纹釉。因此，釉层厚度应控制在 0.8～2mm。一般地讲，只要保证釉层与坯体具有足够厚的中间反应层，使釉附着牢固，施釉越厚，生成的裂纹就越明显。无论采用哪种施釉方法，值得注意的是，要使釉浆处于悬浮状态，施釉厚度应均匀一致。

（3）烧成对裂纹釉的影响

烧成温度、保温时间、冷却速度等对生产裂纹釉尤为重要，烧成温度、保温时间不同，釉的玻化程度不同，引起坯釉组分及结构的改变，导致膨胀系数不同。α-石英→α-鳞石英→α-方石英是在不同温度下转变的。晶型不同的石英，其膨胀系数就不同，烧成温度越高其膨胀系数越大，再升高烧成温度，方石英熔融，其膨胀系数又下降。提高烧成温度，延长保温时间，将促进石英转变为方石英，增大釉的膨胀系数，有利于釉面龟裂。但这是以坯体已瓷化为前提的，一般地来看，提高烧成温度，会降低釉本身的膨胀系数，不利于釉面龟裂。综上所述，是否能形成裂纹釉，将取决于坯、釉的化学组成，矿物组成，颗粒大小，烧成温度及烧成、冷却条件。

8.3.4 配制裂纹釉的工艺要点

配裂纹釉的工艺操作与普通釉基本相同，在进行釉料配方设计时，坯料一定，就应增大釉的膨胀系数来配方，一般是增加 K_2O、Na_2O 或 BaO，同时减少 Al_2O_3、SiO_2。釉料粒度在万孔筛筛余 0.01%～0.05%，喷釉釉浆密度在 48～55 波美度，施釉厚度 0.8～2mm 为宜。

为了使裂纹清晰可见，可用多种方法着色。

（1）在施普通釉（也可以是带色的釉）后，再施一层较厚的裂纹釉（可在普通釉的基础上，添加长石）进行烧成。制品冷却时，上层釉龟裂，而露出下层釉。

（2）在基础裂纹釉中，添加适量着色剂，再经混磨均匀，可制得带色的裂纹釉。

（3）将裂纹釉制品浸入钴溶液中，使溶液吸收到裂纹中，然后再烧一次，可制得蓝色裂纹釉。

（4）将砂糖溶液渗入裂纹中，用低温烘烤使之碳化，可制得黑色裂纹的裂纹釉。

（5）用墨水等水溶性颜料的溶液浸泡裂纹釉，可制得有色裂纹的裂纹釉。

8.4 花 釉

花釉是釉料或因配方组成、或因烧成温度与气氛、或因施釉方法不同，烧成后在釉面上形成两种或两种以上色彩自然交混的纹理效果，千变万化，多姿多彩，装饰性强，有很高的欣赏价值。

花釉属颜色釉的复色体系，大部分的花釉，可以说是颜色釉堆积而成的效果。花釉装饰，方法简便又绚丽多彩，有事半功倍之效。早期花釉主要用于艺术瓷装饰，现在已广泛应用于建筑瓷面砖、彩釉砖的装饰中，如纹理釉、大理石釉和斑纹釉等。

8.4.1 花釉的分类

花釉有多种分类法：
① 以烧成温度分，有高温、低温、中温花釉。
② 以烧成气氛分，有氧化焰、还原焰花釉。
③ 以釉的基本色调分，有红色系、黑色系、蓝色系、白色系、黄色系等。
④ 以其纹理色彩分类，有云纹、流纹、片纹、斑纹、大理石纹、羽毛纹、珍珠纹等。
⑤ 按其形成方式分，有窑变花釉、复层与单层釉法、粒釉法及不均混釉法花釉等。
任何不均匀的施釉方式、任何不同色彩的色釉搭配以及不同烧成温度釉料的混施都可能

形成花釉，只是艺术观感不同而已。因此，花釉也就有数不胜数的品种了。

8.4.2 花釉的制备

概括而论，花釉的制备方式有窑变花釉法、复层釉法、单层釉法、不均混釉法及粘贴法花釉等。也有学者以釉面有花纹的原因，将结晶釉也归入花釉的范围。但由于结晶釉的特殊成因，范围较广，应自成体系。

1. 窑变花釉

窑变花釉，顾名思义窑炉是主要因素。早期的制釉原料多以天然矿物为主，着色元素也是直接原料引入法，加之窑炉结构的原因，温差、气氛变化较大，因而，不仅颜色釉色调变化范围大，稳定性、重复性差，而且会产生意想不到的釉面斑纹效果。古人因不知其然与所以然而惧怕，竟以"物反常而为妖，窑户亟碎之"，或是"多毁藏不传"。随后，在人们认识到其艺术价值后，又转而仿之。窑变花釉以钧红花釉为代表，曾引起纷纷效仿，至清代，景德镇已能把这种幻化而成的窑变变成有规律可循的技术，直至今天，钧花釉、宋钧花釉依然珍贵无比。

一般来说，可能产生窑变的条件有以下几点：

① 色釉中着色元素存在多种呈色能力。
② 釉中存在微量的其他着色元素。
③ 基础釉中存在可能促使釉层不均匀分布的成分。
④ 烧成温度较高，时间长，窑内温差大，气氛稳定性差。
⑤ 原料纯度低，组成复杂，特别是复层釉，底、面釉之间有反应等。

窑变的产生有时可能是上述因素之一形成，有时可能是综合作用的结果。特别是生料釉和直接引入着色元素呈色的色釉，组成中挥发成分大，呈色稳定性差；窑炉温差大特别是烧成温度过高时，会使釉中着色元素及某些其他组分产生复杂的物理化学变化形成窑变；复层施釉，由于随着温度、气氛等变化，底、面釉间发生反应的概率程度和形式也变化，因此，窑变的可能性很大且较为复杂。在今天的低温快速烧成釉中，着色元素以成品色料引入，窑炉温度气氛均较稳定，产生窑变的可能性很小，因此，花釉多以复层釉法获得，流传至今的仿钧花釉也不例外。几例传统窑变花釉介绍如下：

（1）还原焰花釉

① 钧红花釉

以钧红釉作底釉，在其上滴涂一层较薄的含铁、锰、钴的面釉，面釉较底釉熔融温度低，还原焰烧成后在红色底釉上呈现蓝白交错的丝状花纹。

配方示例（质量百分数%）：

底釉：玻璃粉35.6，长石13.4，陈湾釉果28.0，寒水石（方解石）2.4，釉灰13.4，石英4.4，氧化铜0.5，氯化亚锡2.4。

面釉：铅晶料（类高铅熔块）28.9，烧料（低温玻璃）5.8，窑渣（柴窑壁结熔渣）65.0，食盐0.3。

钧红花釉也有在已烧成的钧红瓷釉上再沾一层较薄的钧红釉，再在釉面上滴涂含铁、钴、锰的面釉。面釉熔融温度较钧红釉低，如景德镇某厂用的面釉配方是：

铅晶料28.90，烧料5.78，窑渣65.05，食盐0.27。

第8章 艺 术 釉

用笔滴涂时,应注意疏密、粗细、厚薄,还原气氛,1280~1320℃温度烧成。

② 钧花釉

钧花釉是釉面呈红、蓝、紫相间条纹或斑点的花釉。烧制得较好的颇像孔雀羽毛。钧花釉主要是采用两种不同的钧釉重叠施釉,由于高温黏度不同,流动性不一致,从而形成花纹釉面。如河南省禹州市烧制的钧花釉配方如下:

底釉:氧化铜0.3,铜矿石4,石英13,二氧化锡17,长石10,方解石16,滑石6,汝岳52。

面釉:氧化铜0.4,铜矿石4,汝岳50,石英13,二氧化锡1,氧化锌3.6,方解石13,长石15。

用浸或喷釉法先施一层底釉于生坯上,釉厚约1mm,再施面釉,两层釉厚1.6~2.0mm,在还原气氛下,于1280~1310℃的温度下烧成。

③ 宋钧花釉

宋钧花釉是一种以青、红、蓝交错如兔毫纹样的花釉。宋钧花釉与钧红花釉的主要区别是:宋钧花釉釉面色彩中蓝色多,丝纹细腻且密,而钧红花釉红多于蓝,色丝明朗稀疏;在工艺上也与钧红花釉不同,宋钧花釉是在坯上施一层白釉,再在白坯上施色釉作面釉。例如:

底釉配方:三宝蓬86.60,二灰13.40。

制成细度为万孔筛筛余0.05%,含水率为70%左右的釉浆,用浇釉法施于生坯表面,釉层厚度为0.5~0.8mm。

面釉配方:铜花0.98,晶料25.00,铅晶料24.80,二灰5.50,绿玻璃20.00,烧料8.70,南港16.0,CoO 0.01,TiO_2 0.01。

制成细度为万孔筛筛余为2%,含水率约50%的釉浆,用毛笔蘸釉浆涂在白釉坯面上。还原气氛,1270~1320℃烧成。

从配方可看出,色釉的基础釉是玻璃釉,在高温下黏度小,易流动,而形成自然流淌的花纹。着色剂以铜为主,还有少量的调色元素,如铁、钴、钛、锰等。面釉较粗的目的,是使着色料分散不均匀,以便流淌为五光十色的色纹。

④ 钧红钛花釉

以钧红釉为底釉,钛釉为面釉,烧成后釉面主要呈现蓝白交错融合,间或有青、红、黑、黄等色纹的花釉。

底釉可采用与①相同或接近的形式,面釉配方示例如下:

面釉(质量百分数%):二氧化钛14.9,绿玻璃42.2,花乳石14.3,铅晶料28.6。

(2) 氧化焰花釉

这类釉是利用多种颜色釉综合装饰在器物上,采用氧化焰烧成的复色釉。

① 云霞花釉

这种釉是在棕红色底釉上,分布着块块犹如云彩的花釉。

底釉:黑釉土39,长石28,石灰石7,草灰10,石英3,氧化锰12,白干土1。

面釉:长石21,石英18,石灰石3,草灰40,大同土6,滑石4,白干土3,氧化锌5。

分别将底釉、面釉湿式球磨,过200目筛,再加草灰球磨1h。采用浸釉法先施底釉于生坯上,釉厚0.4~0.6mm,烘干后再施面釉。一般用喷釉法施面釉,釉厚0.8~1.0mm。

氧化气氛，1250～1320℃烧成。

② 兔毫花釉

底釉：黑釉土釉 100（博山生产的油滴天目釉）

面釉：长石 40，大同土 5，钟乳石 16，石英 22，氧化锌 17；外加氧化锡 5%。

面釉湿式球磨，过 200 目筛，氧化气氛快速烧成为好，烧成温度以 1270～1300℃ 为宜。

③ 蓝钧花釉

底釉：黑釉土釉 100。

面彩釉：长石 30，钟乳石 14，氧化铝 4，滑石 4，硫酸钡 10，大同土 8，氧化锌 4，石英 26，外加钛白粉 10%。

工艺方法同兔毫花釉。以黑釉土釉为底釉，采用不同的施釉技巧，施以"兔毫面釉"或"蓝钧面釉"，可以形成多种多样的花釉，如玳瑁花釉、虎皮花釉、白地唐钧、黑地唐钧、礼花釉等。

利用黑釉土釉或黑色釉作底釉，分别以各种色釉作面釉，如钛黄釉、钒锆黄釉、钒锆蓝釉、铬铝红釉、深绿釉、海蓝釉、铬锰棕釉等，采用不同的施釉方法，能形成众多花纹、色调的釉。

利用各种色釉作面釉时，这些色釉浆细度应在万孔筛筛余 0.01%～0.03%，若色釉的高温黏度比底釉高时，应在面釉中加入 5%～10% 的过 100 目筛的玻璃粉。施釉方法和釉层厚度要根据所要达到的艺术效果而定，要灵活运用。如黄玉釉，可用钒黄色釉作面釉；琥珀釉可在黑釉土釉上喷钛黄釉，再喷一层影青釉。

2. 复层釉法

复层釉法是花釉生产中最基本的常用方法，工艺上容易实现，不浪费釉料，可获得各种纹理形式。复层的方式可以是点涂、喷洒、浸、甩、沥等方式，现分类介绍如下：

① 点涂法　点涂法是根据需要人为地在产品表面的不同部位，点涂上不同的釉色，从而形成一定的色彩组合。该方法可在特定范围的釉面上形成尽可能复杂的色彩对比，装饰范围宽，能恰到好处地体现人的主观设想。所用的釉为一般的各种单色釉，彼此的高温物理性能（高温黏度、熔点）不应相差太大，否则会破坏预期的装饰构思。点涂法形成的花釉，常用于美陶及陶艺作品的制作中。

② 喷彩法　以喷釉的方式在底釉上局部或整体喷彩，可广泛而大量使用，易于实现工业化生产。喷彩的特点是装饰效果均匀，易于调控，不污染或较少浪费釉料。某些花釉装饰效果也只有喷彩法才能实现或更理想，如整体的雪花斑、珍珠斑、雾斑等。喷彩法也可用于色粒斑装饰，其方法是喷洒多层色釉，每层有意喷成粒状，烧成后可根据需要选择磨平或抛光，使色斑效果丰富多彩。

③ 甩、沥、浇、泼等　在底釉上用甩、沥、浇、泼等方式涂施面釉，形成条纹、斑纹等。面釉可采用施釉方法中的各种形式，或浸或喷或甩、沥、浇、泼等，具体采用何种方式涂施，取决于釉料性能、装饰效果要求、生产量大小等因素。可采用单一方法，也可多种方法同时使用。复层的底、面釉，可上层低温、下层高温或上层高温、下层低温。前种复层方式易实现流纹、条纹、丝纹釉纹理；后种方式易实现网纹、斑纹、珍珠纹、雪花或冰花纹釉纹饰。同种釉仅是色剂不同，也常用来复层，釉面因施敷方式不同而纹理不同。

除此之外，一种很新颖的方式是釉的物理化学性质法，依据底面釉表面张力、热膨胀系数的差异,形成特殊的肌理效果。

复层法形成的花釉,其效果往往取决于两种釉本身的组成、施釉方法、釉层厚度及造型、烧成制度等(表8-7)。普通的情况是底面釉的熔点不应相差太大,否则不能形成理想的花纹效果。底釉中的高温挥发物多些为佳,利于高温中使底、面釉间发生物理反应,故底釉往往用一般的土釉。面釉应具乳浊性,常用的乳浊剂是SnO_2、ZrO_2、TiO_2及各种乳浊色剂。其中TiO_2作乳浊剂时,形成的花釉色彩变化更丰富,因为能与底釉中的Fe_2O_3作用而以各种化合价存在于釉中,从而形成白、红、蓝各种色调。复层法形成的花釉,釉色色彩变化莫测,往往会出现意想不到的特殊效果。

表8-7 部分复层花釉示例

名称	组成		工艺条件	釉面效果
	底釉/%	面釉/%		
釉里纹釉	长石 43,石英 27,石灰石 18,碱石 12,棕色料 8	长石 49,石英 25,碱石 10,石灰石 16,铬锡红色料 9	底釉厚0.6~0.5,喷面釉0.2~0.3mm,1300℃左右氧化焰烧成	黄棕色斑纹
彩云釉	长石 43,石英 27,石灰石 18,碱石 12,棕色料 8,外加蛋清色料 4%	长石 49,石英 25,碱石 10,石灰石 16,铬锡红色料 9,外加天青色料 2%,翠绿 4%		色彩浓淡分明,如彩云
釉里纹釉	第一层白釉,第二层棕釉30,白釉40,坯泥4,面釉为棕釉		三层施釉法,中层釉较面釉厚2倍多,易干燥裂纹,且高温黏度大,高温下面釉流入底釉裂纹中并填平	鹤绒花网纹,以此法改变釉中色料,可获得各式纹理效果
冰花釉	长石 30,石英 50,石灰石 7,苏州土 10,氧化锌 3		高白度釉,可仅施单层。釉料细度大,喷施厚度1.5~2mm,烧成以釉半熔融为好	形如雪花,无定形点凸起,晶莹玉润

3. 单层釉法

在釉料配方中有意引入能中、低温挥发产生釉泡,高温熔平的成分,或能产生液-液分相的成分,形成色料或基础釉组分的不均匀分布而引发颜色的不均匀分布,产生花釉效果。

配方示例(质量百分数%):

霞石正长岩35,白云石12,白垩粉8,氧化锌5,瓷土24,石英16,氧化镍3。烧成温度1200~1250℃,还原焰下呈淡绿色白斑点效果,氧化焰下是条纹状褐绿色。

4. 不均混釉法

不均混釉法有混浆法和粒釉法两种形式。

① 混浆法 或称搅釉法,是把不同颜色的釉浆不均匀混合,在搅混过程中或浸或沥或浇施敷,形成各式各样的纹理效果,有的如行云流水,有的如泼墨丹青,别有韵味。某些大理石纹采用此类方法,但此法重复性差,在艺术瓷生产中采用时剩余釉料常被污染。如果以

不同的分散介质处理釉浆,如一种釉浆是亲水性的,一种为憎水性,两者不易相混溶,可克服上述缺陷。

② 粒釉法 有干法粒釉法和湿法粒釉法。

干法粒釉法即面砖生产中常用的干粒釉工艺。

湿法粒釉法,一是将釉粉用憎水性物质处理,造粒后混入球磨好的釉浆中施釉。二是将普通方法生产的粒釉,洒于刚施敷的湿釉面上,并经压平或打磨处理后烧成。三是以釉粉造粒,并将其低温预烧,以似熔非熔的形式混入釉浆中使用。不同色泽的釉粒与基釉的色调差异造成"色对比"。釉粒的粒度可大可小,熔点可高可低。既可是在一种基釉中加入同种色调及粒度,也可是不同色釉粒混合使用。一般来讲,斑点剂熔点接近于基釉时,斑点剂粒度可大些,这样易在釉面形成平滑的过渡区;如斑点剂粒度较小,但熔点高于基釉时,可得到分界轮廓明显的色组合;而当斑点剂的粒度尺寸大于基釉层厚度且熔点又远高于基釉时,则导致釉面不平滑的缺陷产生。

5. 粘贴法

粘贴法是将釉料先压制成一定图纹形状的薄片,然后用胶溶液将釉片粘贴到坯体的一定部位。釉料薄片的连接料可以是油性胶状料,也可以是水性胶状料,还可以是热固性连接料。

如果坯体形状是曲面状,则釉料薄片应是软性或塑性的,才可粘贴到坯体上去。如果坯胎是平面状,则釉料薄片可以是固化状态粘贴。平面状制品所用的釉料薄片除上述外,还可以制成熔块釉片再粘贴上去。这种方法也可在同一器件上粘贴几种不同的颜色釉块,形成所需图纹。

8.4.3 大理石花釉

大理石花釉是利用各种颜色釉,采用不同的施釉方法,经烧成,釉面上多种色调自然互相融合交错,形成纹理奇丽的形如大理石纹理的花釉。纹理的形成,决定于色釉的融合性能、施釉方法和烧成条件等。

此类釉常用的几种色釉配方见表8-8。

表8-8 几种色釉配方

原料	釉名							
	浅翠釉	蛋清釉	碧水绿釉	芙蓉红釉	墨绿釉	沃土釉	天青釉	棕色釉
1号基础釉				55.2	95.2			94
白泥				34.5				
锰红				10.3				
墨绿色料					4.8			
沃土						100		
2号基础釉	92.6	96	94					
1号色料	3.7							
2号色料	3.7		2					
蛋清色釉		4	4					
3号基础釉							98	
天青色釉							2	
棕色料								6

基础釉的配方组成：

1号基础釉：长石43，石灰石18，石英27，碱石12。

2号基础釉：长石41，石灰石12，烧滑石9，石英22，大同土7，烧大同土2，碱石3，苏州土4。

3号基础釉：长石53，石灰石7，石英20，烧滑石9，大同土3，苏州土8。

色料的配方组成：

1号色料：石英30，重铬酸钾5，氟化钠20，氧化锆45。

2号色料：石英24，氧化锆64.8，五氧化二钒2.4，氟化钠2.4。

蛋清色料：石英25，氧化锆69，五氧化二钒6。

锰红色料：氧化铝81，氧化锰9，硼砂9，碳酸钠1。

墨绿色料：氧化铝50，氧化铬30，氧化钴5，氧化锌15。

天青色料：氧化铝76，氧化锌9.7，硝酸钴14.3。

黑色色料：氧化铁42.8，氧化铬45.7，氧化钴11.5。

翠绿色料：石英20，重铬酸钾25，长石10，铅丹3，氟化钙10，石膏粉4，氯化钙3，碳酸钙25。

按表8-8配方配料制成釉浆。釉浆细度万孔筛筛余0.03%～0.05%，釉浆相对密度1.38～1.45，含水率48%～55%。

大理石花釉的施釉方法：大理石花釉通常是施釉于瓷釉胎或石胎上，除采用一般的基本方法进行施釉外，为了形成大理石的纹理，还有一些特殊的施釉方法。

1. 点滴施釉法

例如彩云釉是将经高温烧成的蛋清色釉制品加热到40～60℃，再用涂釉法，涂以天青釉和翠绿釉，且一边涂（或一边点滴）一边转动制品，使釉浆流成几种色釉互相交错的纹理，这样烧成后，彩面即成碧蓝、绿、灰白等色调的纹理互相融合，恰如彩云飘移，变幻多样。

2. 喷釉法

用镂空、制版、剪贴等方法制成各种艺术形象，再分别喷以不同的色釉，从而获得多种色调相互交融的艺术形象花釉。大理石纹理往往是用丝棉网固定在瓷坯的前面，喷一次主色调的釉浆，待干后，再喷一、二次色调的釉浆，最后一次色釉要薄，使之呈现亦实亦虚若隐若现的自然效果。

3. 轮釉法

将坯或石胎放在辘轳车上（转速不能快），使制品旋转，同时用几种色釉通过胶皮管流到制品上。由于旋转，几种色釉混合且形成互相交错的花纹。此种方法适用于圆形制品的施釉。

8.5　金属光泽釉

釉表面的色调和光泽等外观类似某种金属的视觉效果，称为陶瓷金属光泽釉。如金光釉、银光釉、铜红色金属光泽釉等。金属光泽釉由于具有高雅、豪华、庄重的艺术效果，加上釉面化学稳定性好，不氧化，耐酸碱腐蚀性好，具有优良的实用性能，近年来越来越受到建筑陶瓷行业的重视。用其进行装饰的建筑陶瓷制品,具有逼真的金属装饰效果。

早期采用以金水涂敷釉面,再经低温烤烧使其产生金色效果,但其采用的是以贵重黄金或白金为原料,并将其制成金水后使用的,成本高而不能大面积使用。目前生产金属光泽釉的方法已多样化,并使一些较为廉价的代金材料得到应用,因而推动了此类装饰方法的盛行。

目前生产金属光泽釉的方法主要有以下几种:① 烧结法;② 涂敷热解法;③ 热喷涂法;④ 蒸镀法等。它们各具优缺点,需依据生产规模、质量要求等选择。下面主要介绍烧结法。

它与一般釉的制备方法相同,只是在釉料成分中引入一种或多种着色金属氧化物,并使它在高温熔体中饱和,这样,冷却时就会析出具有金属光泽的析出物。因不同类型釉中析出的金属微粒或矿物不同,就会产生不同的色彩。影响该金属光泽釉质量的主要组分依次是氧化钒、氧化铜、氧化锰、氧化铁。其最佳加入量为 V_2O_5 1.2%、CuO 3%、MnO_2 8%、Fe_2O_3 3%。烧结法金属光泽釉制作示例如下:

(1) 多彩金属光泽釉

以基础釉加色剂配制。

基础釉配方:PbO 20%~55%,Na_2O 0.1%~10%,CaO 1%~15%,Al_2O_3 1%~18%,SiO_2 8%~80%。

配入 5%~25% 的色剂,在 1020~1280℃ 烧成。

上述基础釉可由熔块加生料配制而成,改变熔块比例可调节烧成温度和烧成时间。在上述基础釉中分别加入表 8-9 中所示配方的色剂,可获得不同颜色的金属光泽釉。

表 8-9 色剂组成表

釉面色彩	化学组成/%			
	MnO_2	TiO_2	CuO	NiO
蓝金色	72	16	2	10
红金色	68	16	6	10
黄金色	60	20	10	10
白金色	50	40	5	5

(2) 银色金属光泽釉

熔块配方:珍珠岩 70%,硼砂 30%;1300℃ 熔化。

釉配方(%):熔块 82~85,CuO 5~7,NiO 2~4,黏土 5~8;940~960℃ 烧成,釉面成银色金属光泽。

釉化学组成(%):SiO_2 30~54.5,Al_2O_3 12.4~13.3,CaO 0.5,K_2O 2.4~2.5,Na_2O 11.6~12.1,Fe_2O_3 0.3,B_2O_3 9.5~10,CuO 5~7,NiO 0.5。

(3) 黑色金属光泽釉

釉料组成范围是(%):B_2O_3 19~45,Al_2O_3 0.5~9,SiO_2 2~8,P_2O_5 0.5~3.0,SrO 6~24,MnO 17~60,TiO_2 0.5~9.5。

将化学纯或工业纯的釉用原料配料后，在 1250～1350℃ 的温度下化成熔块，然后制成釉浆，按一般方法施釉，在 970～1020℃ 温度下烧成，保温 20～30min，即可获得从棕色至黑色的金属光泽釉。适当调整配方即可获得所需色调的釉面。该釉料适合建筑陶瓷制品的内墙砖装饰，可快速烧成。

（4）绿褐色金属光泽釉

釉配方（%）：玄武岩 35～40，氧化铝 4～7，氧化锌 3～5，熔块 40～50，石英 3～5，黏土 2～3。

将釉料施于坯体上，在 1020～1090℃ 进行一次快烧，烧成周期为 60～90min，即可获得绿褐色金属光泽釉面。其中熔块配方为：玄武岩 50%～55%，硼砂 45%～55%；1300℃ 熔化。该釉适合于一次快烧墙地砖装饰。

（5）银红色金属光泽釉

将组成为珍珠岩 70%、硼砂 30% 的配料在 1300℃ 下制成熔块，再按下述配方制成釉料（%）：熔块 85～90，CuO 3.5～5.0，Cr_2O_3 0.5～5.0，黏土 5～8。

釉料的化学组成（%）：SiO_2 53.1～56.5，Al_2O_3 11～13，B_2O_3 9.8～10.4，Fe_2O_3 0.3～0.4，CaO 0.5，Na_2O 12～12.8，K_2O 2.4～2.6，CuO 3.5～5.0。

采用一般方法施釉后，在还原气氛下 950℃ 釉烧 3h，得到釉面呈金属光泽的银红色釉。该釉适合装饰红色黏土坯体的艺术品。

（6）蓝色金属光泽釉

基础釉以透明熔块、苏州土、滑石粉等配制，化学组成为（%）：SiO_2 55.22，Al_2O_3 8.09，CaO 9.29，MgO 0.63，K_2O 1.86，Na_2O 0.33，P_2O_5 2.8，B_2O_3 6.0，ZnO 6.27，BaO 2.6，IL 0.87。色剂选用化工原料 CuO、MnO_2 和 CoO，将其于 1180℃ 煅烧，研磨细度达到 100 目，经酸洗、烘干备用。

配制时，先将釉浆研磨到细度 250 目筛余 0.03%～0.05%，相对密度 1.6，再加入预处理好的色料，色料配比为锰︰铜︰钴＝12︰1.5︰2，加入量为 12%～16%。

可生坯喷釉，釉层厚度 1mm 左右，1160～1200℃ 氧化气氛烧成，烧成周期 12h 左右，适用于各类材质的陶、炻、瓷质坯体，呈宝石蓝色调。

技术要点：① 蓝色金属光泽釉中的金属氧化物颗粒不要太细，大颗粒的金属氧化物有利于金属膜的形成；② 蓝色金属光泽釉只适于氧化气氛慢速烧成，不适宜快速烧成和还原气氛烧成；③ 釉层厚度影响釉光泽度，如釉层过薄不易形成蓝色金属光泽釉，釉层厚度控制为 0.8～1mm 为宜；④ 基础釉必须是低铅、高锌和高硼黏度小的透明釉，在高铅高硼的基础釉中，颜色呈绿色，在高铅低硼高钠的基础釉中，颜色呈黑色。

釉的黏度小，有利于金属充分在釉中流动，使其能浮在釉面，形成一层金属膜，并且形成耀眼的金属光泽。

（7）金色金属釉

以组成（%）长石 35，石英 35，石灰石 20，白云石 5，氧化锌 5 配制成熔块，再以熔块 10%，TiN 63%（细度小于 1.5μm），黄色料 27% 混合后加入适当的添加剂，制成彩绘、丝印、胶印的彩墨，将其施敷于釉上，在 1160℃ 彩烧，可制得既耐磨化学稳定性又好的金色金属光泽釉。

8.6 天目釉

天目釉是指以铁的化合物为主要着色剂的黑釉，特指以曜变天目、油滴天目、兔毫天目等品种。天目釉以宋代福建建阳、江西吉州天目为代表，其特点主要是：色调丰富多彩，有茶黄黑、浓黄黑、酱油黑、棕黑、褐黑、绀黑、艳黑等；釉面光泽稍差，有的会出现各种Fe_2O_3的流纹、斑块、斑点。天目釉在我国宋代就有很多产瓷区已生产出来，由于各地生产的天目釉的颜色、纹样不同，就有很多不同的名称，如建阳天目、吉州天目、河南天目以及灰被天目、油滴天目、玳瑁天目、兔毫天目等。有的通过剪贴装饰，在制品上呈现出图纹，如梅花天目、木叶纹天目等。

8.6.1 曜变天目

曜变天目是天目釉中最珍贵的品种。其特点是黑色表面上悬浮着大小不一的斑点，斑点周围闪烁着晕色似的丰富多彩的蓝色光辉，且随观察角度的不同，呈现不同的颜色。

曜变天目产生的原因主要是釉熔体中产生了多级液相分离。釉中的斑点实际上是细微的铁氧化物结晶的集合体，其结晶非常小，即使放大 400 倍，也不能一一分辨其形状。

斑点周围有薄膜层，厚度约为万分之几毫米。曜变即是由釉面斑点周围的薄膜受到光波干涉而产生不同的颜色所致。

根据光波干涉公式：光程差 $=2dn\cos\theta$ 可知，当膜的组成、密度等不同时，折射率 n 也发生变化；当观察角度不同时，折射角 θ 也发生变化；薄膜厚度是难以控制的，对光造成的干涉条件不同时。因此，斑点周围的颜色也随 d、θ、n 而变化。

从宋代几种釉来看，它们都是以石灰釉为基础的，所含 CaO、Al_2O_3、Fe_2O_3、MgO 都较接近，说明宋代的曜变天目、油滴天目、兔毫天目化学组成基本相似，由于烧成工艺不同，形成油滴、兔毫或曜变等。也就是在烧成时，如果高温缓慢冷却的结晶后期，烧成温度突然升高又快速冷却，使形成油滴天目釉中的铁氧化物的结晶体微量溶解而形成薄膜，从而获得曜变天目；如果温度控制不当，薄膜没有形成，则不能获得曜变天目；如果温度突然升得较高，使形成的油滴流动，则成兔毫。所以，曜变天目是在非常局限的烧成条件下才能获得。

8.6.2 油滴天目

油滴天目是在黑色的釉面上布满许多闪亮的圆星点，恰像水面漂浮的油滴。根据星点颜色的不同，也有红油滴、银油滴之称。特别是银油滴，"盛茶闪金光，盛水闪银光"，别具风格。油滴天目亦以建盏为代表，在宋代数处都有生产，如河南、四川、广东、广西等，但能做到釉面光亮、星点圆润者仍凤毛麟角。

油滴天目形成机理：一般情况下，油滴是釉中氧化铁过饱和后从釉层中随釉泡上浮至釉面，在釉表层附近析晶长大所形成的比较厚的、以赤铁矿或磁铁矿或其混合物为主要成分的镜面。磁铁矿反射率比一般硅酸盐高得多，且其反射色为银白色，故在宏观上使油滴反射成银白色斑。赤铁矿反射色为黄红色，则形成红油滴斑。有的油滴在高温下流动拉长，变成类似兔毫的长条纹。油滴釉料中 Fe_2O_3 含量要控制适当，Fe_2O_3 低于 4% 无晶体，高于 8% 出现铁锈，都不能形成油滴，同时坯料也应采用含 Fe_2O_3 较高的黏土原料配制，以便对黑釉产生衬托作用。

油滴的烧成和普通黑釉的烧成基本相同，但烧成温度要恰到好处。温度低了不能形成油滴，温度高了形成的油滴会流开，或者流成"兔毫"。这是由于温度高，形成油滴的铁氧化物微晶和釉都发生流动，由于流速不同，而形成不同呈色的兔毫纹。所以，兔毫的烧成温度较油滴要高。

8.6.3 兔毫天目

兔毫天目因黑釉中透出状如兔毛般的细流纹而得名，纹色有淡棕色、金红色或银灰色，因而又有"金毫""银毫""玉毫"的称谓。在同一色调中，有的毫毛光亮，有的无光，以福建建窑产最为出名。由于宋代"斗茶"风的盛行，多数窑场都生产有黑盏，但能生产兔毫盏者并不多。目前所见除建窑外，还有定窑、耀州窑、吉州窑及河南、四川等地的窑场。

兔毫呈色机理有两种显微结构形式，一种形式是釉内有大量 CAS_2（钙长石）析晶，晶间液相分离为基相与微相，铁富集于孤立小滴内，小滴聚集粗化成"巨滴"。在还原气氛下，"巨滴"中是 Fe_3O_4 较完整析晶，则生成表面光亮的银白色毫纹；在氧化气氛下，是 Fe_2O_3 较完整析晶，则生成金黄色毫纹。另一种形式是釉内无 CAS_2 析晶，釉面附近局部区域发生液相分离，孤立小滴稍有聚结。同样在还原气氛下是 Fe_3O_4 较完整析晶，则生成银毫纹；在氧化气氛下是 Fe_2O_3 较完整析晶，则生成黄毫纹。当然也有 Fe_3O_4 或 Fe_2O_3 不析晶、析晶不完整或杂乱析晶等形式，则表现为毫纹发灰、发黄、不够光亮等状况。毫纹表面的结构与其外观密切相关，如果毫纹表面仍有微米厚度的釉层，则毫纹显得光滑闪亮；若 Fe_2O_3 在表面随机杂乱生长，则会生出釉面，毫纹表面就显得无光泽。

8.6.4 茶叶末

茶叶末釉是黄褐、黄绿或墨绿色的釉面上，呈现有许多碎屑状斑点，颇似茶叶的细末面得名。其最早出现于唐代耀州窑，清代景德镇茶叶末釉有"古雅幽穆，足当清供"的美誉。

茶叶末釉中析出晶体较多，是辉石类型的析晶釉，其主晶相为普通辉石类中伪深绿辉石，第二晶相为斜长石中的培长石。深绿辉石本身呈黛绿色，含铁的斜长石为褐色。釉中析出辉石的种类、含量、晶体的粒度、分散度以及釉中铁的浓度，决定了釉呈黄绿色还是墨绿色。同时釉中玻璃相在显微镜下呈深棕色，局部呈棕黄色，其铁浓度甚至超过了晶体中的铁浓度。铁在釉中分布不均匀，使釉呈色浓淡不一，表现出类似茶叶末的外观效果。

8.6.5 铁锈花

铁锈花是一种 Fe_2O_3 含量较高的微晶结晶釉。《陶雅》载，"紫黑之釉，满现星点，灿燃发亮，其黑如铁"则谓之铁锈花。

铁锈花是在石灰釉中引入大量的 Fe_2O_3、MnO_2。由于高温流动性大，加上 MnO_2 的存在，抑制晶体的长大，所以，Fe_2O_3 高度分散在釉内。但毕竟 Fe_2O_3 含量高，由于 Fe_2O_3 的亲氧性和釉玻璃的不混溶性，在局部还是会出现 Fe_2O_3 的富集而析出微晶，这些微晶的斑点犹如铁锈一般，若冷却缓慢，结晶也会长大成为完整的晶型。

8.6.6 红天目

红天目是棕褐色的釉面散布有橘红或大红色的晶花。随着组成和工艺条件的不同，有的会形成红色的花蕊周围金环包裹，有的釉底层中散布有大小不等的分相液滴或小气泡，类似水珠。随着入射光线角度改变，水珠似乎也在转动，奇妙无比，也非常难得。

（1）形成原理

红天目以石英、长石、高岭土、滑石和骨灰为原料，其化学组成的特点是 Fe_2O_3、CaO、P_2O_5 的含量都比较高，烧成釉面呈现深沉的海参棕色彩，并散布有许多橘红色晶花。

红天目棕色部位实际上具有两两液相不混溶结构，是由贫铁的连续液相和富铁的孤立液相小滴组成的。由于富铁引起的光吸收性，每一小滴在显微镜下呈现棕色，在宏观上由于无数小滴的吸收作用，使釉呈现为海参色。

富铁孤立相小滴在釉面的某些地方会自行粗化并且聚结成团，然后进行第二次液相分离，形成富铁的连续相和贫铁的孤立相。根据两种不同液相（第一次分离的贫铁相和第二次分离的富铁相）的黏度、表面张力和相对密度的差异，釉面上的聚结体依照当时的温度沿着釉面铺伸到气、液、固三相张力平衡之点而形成一定直径的荷叶状色斑。此时第二次分离富铁连续相往往析出红色的 Fe_2O_3 晶体，因而呈现为大红花。

釉玻璃分相随后析晶的物理化学过程是这种铁红釉的整个艺术形象显现和大红花形成机理的基础。实际上由于各种工艺因素的变化，瓷釉所呈现的艺术花样也是丰富多彩的，例如由于某种原料来源不同或工艺上的改变，使深棕色的背景除了红花之外，还夹杂了黄色小花等。

（2）影响因素

① 组成中的五氧化二磷是使红天目易产生液相分离现象的成分之一，因此，骨灰含量影响铁红结晶釉呈色的效果明显，其含量达到 10%～15% 时，会出现鲜艳的红色晶花，但骨灰超过 16% 时，红花往往会连一片。

② Fe_2O_3 含量多寡对红天目的艺术效果产生较大的影响。当配方中引入的 Fe_2O_3 低于 8% 时，釉面呈现黄棕色而不呈现红色，当在配方中引入 10%～17% 的三氧化二铁时，随着铁的增加，釉面颜色由黄棕色向棕红色过渡并有黄金晶花转化。

③ 组成中还需含有一定量的氧化镁，它可促进镁铁尖晶石的生长，呈现褐棕色釉面。

④ 烧成制度的确定是关键，要严格控制升温制度，当接近最高温度时要快速升温，保温时间要短（一般 5～10min），冷却也要控制，因为 1200～900℃ 之间是晶花形成的关键，"红花"的出现应开始于 1100℃。

⑤ 红天目对烧成气氛并不敏感，因此，氧化或还原气氛均能烧成。

红天目的工艺条件例如原料、配方、烧成温度等的些微改变，对釉的结构的影响是敏感的。显微结构分析显示，深棕色釉断面的孤立小滴富铁，直径很小，但很少有互连的，同时小滴也已经析晶。

在基础釉中引入部分釉用黄土，会在釉表下产生珍珠泡，并随着光线入射角不同产生色彩变化，独具特色。

（3）红天目配方示例

红天目配方见表 8-10。

表 8-10 红天目配方示例

编号	长石	石英	Fe_2O_3	滑石粉	高岭土	骨灰	石灰石	烧成温度/℃
1	46	13	11	5	5	13	7	1200
2	35	25	8	12	10	8	氧化锡 2	1300
3	40	15	12	13	5	15		1280
4	38	11	11	11	3	14	黄土 12	1260~1280
定位结晶	晶种：颗粒状硅酸铁，面釉 4 号							1260~1280

8.6.7 天目釉的配制

1. 天目釉组成

古瓷天目胎和釉的化学组成见表 8-11 和表 8-12。

表 8-11 天目胎的化学组成　　　　　　　　　单位：%

编号	吉州 1	吉州 2	吉州 3	建阳 1	建阳 2	吉州 4	山西 1	建阳 3	山西 2
品种	耀变	玳瑁	兔毫		兔毫	玳瑁	红油滴	兔毫	银油滴
胎色	紫	白	灰	赤黑	灰黑	浅黄	灰白	灰黑	杏黄
SiO_2	61.70	59.74	70.41	63.62	64.84	68.08	61.93	68.61	55.34
Al_2O_3	28.33	30.42	21.27	24.09	23.56	22.63	30.65	17.73	36.46
TiO_2	—	1.05	1.16	—	—	1.01	1.27	—	1.86
Fe_2O_3	4.37	0.82	1.35	8.11	7.61	1.25	2.52	9.71	3.64
CaO	0.08	0.03	0.02	0.04	0.05	0.03	1.08	0.06	0.39
MgO	0.70	0.27	0.26	0.53	0.44	0.30	0.68	0.47	0.65
K_2O	3.59	6.88	4.65	2.60	2.17	5.59	1.84	2.32	1.35
Na_2O	0.07	0.42	0.24	0.02	0.02	0.28	0.18	0.03	0.25
MnO	0.03	—	—	0.08	0.07	—	—	0.11	—
灼失	0.59	0.33	1.25	0.67	0.13	1.24	0.28	0.43	0.44

表 8-12 天目釉的化学组成　　　　　　　　　单位：%

编号	吉州 1	吉州 2	吉州 3	建阳 1	建阳 2	吉州 4	山西 1	建阳 3	山西 2
品种	耀变	玳瑁	兔毫		兔毫	玳瑁	红油滴	兔毫	银油滴
SiO_2	62.10	61.90	60.25	60.70	61.48	60.76	64.31	62.02	65.00
Al_2O_3	12.82	13.50	13.94	18.06	18.61	12.77	14.70	18.79	15.08
TiO_2	0.67	0.091	0.71	0.52	0.57	0.88	0.99	0.64	0.89
P_2O_5	1.57	1.59	1.33	1.41	1.26	1.91	0.25	0.97	0.15
Fe_2O_3	6.22	4.31	4.81	5.47	5.66	4.57	6.33	6.64	6.80
CaO	9.00	8.01	9.08	7.39	6.58	9.03	6.73	5.55	6.23
MgO	3.30	2.62	3.26	2.00	1.97	2.73	2.00	1.56	2.66
Na_2O	0.23	0.34	0.32	0.11	0.09	0.28	1.10	0.11	1.20
MnO	0.84	0.92	1.12	0.72	0.72	1.21	0.10	0.56	0.09

从表 8-12 中可以看出，釉中除油滴和兔毫的 P_2O_5 偏低外，其余都在 1% 以上，吉州玳瑁已接近 2%。一般认为，釉中各氧化物含量为 SiO_2 60%～65%，Al_2O_3 小于 20%，Fe_2O_3 4%～8%，CaO 6%～9%，MgO 2%～3%。这个化学组成范围内的釉，在高温下容易发生液相分离。

P_2O_5 对釉的液相分离起着特殊的作用。当 Fe_2O_3 含量在 5% 时，P_2O_5 可促进釉内液相分离，加速釉内含铁的微相形成，又抑制铁氧化物晶体长大。当釉中 Fe_2O_3 含量低于 2%，P_2O_5 的这种作用微弱或消失，釉中 Al_2O_3、MgO 含量使釉黏度正适于发生液相分离。

很多地方的黄土黑釉在一定烧成条件下，可以产生油滴、兔毫、茶叶末等釉色，山东、山西、陕西等地即有如此配制的方法。

建阳天目的胎为铁黑色，这也是不同于其他天目的特色之一。

其他几种示例配方如下（%）：

（1）景德镇茶叶末釉：釉果 60，氧化铁 4～7，石英 4～12，方解石 17～21，烧滑石 8～12 烧成温度 1260～1280℃，1100℃保温 1h。

（2）山东 1 号油滴釉：氧化铁 6，氧化锰 2，土料 6，釉果 40，龙泉石 20，紫金土 10，釉灰 14，氧化镁 2。

山东 2 号油滴釉：黑釉土 100。

山东兔毫釉：长石 30，石英 30，滑石 6，高岭土 18，石灰石 7，氧化铁 5.2，氧化钛 0.8，氧化锰 1，牛骨灰 2。

烧成温度 1300～1320℃。

（3）铁锈花代表性的配方：氧化铁 46.8，氧化锰 20，釉果 26.6，釉灰 6.6。

釉式为：

$$\left.\begin{array}{l}0.086K_2O\\0.118Na_2O\\0.742CaO\\0.054MgO\end{array}\right\} \cdot 0.452Al_2O_3 \cdot 3.569SiO_2 \left\{\begin{array}{l}3.16Fe_2O_3\\2.473MnO\end{array}\right.$$

2. 工艺要求

① 釉料比一般釉要适当粗一些。

② 釉层要有一定厚度，一般在 0.6mm 以上，多数为 0.8～1.2mm。

③ 釉液要有适当的黏度。一定厚度和适当黏度的釉，使 Fe_2O_3 分解的氧气泡不能及时排出，当强迫长大至能排出釉层时，其周围也富集了相当多的铁氧化物。

④ 烧成温度及烧成制度要恰当。冷却析晶温度区要有 30min 以上的保温时间。

⑤ 釉中各氧化物含量要有能够生成分相的条件，这是在一定烧成温度下，釉具有特殊工艺效果的前提条件。

8.7 其他艺术釉

8.7.1 珠光釉

以字面含义而论，珠光釉应是釉面呈现珍珠般光泽的釉。珠光釉可以用云母钛珠光颜料配制。下面只对烧结法制备珠光釉做以概述。

1. 呈色机理

珠光体的主成分选用人工合成云母,其化学式为$KMg_3(Si_3Al_{10})F_2$,属单斜晶系,密度为$2.889g/cm^3$,可在1100℃下长期稳定,因为它具有高的耐温性,可适合釉烧温度在1100℃以下釉面砖的要求。为了防止云母在高温下被釉中某些成分侵蚀产生分解,一方面在云母外可包膜二氧化钛的水合物,利用二氧化钛与云母折射率不同,具有高折射率的特性,使釉料产生珠光效果。另一方面在它外面再包膜二氧化锡水合物等难熔氧化物,可以阻止易熔的釉成分侵蚀云母钛基体,起到保护作用,使釉料冷却时云母钛能重新析晶,并呈现珠光效应。

常用珠光釉是将云母钛珠光颜料加至特殊组成的熔块中制成釉料,施于釉面砖上,在低于1100℃的釉烧温度下即可呈现柔软细腻的丝光状釉面。随着不同色料的加入能产生出具有各种颜色珠光效果的釉面效果。

2. 珠光釉制备工艺

(1) 熔块实验式

$$\left.\begin{array}{l} 0.24(K_2O+Na_2O) \\ 0.24CaO \\ 0.52PbO \end{array}\right\} \cdot 0.14Al_2O_3 \cdot \left\{\begin{array}{l} 1.99SiO_2 \\ 0.32B_2O_3 \end{array}\right.$$

(2) 釉配方

将95%上述熔块、5%的苏州土,再外加10%云母钛颜料配成釉,施釉烧成后即得珠光釉面。

(3) 烧成

组成对珠光釉能否呈色很关键,烧成同等重要。珠光釉对温度较为敏感,最高温度必须低于1100℃,否则云母晶体就会分解。降低釉成分在高温时对珠光体的影响,必须采用快速升温制度。当釉料冷却时,采用阶段保温的冷却制度,使云母晶体在700~800℃时重新析出,形成珠光釉面。

8.7.2 闪光釉

闪光釉是釉面对入射光有金属镜面般的反射效果,是近年才出现的新釉种。其银白镜亮的闪色效果,可以采用丝网印花或其他绘制图案形式装饰于白色瓷面,高雅素净又不失华贵,与其他装饰综合使用,有画龙点睛之效。观察闪光釉成品时,在一定的光入射角度下可看到金属般的反光,这种金属样反光与金属光泽釉的反光不同,它具有镜面反射的特征。

1. 闪光机理

闪光釉中的主要功能组分是CeO_2,在釉烧过程中析出并长大的CeO_2晶体在闪光釉表面以(200)面平行于釉面择优取向。CeO_2晶体是立方面心结构,其(200)面是奇异面,只有较低的界面能,是晶粒的光滑界面。当氧化物晶体从熔体中生长时,在界面上总存在较多的光滑界面,因而在生长过程中表现出强烈的各向异性。CeO_2晶体从釉熔体中生长时,(200)面成为主要的显露奇异面,具有源于尺度上的光滑性,对可见光有良好镜面反射特性。当晶粒以(200)面择优取向时,其折射率会高达2.44,而高折射率的晶体表面具有高的反射率。所以，当 CeO_2 晶粒以（200）面平行釉面取向时，就使釉面对入射光形成强烈的镜面反射。

2. 闪光釉的制备

（1）组成

一般情况，闪光釉要求较高的平滑度，同时又施釉较薄，所以采用底釉、面釉二次施釉方式。底釉一般采用生产用釉，一次烧成时只要与面釉烧成温度相匹配即可。闪光釉组成示例如下：

底釉组成(%)：SiO_2 61.37，Al_2O_3 8.15，Fe_2O_3 0.31，K_2O 4.12，Na_2O 0.97，CaO 9.00，MgO 2.03，ZnO 5.54，ZrO_2 0.53，B_2O_3 7.98。

1号面釉组成：

$$\left.\begin{array}{l} K_2O\ 0.08\sim0.14 \\ Na_2O\ 0.04\sim0.08 \\ CaO\ 0.30\sim0.46 \\ MgO\ 0.02\sim0.10 \\ ZnO\ 0.25\sim0.45 \end{array}\right\} \cdot Al_2O_3\ 0.22\sim0.30 \cdot \left\{\begin{array}{l} SiO_2\ 1.80\sim3.10 \\ ZrO_2\ 0.02\sim0.08 \\ CeO_2\ 0.04\sim0.12 \\ B_2O_3\ 0.06\sim0.20 \end{array}\right.$$

CeO_2 加入的质量百分数为 6%～8%。

2号面釉组成（%）：

SiO_2 56.56，Al_2O_3 7.41，TiO_2 0.66，K_2O 4.03，Na_2O 1.05，CaO 8.83，BaO 1.82，ZnO 9.89，ZrO_2 4.62，PbO 7.57，CeO_2 3.79。

3号面釉组成（%）：

SiO_2 52.4，Al_2O_3 6.9，TiO_2 0.6，K_2O 3.7，Na_2O 0.9，CaO 6.0，BaO 4.0，ZnO 9.2，ZrO_2 4.2，PbO 7.0，CeO_2 5.0

面釉需制成熔块才能使用，熔块熔制温度以 1350℃ 以上较好。

（2）施釉和烧成

闪光釉熔块粉加入一定量的 CMC 和水，磨成釉浆施于底釉上，细度约在 10μm 以下，1号面釉在电炉内 1040～1080℃ 烧成，烧成时间 50～60min，保温 5min。2号、3号面釉是调制成印膏后以丝网印花的形式印于底釉上，在 1100℃ 左右中性气氛烧成。

印花用印油的调制方式是：

印油（质量百分数%）：CMC 2，乙二醇 100，水 82。

印膏：印油：釉料 = 3：5：8。

3. 影响因素

① 闪光釉以熔块釉形式效果较好，而且熔块的熔制温度对闪光效果有较大影响，1号釉熔制温度在 1200℃ 以下几乎无闪光现象。

② CeO_2 的加入量影响较大，过低过高都不能产生闪光釉，1号中以 6%～8% 较为理想。

③ 釉中硅铝比应适当较高，钙、锌含量亦应较高，利于铈晶体从釉熔体中析出，同时基釉需有一定的乳浊度或失透性，以衬托表层铈晶体的反光性。

④ 釉料细度也应严格控制，釉料过细会影响氧化铈析晶的析出。

⑤ 闪光釉须施于底釉上，才能达到较好的反光效果。

⑥ 烧成以中性气氛较好。

8.7.3 偏光釉

偏光，即可从不同的角度观察到不同的颜色，从而形成一种丰富多彩的梦幻般的装饰效果，是一种新型的陶瓷釉装饰材料。

1. 呈色机理

偏光釉的呈色机理是基于釉产生"视觉闪色效应"，亦即随视角产生异色现象，实质是无机偏光材料以其原始状态分布于偏光瓷釉中。即在釉中均匀分布着偏光材料的众多微小晶体，它们对光线的照射产生反射、吸收和干涉，从而产生独特的偏光效果。

2. 配方及工艺

釉料配方（％）：熔块85～90，苏州土3～5，无机偏光材料5～10，外加陶瓷色料1～5，外加剂0.2～0.3。

工艺参数要求：釉料细度万孔筛筛余小于0.1％；釉浆浓度1.60～1.65g/cm³；喷釉压力0.40～0.50MPa；施釉厚度0.20～0.40kg/m²（干质量）；釉烧温度850～900℃，烧成周期2～3h。

3. 影响因素

① 偏光材料的选择是偏光釉研制的关键之一，它必须能随视角产生异色现象，还能适合于在较高温度下烧成，又能抵抗釉熔体的侵蚀。

② 基础釉熔块有一定要求，以利于釜底偏光材料在釉中的完好分布。一定的 SiO_2、Al_2O_3、K_2O、Na_2O、CaO、PbO、B_2O_3 有利于偏光效果的产生，釉料的碱性组分不宜过高，以免破坏偏光材料的表面晶体结构，降低甚至会失去偏光效果。试验指出，$RO+R_2O<0.55$ 为宜。

③ 釉烧温度不宜过高，在850～900℃之间，取下限为好。

8.7.4 虹彩釉

虹彩釉是陶瓷釉面呈现多种颜色的幻彩或多色虹彩效果，或类银色或类不锈钢或类珍珠光泽等。虹彩是由釉面析出结晶膜或晶体与玻璃折射率不同，从而形成光的干涉效应所致。虹彩釉绚丽斑斓，装饰性强，可用于装饰艺术瓷及建筑陶瓷，提高产品附加值。

虹彩釉根据组成不同，可用于高温、中温和低温。更因引入的着色物质不同，可产生不同底色和不同结晶。下面主要对中、高温虹彩釉进行论述。

1. 呈色机理

由于釉组成不同，在釉的烧成冷却过程中，釉层表面析出结晶体或结晶膜，它们与玻璃相的折射率、反射率与吸收特性不同，从而造成光的干涉，使各种波长的光线间产生光程差，从而引起虹彩效应。因此，如果基础釉的成分、析出的晶体不同，就会出现不同的虹彩颜色。首先，它的呈色机理与结晶釉、金属光泽釉相似，即釉熔体中必须有处于饱和状态的结晶物质，以形成晶核；其次，在冷却过程中，须在析晶范围内保温以使晶核发育长大。在工艺上，除配制特定的釉料组成、釉层厚度、釉料的烧成、冷却制度外，外加剂的选择必须适当，它可以促使所需的结晶在冷却时形成，也能够抑制非虹彩矿物的析出。

2. 釉料组成及制备

虹彩釉的组成有铅-锌-钛系、钙-镁-铁系、铅-锌-锰系、硼熔块-铜系、锂-铅-锰-铜-镍系等几个体系。

(1) 铅-锌-钛系虹彩釉

以铅锌釉为基础釉,加入二氧化钛晶核及促进二氧化钛晶体生成的偏钒酸铵,就能形成金红石型二氧化钛针状晶体。由于其厚度很小,使光线产生了散射,故呈现了红、蓝、橙等虹彩现象。釉组成实验式如下所示:

$$\left.\begin{array}{l}0.100K_2O\\0.037Na_2O\\0.013CaO\\0.017MgO\\0.365ZnO\\0.468PbO\end{array}\right\} \cdot \left.\begin{array}{l}0.216Al_2O_3\\0.002Fe_2O_3\end{array}\right. \cdot \left\{\begin{array}{l}0.250SiO_2\\0.233TiO_2\\0.043V_2O_5\end{array}\right.$$

烧成温度 1250~1280℃。烧成制度对其影响很大。在烧成过程中须经二次保温,其中高温保温可获得优良的釉面质量。当降温至析晶区再进行保温是形成虹彩釉的关键。具体工艺是:在烧成温度下保温 20min,后以 10~20℃/min 的冷却速度冷至 1060℃,在此温度下保温 50min 后自然冷却,即可得到虹彩釉面。

(2) 钙-镁-铁系虹彩釉

在钙镁基础釉中加入氧化铁(8%)和稀土类氧化物(Nb_2O_3 5%、W_2O_3 3%),在氧化气氛 1280℃烧成,可得到棕色底釉橙红色虹彩的釉面,适用于同温度下的各种坯料。釉组成式为:

$$\left.\begin{array}{l}0.32K_2O\\0.49CaO\\0.19MgO\end{array}\right\} \cdot 0.45Al_2O_3 \cdot 3.7SiO_2$$

(3) 铅-锌-锰系虹彩釉

以高铅熔块、氧化锰、偏钒酸铵等组成,在釉中析出黑锰矿,成三角锥形分布在釉里,形成金、银、蓝、绿、褐色虹彩。配方化学组成如下所示(%):SiO_2 35.91,Al_2O_3 7.50,Fe_2O_3 0.13,K_2O 1.88,Na_2O 4.97,CaO 1.56,MgO 1.04,ZnO 5.40,PbO 31.49,MnO_2 10.11,外加偏钒酸铵 6%。

釉料细度为 250 目筛余 0.08%~0.10%,氧化锰后加入磨好的釉中,以保证结晶剂的粒度。釉浆相对密度 1.25~1.35,施釉厚度 0.6~0.8mm,生坯、素烧坯均可使用。

最佳烧成温度 1180℃,高温保温 8~12min,析晶温度 850℃,析晶保温时间 25min,以弱氧化或中性气氛烧成为好。在铅-锌系的基础釉中,加入适量二氧化钛及析晶促进剂偏钒酸铵,在 1200~1250℃下氧化焰烧成,在 1100℃下保温 1.5h,可得到金黄色的虹彩效果。

(4) 锂-铅-锰-铜-镍系虹彩釉

在锂铅锰的基础釉中加入氧化铜 2%、氧化镍 1%,于 1280℃氧化气氛下烧成,则在深黑棕釉上形成磨光铜器般的金色光泽虹彩。

8.7.5 荧光釉

1. 概述

物质吸收外界能量后电子处于激发态,当由激发态回到低能态时必然要释放出能量。若释放的能量以可见光的形式发射出来,称为发光现象。发出的可见光余晖维持在 10^{-3}s 以上的,称为荧光。能够发射荧光的釉叫作荧光釉。

荧光釉的组成为能发出荧光的磷光体和基质釉玻璃。

磷光体由基本物质、激活剂和熔剂组成。激活剂的作用是取代基质阳离子成为激活中心,其加入量极少。熔剂作用是降低合成温度,促进反应进行完全。磷光体的组成及特点见表 8-13。

表 8-13 磷光体的组成及特点

	基质	激活剂	熔剂	特点
传统磷光体	化学元素周期表中第ⅡA族碱土金属的硫化物或它们的碱化物和氧化物,如 CaS、SrS、BaS、CaS、SnS	常用铜、锰、银、铅、镍、钴、铀等做激活剂	氯化钠、萤石、磷酸盐、硼酸盐,硫酸盐不太理想	余晖时间短,ZnS系磷光体 2h 左右。磷光体耐热性能差,釉烧温度下易分解
新型磷光体	铝酸盐,如铝酸锶	化学元素周期表中第ⅢA族和第ⅢB族元素、稀土元素,如 Y、Sc、Eu、Gd、Tl、Dy、In、Ho、Tm	硼化物 B_2O_3、H_3BO_3、CaF_2、SrF_2、LiF、NH_4Cl、$(NH_4)_2HPO_4$	光饱和时间短,余晖时间长,可达 30h。如以铝酸锶作基质,以 Eu^{2+} 作激活剂,光饱和时间 <20min,余晖时间(可利用的)>4h

改变基质、激活剂和助熔剂的种类和用量,改变制造工艺,可制得颜色不同的磷光体。

对新型磷光体,以稀土元素 Gd、Tb、Dy 和第ⅢA族元素 Ca、Ti 作激活剂,这样会延长激发饱和时间,提高余晖亮度和时间;以第ⅢB族元素 Y、Sc 和稀土元素 Ho、Eu、Tm 作激发剂,可缩短激发饱和时间,提高起始余晖亮度,但会减少余晖时间。

2. 荧光釉制备实例

荧光釉具有很高的实用价值,有关荧光釉的生产技术和实用知识多为专利知识。国内外有关这方面的报道并不多,举例说明如下:

[实例1]

用高锌高钡硼酸盐易熔玻璃+荧光基质+激活剂的方法制备荧光釉。

荧光基质为 ZnS,激活剂为 Cu,玻璃粉按制备熔块的方法制取,组成见表 8-14。荧光基质与玻璃粉的比例为 1:3,激活剂占荧光基质和玻璃粉总量的 0.001%~0.01%。

表 8-14 玻璃粉组成   单位:%

编号	化学成分								
	ZnO	BaO	B_2O_3	K_2O	Na_2O	Li_2O	Al_2O_3	TiO_2	SiO_2
1	20.0	25.0	45.0	6.3	3.3	—	—	—	—
2	23.5	29.5	35.5	7.8	3.9	—	—	—	—
3	25.0	35.0	30.0	6.7	3.3	—	—	—	—
4	20.0	40.0	25.0	10.0	3.0	—	—	—	—
5	30.8	6.2	27.5	10.3	5.2	1.3	2.6	3.6	12.5

制备工艺为:将各组分 ZnS 粉、Cu 粉、玻璃粉混合,加胶粘剂,制成釉浆,上釉

烧成。

[实例 2]

用玻璃粉＋磷光体的方法制备荧光釉。

选用已激活了的磷光体和玻璃粉来制备荧光釉。具体工艺如下：先在素坯上施一层高温釉，釉上喷一层玻璃粉，随后撒一层磷光体，再喷一层玻璃粉，最后喷一层更易熔融的釉玻璃层。釉烧温度800℃以下，玻璃粉成分同表8-14或采用以下熔块料：

① 石英7.7%，氧化铝12.7%，无水硼酸23.6%，碳酸锂12.0%，碳酸镧2.5%，长石7.8%，冰晶石4.0%，硅酸锆6.1%，碳酸钙3.6%。

② 石英27.8%，无水硼酸36.9%，烧蓝晶石39.7%，锆英石12.0%，无水硼砂20.0%，碳酸锂39.4%，碳酸锶25.5%，氧化镧12.9%。

③ 石英32.5%，无水硼酸51.0%，烧蓝晶石52.5%，锆英石12.0%，无水硼砂19.9%，碳酸锂39.2%，碳酸钙32.7%。

[实例 3]

用直接法制备荧光釉。

国外专利介绍了两种高温荧光釉，系硼酸盐熔块釉，适于高温烧成，发黄色和蓝色荧光，其摩尔百分组成范围见表8-15。

表8-15　熔块釉化学组成　　　　　　　　　　单位：mol%

颜色	化学组成						
	碱性氧化物 （K_2O、Na_2O、Li_2O）	碱土金属氧化物（MgO、CaO、SrO、BaO）	SiO_2	B_2O_3	Al_2O_3	PbO	V_2O_5
黄色	3~20	0~20	60~85	5~15	1~5	0.8~2.5	0.4~4
蓝色	2~25	1~20	60~85	5~30	1~15	0.5~5	0~1.5

这两种釉均为无定形结构，外观透明无色（也可制成彩色），高温下性能稳定，耐酸，有荧光，釉磨碎后，仍具荧光。

在理论上，碱土金属氧化物可被钒酸离子团激活，Pb也似乎有此作用。

实 训 项 目

项目一：按下面表格烧制结晶釉，并分析烧成后的结果。

序号	钾长石	石英	高岭土	石灰石	氧化锌	氧化铁	保温时间/h	保温温度/℃	烧成温度/℃
1	30	20	3	15	28	3	1	1160	1290
2	30	20	3	15	28	3	1	1180	1290
3	30	20	3	15	28	3	3	1160	1290
4	30	20	3	15	28	3	1	1160	1310

项目二：通过烧结温度为1300℃的硅酸钛结晶釉料，制定出合理的烧成制度，并阐述该配方的合理性。釉料配方如下：

钾长石50，石英5，高岭土5，重钙8，氧化锌7，氧化钛13，氧化铜2。

项目三：通过烧结温度为1250℃的硅酸锰结晶釉料，制定出合理的烧成制度，并阐述该配方的合理性。釉料配方如下：

钾长石 70，石英 30，高岭土 5，重钙 12，氧化锰 40。

项目四：通过烧结温度为 1250℃ 的铁红结晶釉料，制定出合理的烧成制度，并阐述该配方的合理性。釉料配方如下：

钾长石 46，石英 13，高岭土 5，重钙 8，滑石 5，氧化铁 11，牛骨粉 13。

项目五：通过烧结温度为 1200℃ 的铁金星釉料，制定出合理的烧成制度，并阐述该配方的合理性。釉料配方如下：

低温无铅 1080℃ 熔块 92，苏州土 8，氧化铁 6。

项目六：利用摩尔比 $SiO_2/Al_2O_3=3\sim6$ 和无光釉的要点，设计一款烧成温度为 1280℃ 的钙无光釉的配料组成。

项目七：利用摩尔比 $SiO_2/Al_2O_3=3\sim6$ 和无光釉的要点，设计一款烧成温度为 1280℃ 的钡无光釉的配料组成。

项目八：利用摩尔比 $SiO_2/Al_2O_3=5\sim6$ 和无光釉的要点，设计一款烧成温度为 1280℃ 的刚玉无光釉的配料组成。

项目九：称量以下配方配制成裂纹釉，找出烧成后产生裂纹的原因。

序号	霞石	高膨胀熔块粉	石英	高岭土	石灰石
1	75		5	8	15
2		75	5	8	15

项目十：按下列配方和工艺配制花釉。

底釉配方：钾长石 45，石英 15，石灰石 12，滑石 6，氧化锌 6，高岭土 8，氧化铁 4，氧化锰 4。

面釉配方：钾长石 45，石英 20，石灰石 12，滑石 6，氧化锌 12，高岭土 8，氧化钛 6。

先施底釉，厚度大约 0.2mm，待稍干后，再喷面釉，面釉厚度为 0.8mm 左右。烧成温度为 1280℃。

第 9 章　釉用添加剂

随着科学技术进步和生活水平提高，人们对产品质量要求越来越高。而釉面质量是影响陶瓷产品质量的关键因素之一。陶瓷产品的釉面质量与釉浆的工艺性能关系很大。为了获得良好的釉浆工艺性能，保证生产稳定而高效地进行，经常在釉中添加合适的添加剂。在釉料中引入添加剂的主要作用有以下几方面：

(1) 调整釉浆的黏度；
(2) 获得所要求的釉浆触变性；
(3) 调整釉浆密度；
(4) 防止釉浆沉淀；
(5) 促进釉浆排气、除泡；
(6) 防腐，延长釉浆储存时间（特别是在夏天）；
(7) 改变釉浆的流变学性能；
(8) 调整釉浆吸浆速率和保水性；
(9) 使上釉后釉面具有一定弹性，防裂；
(10) 改善坯、釉结合；
(11) 提高釉的耐磨性；
(12) 在同一釉料配方下使其性质达到最佳状态。

根据添加剂的以上作用，可分成以下几种类型的釉用添加剂。

9.1　悬浮稳定剂

釉料主要由瘠性原料组成，且各种原料性能差别较大，故釉浆的悬浮稳定性比较差，通常需要引入悬浮稳定剂，以防止釉浆产生沉淀分层。传统悬浮稳定剂与新型悬浮稳定剂见表 9-1。后者多为液体，使用方便、用量少且对釉浆无副作用。生产中用得比较多的是高岭土、膨润土及羧甲基纤维素。

表 9-1　釉用悬浮稳定剂

传统悬浮稳定剂	新型悬浮稳定剂
高岭土	羧甲基纤维素
膨润土	水溶性生物多糖
碳酸钠（苏打）	海藻酸钠
硅酸钠（水玻璃）	聚丙烯酸钠
NaCl	聚丙烯酰胺
醋酸	聚酰胺
二价金属无机盐	STELLMITTEL ZS（进口）
三价金属无机盐	STELLMITTEL 506（进口）
硼酸盐	PEPTAPON（进口）

9.2 解 凝 剂

为适应各种施釉工艺，要求釉浆具有较高的浓度、较低的黏度和良好的流动性。因此，需向釉浆中加入解凝剂。有些悬浮稳定剂具有解凝作用。新型解凝剂与传统解凝剂相比较，具有较好的解凝效果和较宽的解凝范围，且较易控制，添加量少。不同解凝剂性能不同，解凝效果差异也非常大，新型解凝剂与传统解凝剂见表 9-2。

表 9-2 釉用解凝剂

传统解凝剂	新型解凝剂
硅酸钠（水玻璃）	聚丙烯酸钠
碳酸钠（苏打）	聚丙烯酸乙酯
焦磷酸钠	磷酸盐聚合物
六偏磷酸钠	DOLAPIX G6（进口）
三聚磷酸钠	DOLAPIX PC67（合成聚合物，进口）
柠檬酸钠	DOSEIN G1（进口）
腐植酸钠	DOLAPIX PC66（合成聚合物，进口）
	丙烯酸钠
	复合解凝剂（有机盐与无机盐复合）

在新型解凝剂中，复合解凝剂是发展潮流。通过将两种传统解凝剂（如有机盐与无机盐）进行复合，可获得更好的解凝效果。目前生产中使用的解凝剂多为复合解凝剂，效果好且范围宽。复合解凝剂在釉中加入的量，可根据配方中黏土类原料的比例来确定，黏土原料含量高，解凝剂用量高些，反之亦然。

9.3 触 变 剂

触变剂对釉浆具有特殊的触变效应，即当釉浆中加入触变剂后，在高剪切应力下釉浆达到较低黏度，而在低剪切应力下釉浆则具有较高黏度，以便能很好地控制釉浆流变性及屈服点。加入触变剂后施釉能快速干燥并防止釉面缺陷，提高釉面质量。触变剂通常用于卫生陶瓷机械手施釉及建筑陶瓷竖直施釉产品的釉浆，引入触变剂后可防止产品釉面由于重力作用产生釉滴、条纹或凹凸不平。触变剂除使釉浆具有触变性外，往往还具有悬浮稳定黏结、分散等作用。目前使用的釉用触变剂见表 9-3。

表 9-3 釉用触变剂

名称	作用
PEPTAPON5	触变、悬浮稳定、延长保水性
PEPTAPON9	悬浮、稳定、黏结
PEPTAPON58	悬浮、稳定、黏结

9.4 消泡剂

含有添加剂或有机物的釉浆，在机械力引力的作用下，会导致釉浆产生大量气泡，这些气泡易引起釉面缺陷。这种情况需向釉浆中加入消泡剂，以除去气泡。消泡剂主要有四大类型，见表9-4。

表9-4 釉用消泡剂

类型	消泡剂
低级醇类	甲醇、乙醇、异丙醇、仲丁醇、正丁醇等
有机极性化合物类	戊醇、二丁基卡必醇、磷酸三丁酯、油酸、金属皂、聚丙二醇等
矿物油类	矿物油的表面活性剂配合物、矿物油和脂肪酸金属盐的表面活性剂配合物
有机硅树脂类	有机硅树脂类、有机硅树脂表面活性剂配合物、有机硅树脂的无机粉末配合物

9.5 防腐剂

釉浆中某些添加剂，如羧甲基纤维素、糊精等有机物，在釉浆存放过程中可能发酵或腐烂变质，尤其在夏天更为严重，从而导致釉浆性能受到破坏而影响使用，加入防腐剂后这个问题可得到解决。传统防腐剂往往毒性较大，近几年出现一些无毒或毒性小且防腐效果好的防腐剂，如 NOVAL K23（酰胺化合物或杂环化合物，进口）、对羟基苯甲酸酯类、低级脂肪酸、单甘油酯。

9.6 黏合剂

为了提高釉料的附着能力，提高釉层强度，改善坯釉结合，防止釉层脱落，通常需向釉浆中加入添加剂。釉用黏合剂见表9-5。

表9-5 釉用黏合剂

传统黏合剂	新型黏合剂
高岭土	纤维素衍生物（如 CMC、MC 等）
膨润土	改性生物多糖
淀粉、糊精	聚乙烯醇
天然橡胶	丙烯树脂溶液
天然多糖	水溶性有机聚合物
木质素磺酸盐	海藻酸钠
黄蓍胶	醋酸乙烯
阿拉伯橡胶	丙烯酸乙酸酯

在众多黏合剂中，高纯纤维素衍生物起着重要作用，且应用最广泛，包括多种类型纤维素。使用该类黏合剂，球磨时间不宜过长，否则会使釉浆黏度降低、黏合性下降。另外，当

使用该类黏合剂时，需同时引入防腐剂。若釉浆中含有+2价或+3价金属离子时，最好不用羧甲基纤维素，否则易引起釉浆絮凝并降低黏合作用。需要指出的是，纤维素衍生物中的不同品种，甚至同品种不同产地，其性能差异较大，在实际应用中用户应由试验来选定。

第 10 章 陶 瓷 装 饰

10.1 陶瓷装饰方法概述

陶瓷产品的装饰方法很多，各具工艺特点和艺术风格。按制品装饰部位来分，有釉上装饰、釉下装饰、釉中装饰、釉层装饰、坯体装饰和综合装饰六大类。各类装饰方法和适用范围列于表 10-1。

表 10-1 陶瓷常用装饰方法及适用范围

类别	序号	装饰方法	使用产品								
			釉面内墙砖	彩釉墙地砖	瓷质砖	锦砖	劈离砖	瓦类	卫生洁具	日用瓷	艺术瓷
釉上装饰	1	手工彩绘	√						√	√	√
	2	贴花	√						√	√	√
	3	喷花							√	√	√
	4	印花	√	√	√					√	√
	5	热喷涂	√		√						
	6	彩色镀膜	√								√
釉下装饰	7	手工彩绘								√	√
	8	印花								√	√
	9	贴花								√	√
釉中装饰	10	丝网印花	√	√							
	11	喷彩	√	√					√	√	√
	12	贴花	√						√	√	√
釉层装饰	13	颜色釉	√	√	√		√		√	√	√
	14	艺术釉	√	√	√		√		√	√	√
	15	干式釉	√								√
	16	搅釉		√					√		√
坯体装饰	17	色坯			√	√	√		√	√	√
	18	色粒坯			√	√					
	19	绞胎			√					√	√
	20	渗花			√						
	21	压花（辊花）模印花			√		√	√		√	√
	22	浮雕									√
	23	拼花			√	√					

续表

类别	序号	装饰方法	釉面内墙砖	彩釉墙地砖	瓷质砖	锦砖	劈离砖	瓦类	卫生洁具	日用瓷	艺术瓷
坯体装饰	24	化妆土					√	√		√	√
	25	气氛变色			√	√					√
	26	镶填花			√						
	27	沥粉		√							√
	28	抛光、磨光			√						√
综合装饰	29	色釉加各类彩饰	√	√	√	√			√	√	√
	30	釉上加釉下彩饰	√							√	√
	31	色坯加彩饰	√		√					√	√
	32	坯体装饰加色釉	√			√				√	√
	33	印花加印釉浮雕	√								√

10.2 釉上装饰

10.2.1 釉上彩概述

釉上装饰是指利用低温釉上彩料,在釉烧制品的表面通过各种装饰技法进行装饰,再在烤花窑或梭式窑中于 600~850℃ 烤烧的一种装饰方法。此方法主要用于日用陶瓷、建筑陶瓷和卫生陶瓷产品装饰。

釉上装饰由于烤烧温度低,彩料发色稳定,不会因烤烧而挥发(或反应)变色。所以,其色彩品种丰富,色调比较鲜艳,色阶比较宽。但彩料与釉面结合的牢固性不好,易机械磨损,易受酸碱腐蚀,不如釉下和釉中装饰经久耐用。特别是应用于日用陶瓷碟、盘、碗等装饰中时,更应严格控制釉上彩料中有害物质如铅、镉等的溶出量,以确保人体健康。

1. 日用陶瓷釉上装饰

日用陶瓷的釉上装饰技法较多,如粉彩、新彩、贴花、喷花和金饰、电光彩及综合装饰等。下面扼要介绍几种具体装饰方法:

① 粉彩

粉彩是从五彩(古彩)的基础上发展而来的,是景德镇陶瓷传统彩绘技术之一。清代康熙年间,采用了玻璃白一类不透明的粉彩色料,使画面有一种"彩之有粉,粉润清逸"的感觉,故称之为"粉彩"。后经发展,形成了自身的特点和风格。其特点是颜色明亮,粉润柔和,色彩丰富,绚丽雅致,绘画工笔,写意俱全。形象生动逼真,并富有国画风格。粉彩装饰品种繁多,陈设瓷和日用陶瓷均可适用。粉彩装饰步骤与古彩相同,烧成温度比古彩略低,大致为 780~830℃,在烤花窑中烧成。

② 新彩

新彩旧称洋彩,在陶瓷生产中习惯称为新彩,是受外来影响而发展起来的一种装饰。新彩在操作上较古彩、粉彩简便，颜色烧成前后色相变化不大，容易掌握，且成本低、生产效率高，在日用陶瓷的装饰上极为普遍。

新彩的色彩丰富明快，表现力强，技法上吸收了我国传统的工笔及写意画法，适当强调明暗，人物、山水、花草等内容均能表现。新彩可仿各种画种，如油画、水彩画以及版面、剪纸之类的风格，也可与装饰方法结合运用。新彩也用于高级美术陶瓷的装饰。

新彩的装饰步骤：瓷坯→画面设计→描绘（敷色）→烤烧。

新彩的烤烧温度一般为780～830℃。

③ 贴花

贴花是根据各种器型设计出来的纹样，用陶瓷色彩印刷成花纸，再转印于陶瓷器上，作为装饰的一种方法。贴花是釉上装饰方法中应用最广泛的一种，具有成本低、生产效率高、花面刻画细致、色彩丰富等优点。贴花用的贴花纸是专业工厂生产的、带有着色图案的花纸，规格统一，操作简单，便于大批量生产。

釉上贴花纸按其工艺制作可分为平印胶水贴花纸、平印薄膜贴花纸、丝印薄膜贴花纸、平印结合薄膜贴花纸等。

釉上薄膜贴花纸贴花工艺流程：

瓷坯
剪花纸 } → 贴花（包括贴商标）→ 烤烧

2. 建筑陶瓷釉上装饰

近些年，在建筑陶瓷生产中，釉上装饰发生了巨大变化，由平板印刷→辊筒印刷→喷墨印刷。喷墨打印技术是瓷砖生产中的一种先进装饰技术，被称为陶瓷印刷的第三次革命。核心原理是喷墨打印采用数码控制喷头，将陶瓷墨水以微滴形式精准喷射到砖坯表面，实现"凌空印刷"（与砖面无接触）。它改变了传统的接触式压力印刷，实现了与砖面不接触的"凌空印刷"。这种技术使瓷砖生产从"复印机"向"打印机"转变，使小批量、个性化生产成为可能。

喷墨打印技术工艺流程包括清洁、喷涂层、打印、烘烤四个核心环节。其中涂层处理环节需喷涂光油（配比为光油∶固化剂∶稀释剂＝2∶1∶1），过滤后静置10～20min流平。

喷墨打印机关键组件为喷头与墨水。喷头主流型号为英国赛尔（XAAR 1001/1002）、日本精工，支持8～12色通道。墨水要求色料粒径需小于$1\mu m$，高温发色稳定（耐受1200℃）。

喷墨打印技术具有几个显著特点：

(1) 数码喷墨印花机：为第三代印刷技术，前两类为接触式印刷，喷墨印花为非接触印刷（1～50mm）。

(2) 印刷过程：坯体→底釉（化妆土）→喷墨印刷→保护釉（发色或功能釉）。

(3) 印刷油墨：喷墨印油（载体）＋无机色料（或功能釉料）。色料墨水：无机色料＋印刷油墨构成的墨水。功能墨水：功能原料（下陷、亮光、哑光、胶水、剥釉墨水）＋印刷油墨构成的墨水。

(4) 生产方式：由原来的分版印刷叠色变为单机多通道输出颜色。

(5) 生产条件：进入喷墨印花机的打印温度不超过50℃，其他与传统生产条件无差异。

(6) 喷墨印刷机的延展：水性喷釉，替代传统上釉方式，可以实现凹凸面打印，这种印刷属于陶瓷工艺的再次革新。

10.2.2 釉上彩料

釉上彩料由色基、熔剂、调节剂三部分组成。熔剂的组成对于色调的变化影响很大。熔剂的制备是将装入坩埚的熔剂组成放在各种加热炉中熔成流体，倾入水中急剧冷却而得，也有装入匣钵中用窑煅烧的，粗碎后用干式或湿式磨细，或加入酒精磨细。着色剂为各种金属氧化物或盐类。因为烧成的温度很低，所以彩料的种类繁多，色彩丰富。釉下彩酌加熔剂就可制成釉上彩，呈相同或类似的彩色。有很多色彩，高温釉下彩不可得到，而对于釉上彩可得到。一般彩烧温度为 650～850℃。釉上彩的颜色种类很多，呈色稳定，色彩鲜艳、光亮，是类似色料不能比的。该彩料可广泛用于贴花、喷花、印花、手工彩绘等方面。

10.2.3 釉上彩料组成及配方实例

前面已说过釉上彩料是由色基、熔剂、调节剂三部分制成。

釉上彩使用的色基是由着色金属氧化物或盐类与石英、氧化铅、硼砂等相互混合经高温煅烧制成。常用的色基见表 10-2。

表 10-2 釉上彩用色基

名称	配方/%	煅烧温度/℃
深赤	硫化亚铁 66.7，硫酸锌 33.3	750～800
镉硒红	碳酸镉 73.8，硒 9.6，硫黄 16.6	650～680
橙红	碳酸镉 78，硒 7，硫黄 5	550～570
暗绿	氧化铬 100	1100～1200
深蓝绿	硫酸钴 47.93，重铬酸钾 50.45，氧化铅 1.62	1100～1200
草青	氧化锌 3.33，硝酸铅 5，氧化铬 62.5，氧化钴 29.17	1100～1200
深蓝	石英 27，硼酸 1.0，氧化锌 43，氧化钴 27，氧化铝 2	1150～1200
中蓝	硼酸 1.96，氧化铬 44.64，氧化锌 8.92，氧化硒 5.88，氧化钴 21.75，氧化铅 16.85	1150～1200
浅蓝	氧化铝 70，氧化钴 30	1300～1320
海碧	氧化锌 7.03，氧化铝 66.93，氧化钴 26.07	1220～1300
天青	氧化锌 2.44，氧化铅 63.42，氧化钴 34.14	1100～1150
深黄	铅丹 38.4，氧化铝 0.98，氧化锑 24.68，氧化锌 15.9，硝酸钾 1.47，氧化锡 0.15，硝酸铅 18.42	950～1000
小豆茶	硫酸亚铁 66.7，硫酸锌 33.3	850～900
代赭	硫酸亚铁 20，硫酸锌 20，硝酸钾 60	700～750
深黑	氧化铁 9，氧化钴 44，氧化锰 28，氧化铬 19	1100～1150
艳黑	氧化钴 7.15，氧化锰 15.65，氧化铬 7.6，氢氧化铁 69.6	1000～1050
灰色	氧化锡 95，氧化锑 5	1300

熔剂俗称开光剂，是彩料与釉面的结合剂。釉上彩使用熔剂的熔化温度较低。新彩用的熔剂是一种无色的以铅、硼、硅为主要成分的较易熔融的玻璃体。粉彩使用的熔剂是含钾、硅酸铅而不含硼的易熔玻璃体。熔剂的组成与色基的发色有密切关系，既要考虑熔融温度满足650～850℃的基准，又要考虑对发色的影响。常用熔剂见表10-3～表10-5。

表10-3 常用熔剂

编号	原料/%										熔化温度/℃
	铅丹	硼砂	硼酸	石英	氧化锌	长石	碳酸钙	氧化铁	氧化锑	硝酸钾	
1	58.6		22.8	12.1	4.1			1.2	1.2		900～1000
2	27.7	13.9	9	17.1	2	27.9	2.4				900～1000
3	61.8		29.1	9.2							1000～1050
4	66.8		27.6	5.6							900～1000
5	70.0		25.0	5							800～900
6	56.2		22.4	15.3						6.1	800～900
7	50		36	14							800～900
8	60	20		20							800～900
9	60.5		23.4	12.4	3.7						900～1000
10	70		10	20							900～1000

表10-4 粉彩用熔剂

编号	原料/%				备注
	青铅	石英	硝酸钾	窗玻璃	
1	49.19	37	12	1.7	1250℃煅烧
2	52.6	39.2	7.9		700～1000℃熔化
3	51.3	41.0	7.7		700～1000℃熔化

表10-5 新彩（洋彩）用熔剂

原料种类	使用情形
氧化铅	常用
硼酸、硼砂、碳酸钾、碳酸钠、石英等	一般用
碱土类	很少使用
氧化铝	极少使用

调节剂是在釉上彩料的制作中，除了色基、熔剂外，为调整其色调和温度又外加的化合物及物质。

[实例]

深赤：色基按表10-2配方称取后，一起混合均匀，经750～800℃煅烧，再磨细、粉碎后备用。

熔剂按表10-3中的1号配方称取后，混合均匀，过35目筛，再经900～1000℃熔化、水淬、磨细、粉碎备用。

成品：称取色基10.35%、熔剂86.2%、氧化铝3.45%，一起球磨磨细、烘干、粉碎备用。

10.3　釉下装饰

10.3.1　釉下装饰概述

釉下彩是我国陶瓷的传统装饰方法之一，是在素烧坯或未烧的坯体上进行彩绘，然后施上一层透明釉，进行烧成。釉下彩绘的画面光亮柔和，不变色，耐腐蚀，耐磨损。高温瓷器釉下彩绘因画面与色调不如釉上彩丰富多彩以及不易机械化等原因而未被广泛使用，多用于花瓶、挂盘等艺术瓷装饰。现在低温精陶类釉下彩绘发展很快。釉下彩装饰方法创始于唐代长沙窑，宋代磁州窑继承了这个传统，元代以后景德镇予以发展。常见的釉下彩有青花、釉里红、釉下五彩、青花玲珑、青花釉里红。其要求彩料必须在釉烧时不和釉发生反应，同时不得流动或使花纹模糊，其呈色通过透明釉充分显露出来，故称为釉下彩。

釉下彩的装饰特点是鲜艳、美观、牢固，釉面光滑，耐磨性强、耐酸碱性好，画面没有重金属的溶出，在日用陶瓷装饰中尤为多用。它在建筑卫生陶瓷方面主要用于釉面砖、彩釉瓷质砖的丝网印及卫生洁具的商标装饰等。

1. 青花釉下彩

青花釉下彩陶瓷在国际上享有很高声誉。一般釉下彩都用墨汁或黑色彩料画线条，用彩料与水的混合物填色。墨汁烧尽后，图案便成为白色或黑色轮廓，用淡色青料填色，画面全由深浅蓝色组成。青花用的颜料是一种含钴的矿物，它主要是含锰钴的氧化物，以云南所产的珠明料为最好，目前也有用工业氧化钴来配制青花料。早期青花产品是还原气氛烧成，烧成温度为1280~1350℃。温度过高不但会使产品发生过烧，而且氧化钴在高温下挥发使青花颜色趋于灰黑色。青花虽是单色的釉下彩饰，但由于采用多种绘制技法，使画面的浓淡、深浅、粗细、大小适当，因而艺术效果极佳。

2. 釉里红釉下彩

釉里红釉下彩是景德镇的传统装饰之一。它是用铜作着色剂的色料在坯体上描绘各种纹样，然后施透明釉经高温还原气氛烧成，在釉里透出红色的纹样，故称"釉里红"。因其呈色条件复杂，故其产品极为名贵。从元代开始将青花与釉里红两种釉下装饰方法同时用于一件器皿上，创造出青花釉里红。这类产品既具有青花的雅致沉静，又增添釉里红的明丽浑厚，十分名贵。由于两种着色物质性质不同，对烧成的要求也有差异，要使同一器皿上红、蓝二色都能色泽鲜美，其技术难度是十分高的。

3. 釉下五彩

釉下五彩又称为窑彩。它不像青花那样是单一色彩，而是多种色彩，故称为五彩。根据生产的条件和实际需要，釉下五彩可在素烧的无釉坯体或生坯上彩绘，也可在素烧的或未烧的釉坯上加彩。在素烧的无釉坯体上彩绘后，通常再经低温素烧，以排除画面上的墨线及调色的有机物便于上釉，最后施透明釉后高温烧成。

4. 低温精陶釉下彩

低温精陶釉下彩是近三十几年才发展起来的，现技术已成熟，烧成温度为1050～1150℃。由于烧成温度低，适应于绝大部分陶瓷颜料烧成，使低温精陶釉下彩产品花色品种很丰富，多用于玩具、西洋工艺品、花盆等低温精陶类产品装饰。

10.3.2 釉下彩料

釉下彩料可分为两类，即液体彩料和固体彩料。

1. 液体彩料

液体彩料是金属盐类，如钴、铁和锰等的氧化物，硝酸盐，醋酸盐，草酸盐溶解于液体中而成。液体彩料呈色高雅，虽然着色能力较弱，但适合于绘制不显明暗色和色彩差别的装饰。施的彩料无论多厚，总是一种色调。彩料在软质多孔的坯体上容易展开。釉的性质和它的烧成温度对呈色和色彩都有很大影响，利用可溶性盐类最重要的优点是经济和能有效地利用微量的着色剂。现介绍几种标准液体彩料的制备方法。

（1）钴蓝

取醋酸钴100g溶于700mL甘油中，仔细加热使之浓稠，最后再加甘油使其达到原来的体积。

（2）铬绿

取铬矾300g溶于水中，加入700mL甘油，加热煮浓至300mL，再加甘油使总体积为700mL。

（3）褐色

取硝酸铀10g溶于20mL甘油中。

（4）玫瑰红

胶状金粉（含金10％）与适量的甘油混合调制。

几种常用液体彩料调配成分见表10-6。

表10-6 几种常用液体彩料的配方

配方	颜色									
	灰黄	藏青	鲜青	暗青	绿青	暗绿	黄色	褐色	灰色	桃色
水	100	100	100	100	100	100	100	100	100	100
甘油	50	50	50	100	100		100	100	100	50
硝酸铜		30			50					
硝酸钴			40	40						
硝酸铀							100			
铬酸						80				
氯化铁								100		
硝酸镍									120	
氯化金										40
氯化铂	40									

2. 固体彩料

固体彩料是一种不溶解的釉下彩料。它是由各种着色金属氧化物与氧化铝、高岭土或石英等硅酸盐原料配制而成。由于釉下彩要适应高温烧成，所以，釉下彩料用的色料（色基）要求在高温下具有较好的稳定性。常用的固体彩料主要为尖晶石彩料，见表10-7。

表 10-7 固体彩料常用的尖晶石颜料

盐类	彩料	温度/℃	烧成火焰	烧成色
铬盐	MgO，Cr_2O_3	1000	氧化	污绿色
	ZnO	1000	氧化	绿褐
	MnO	1100	还原	绿灰
	NiO	1000	氧化	苔绿
	CoO	1000	还原	青绿
	Cu_2O	1100	还原	黑色
	FeO	760	还原	褐色
	CdO	1100	还原	淡绿
铝盐	MgO，Al_2O_3	1100	氧化	白色
	ZnO	1000	氧化	白色
	MnO	1300	还原	褐色
	NiO	1000	氧化	天青色
	CoO	1000	还原	天青色
	FeO	1000	还原	赭色
铁盐	MgO，Fe_2O_3	1100	氧化	印度赤
	ZnO	1000	氧化	砖色
	MnO	1000	氧化	青灰
	NiO	1000	氧化	微赤黑
	CoO	1000	氧化	青黑
	CuO	1100	氧化	青灰
	CdO	1000	氧化	赤褐
	FeO	800	还原	黑色
钴盐	CoO，Co_2O_3	800	氧化	灰黑

10.4 釉中装饰

釉中彩又名高温快烧颜料，是20世纪70年代发展起来的一种新的装饰材料和方法。釉中彩料的装饰方法与贴花釉上彩绘近似，是装饰在带釉的瓷面上。关键是采用"一高二快"的升温方法，即在1~1.5h达到釉的熔融温度1100~1250℃，使色料渗入到釉层中，而又不被釉所溶解或少量溶解，随后立即快速降温，使釉面封闭，画面颜色渗入釉层中，呈现出近似釉下的效果，故名釉中彩。这种陶瓷颜料的熔剂成分不含铅，是在陶瓷釉面上进行彩绘后，在1060~1250℃温度下快速烤烧而成。在高温快烧的条件下，制品釉面软化熔融，使陶瓷颜料渗透到釉层内部，冷却后釉面封闭，颜料便自然地沉在釉中，具有釉中彩的实际效果。这种装饰方法不仅降低了釉对彩料的侵蚀，而且还不受产品烧成气氛等的影响，故彩料的品种增多，克服了釉下彩因彩料品种不多，画面与色调不如釉上彩丰富的局限性。另外，釉中彩有釉面的保护，提高了画面的耐酸碱性和耐磨性能。它兼有釉上、釉下装饰的优点，所用颜料和新彩相似，但相互之间不能任意覆盖。釉中彩的装饰方法除了彩绘外，还有贴花、丝网印花和喷花等。贴花是采用高温花纸贴在釉面上，一次高温釉烧即可。丝网印花是将釉中彩调和成丝网印花彩料，通过丝网将图案纹样印在坯体釉面上的一种方法。

釉中彩具有独特的风格，它有釉上彩和釉下彩的特点，色彩丰富，呈色稳定，工艺简便，彩烧时间短，由于不用铅，解决了铅、镉等有毒重金属溶出问题，提高了制品抗腐蚀和耐磨性能。目前，印花彩料的开发、丝网的版网制备技术、印花机械的性能都日趋完善，这有利于釉中彩的开发使用。另外，也可通过喷花的技术，直接将釉中彩喷在生坯釉面上再进行釉烧。还可以通过模板套喷使图案层次清晰，达到更佳的艺术效果。

第 11 章 釉面缺陷及解决措施

在陶瓷生产过程中，陶瓷制品缺陷名目繁多，同种工艺因素可能导致不同的缺陷，同种缺陷也可能由完全不同的几种工艺因素引起。因此正确而全面地分析缺陷产生的原因并找出解决的办法有时较为困难。在这种情况下，必须从多方面深入调查研究，尤其要仔细地观察缺陷形态、分布规律，通过工艺试验确定缺陷与设备功能、工艺控制条件之间的关系，从中查明产生原因，找出关键环节，采取相应措施。陶瓷制品缺陷主要分为两种：一种是坯体缺陷，另一种是釉面缺陷。本章主要介绍釉面缺陷。

11.1 日用陶瓷釉面缺陷及解决措施

11.1.1 斑点

斑点是指制品表面呈现的有色污点，又称为铁点、黑点。斑点分为两种情况，一种是坯体中带来的斑点，另一种是釉面斑点。坯体斑点在釉层下面，釉面斑点在制品表面。这里主要讨论釉面斑点。斑点主要来自铁、钛、碳、锰等杂质的影响。

1. 釉料自身因素及釉料制备方面

① 原料含有过多的有害杂质，如黑云母、钛铁矿、硫化铁、氧化铁、锰化合物等，且在釉料制备过程中未进行充分磨细、过筛、磁选而除去。

② 釉料精制、加工、运输过程中，设备磨损或生锈，有金属铁和铁锈混入釉料中。

2. 厂区环境卫生方面

环境卫生不好，有飘尘污染，釉料存放过久，且未清除干净灰尘即入窑烧成。

3. 使用窑具方面

使用含铁杂质较多的匣钵、垫饼等窑具。铁点在烧成过程中爆裂，排在制品表面形成斑点。

4. 烧成控制方面

在烧成中的氧化期温度偏低，氧化时间过短，窑内通风不良，因低温沉碳以及有机杂质分解出来的碳素未烧尽而封闭在里面形成阴黑斑。还原气氛过浓，还原期及高火保温时间过长，游离碳素沉积在釉中形成阴黑斑。并且斑点数量增多，直径比较大。

11.1.2 熔洞

熔洞是指易熔物在烧成过程中产生的孔洞，产生的原因有两个：
（1）釉料制备过程中，过筛次数少，筛网目数低，跑筛或漏筛。
（2）厂区及车间卫生管理不好，有杂质混入釉中。

11.1.3 落渣

落渣是指制品釉面粘有渣粒，产生的原因有以下两种：

(1) 棚板品质低劣，热稳定性差，耐火度与高温荷重软化温度低；棚板有粗砂剥落掉入制品。

(2) 装坯、装窑操作不规范，诸如入窑坯上粘有的灰尘、泥屑、釉渣等未清除干净；未定期清扫棚板，推窑车入窑时振动过大，使窑具上的砂粒落在坯体上；操作者手上粘有灰粒等。

11.1.4 粘疤与底沿粘渣

粘疤是指烧成时坯体与外物粘接形成的残缺。底沿粘渣则是指制品底足边缘粘有细小渣粒，产生粘疤的原因如下：

(1) 装窑不端正、不平衡，使坯体间隔的均衡性发生变化；坯件产生位移，以致损坏釉面或坯体。

(2) 彩烤时，产品之间不留间隔，摆放过密，烤花温度过高，使制品釉面熔化而相互粘连。

(3) 入窑坯件严重变形；坯体耐火度低；器皿的底与底足造型不当；施釉过厚，釉高温黏度过低，烧成温度过高而造成流釉；垫饼耐火度低或有易熔物；垫饼涂料太薄或不均匀，烧成后容易使制品底足粘在垫饼上。

(4) 烧粉的品质不好；烧粉铺得过厚或不均匀、局部形成堆积，造成制品底沿粘渣。

11.1.5 釉泡

釉泡指表面的小泡，是釉层中包裹气体。产生釉泡的主要原因如下：

(1) 釉料中的高温分解物（氧化铁、硫酸盐等）含量高，釉料始熔温度偏低，玻化过早；釉熔体黏度太高或表面张力过大，对釉层内气体逸散起阻滞作用。

(2) 釉浆过细、过稠；存放过久，有机物腐烂发酵；杂质混入。

(3) 施釉时坯体过干、过热，不但使釉料未能被坯体均匀吸收，同时还易封闭住气孔，使釉中水蒸气无法外逸而形成釉泡；釉浆搅拌不均匀，颗粒沉淀，表面水分多；湿坯施釉；两次施釉之间的时间相隔太久；釉存放时间过长等。

(4) 素烧温度低；坯体入窑水分过高，窑内水蒸气过多；氧化不足或还原过早，使分解产物和沉积的碳素在釉玻化之前未能全部分解逸出，窝藏在釉层中；还原阶段，还原气氛过浓，还原时间过长，造成碳素沉积，在釉熔化后碳素继续燃烧，所生成的气体被釉液包裹，遂成釉泡。因碳素氧化引起的釉泡，一般泡小且多，断面呈灰色，泡易被磨破沾污成黑色小点，同时制品还伴有烟熏缺陷。

(5) 烧成温度偏低，釉的高温黏度大或釉层过厚，气泡不易排除而滞留在釉层中；烧成温度过高，溶解在釉中的气体又被放出形成新的气泡。

(6) 因坯体内可溶性盐类在干燥过程中随水分扩散蒸发，而聚集在坯体的口部边沿或棱角处，降低了这些部位的软化温度；在烧成过程中，这些部位的受热面积较大，较早地玻化、气体不易逸出而形成一连串小釉泡，俗称"水泡边"。

11.1.6 针孔与橘釉

针孔是指制品釉面呈现的小孔，又称棕眼、猪毛孔。针孔是陶瓷制品最常见、最重要的缺陷之一。在烧成过程中，坯、釉料中的有机物、碳素、碳酸盐、硫酸盐等分解放出的气体在釉熔融之前未能充分排出，气泡上升到表面破裂，加上釉的高温熔融状态不良，留下的凹坑不能封闭而形成针孔缺陷。在陶瓷生产全过程中均有导致发生针孔的可能性。从物理方面看，针孔与釉的细度、混合状态、黏度、表面张力等均有关系。

若釉面呈密集针孔群，使釉面缺乏光泽，外观呈橘子皮状，则称为橘釉。造成橘釉的原因与针孔相似，但程度上更为严重。

（1）釉料始熔温度低，高温黏度大，流动性小，熔融釉不能均匀布满坯体表面；釉面张力过小，使釉面小气泡破裂时所形成的针孔难以弥合。

（2）釉料颗粒过粗；存放时间过长，釉浆中有机物腐烂发酵；釉浆过浓或过稀，水分不均匀。

（3）施釉时，坯体过干、过热，水分不均匀；第一次施釉与第二次施釉之间的间隔时间过长；坯体较疏松且施釉前坯体太湿；施釉过薄，素烧坯气孔率过高，施釉过薄，釉被坯体所吸收。

（4）坯体入窑水分过高；釉熔融温度过高而烧成温度低，升温过急，高温保温时间短，釉熔化不良，逸出气体的痕迹未被釉液填充。

（5）窑内通风不良，水蒸气过多；还原气氛过浓，还原时间过长，游离碳素沉积在釉面上，燃烧后残留针孔。

（6）烧成温度过高，釉升温过快，釉面发生"沸腾"形成橘釉。

11.1.7 釉缕

釉缕是指釉熔化后流聚成的缕状物，产生的原因如下：

（1）坯体造型与修整不良，施釉时多余的釉浆得不到均匀流淌。

（2）釉料高温黏度过低，釉发生过熔；烧成温度低，釉熔融状态不好。

（3）釉浆密度与施釉操作不当。比如荡内釉时，釉浆黏性大，余釉不容易均匀地排除；倒余釉操作不当，余釉未均匀地倒出又未倒干净，多余的釉浆由坯体口缘返回，流过已施釉表面形成条状堆积；浸釉操作不当，从釉浆中提出坯件时倾斜度不当；釉浆黏度过小，施釉后釉浆向下流淌呈条带状堆积在坯体某一部位；施釉不均，釉层局部过厚。

11.1.8 缺釉

缺釉是指制品表面脱釉，包括压釉和滚（缩）釉。

1. 压釉

压釉即坯体接头凹下处细条状缺釉，产生的原因如下。

① 粘接泥配方不当，其耐火度过高；施外釉之前，嘴、耳、把等附件与坯身的接头处已经开裂。

② 嘴、耳、把等附件与坯身的含水率不一致；附件与坯体接头处的形状不相吻合；粘接操作不当，接头处缺少粘接泥浆或接头周围粘接泥浆压喷不均匀，敷泥施加不均匀，均会使接头处产生较大的应力以致引起压釉。

③ 施釉前，坯体接头处的棱角部位未抹水或抹水不均匀；釉料过细；釉浆过稠；施釉后釉头未清除干净，造成局部积釉过厚。

④ 烧成温度过低，釉熔化不好。

2. 滚（缩）釉

滚（缩）釉即釉面边缘滚缩形成中间缺釉。

① 施釉前，未清除干净坯体上的坯粉、灰尘、油渍、落蜡等，使坯与化妆土、釉结合不良；素烧温度过高或过低；素烧坯表面过于光滑，或表面有下凹和凸起之处。

② 坯釉配方不相适应，润湿性能差，高温黏度和表面张力过大；釉料中 ZnO 未煅烧且用量大；釉的附着力差；坯釉膨胀系数相差过大；坯釉在干燥和烧成当中有较大收缩差，导致釉层开裂甚至剥离，减弱了坯釉结合性。

③ 釉料过细；釉浆过稠；施釉过厚；浸釉操作不当，釉浆未均匀布满坯体的全部，或局部积釉引起缩釉；施釉操作不慎，坯体受碰撞、摩擦、振动，造成釉层局部脱落。

④ 坯体入窑水分过高，烧成时窑内水蒸气太多使坯釉分离，釉层剥离处造成缺釉；大件坯体瓷化不均匀也会可能出现剥釉。

11.1.9 釉面擦伤

釉面擦伤是指制品釉面出现条痕和局部失光的现象，产生的原因如下：

（1）在生产过程中各工序对坯体处理不慎重，坯体伤痕未经修补即进入烧成工序。

（2）釉面硬度低，容易被擦伤。

（3）开窑时，制品之间未垫纸，在搬运成堆码制品时擦伤釉面。

（4）用砂纸擦拭制品上某些缺陷，或打磨制品边口、装坯针点等处时，不慎摩擦釉面造成伤痕。

11.1.10 生烧与过烧

制品未达到或超过烧成温度称为生烧或过烧。

生烧的制品往往发黄，吸水率偏高，釉面光泽度低并且粗糙，抗折强度降低，尺寸不符，敲击时声音不脆。

过烧的制品则会发生过烧变形，尺寸不符，抗折强度降低，釉面起泡或流釉。

造成生烧和过烧的原因有如下几种情况：

（1）原料品质波动幅度过大，釉料配方不当。

（2）燃料性质不稳定；烧成温度偏低或偏高；高温保温时间不足或过长；烧成气氛不合理。

（3）装窑密度分布不合理，局部过密或过稀；窑内温差太大，造成局部制品生烧或过烧。

（4）测温误差；棚板、窑车耐火材料的材质影响传热。

11.1.11 烟熏

烟熏是指制品局部或全部呈现灰黑、褐色现象，又称吸烟、串烟、吃烟。以煤烧明焰窑还原气氛烧成陶瓷制品时，烟熏缺陷较为常见。

（1）釉料中钙含量偏高，且釉层过厚容易产生烟熏；石灰釉较易烟熏，长石釉中方解石或石灰石用量过多时也易发生烟熏缺陷。

(2) 釉料始熔温度过低,高温黏度过大。
(3) 注浆料中掺兑过多的电解质水玻璃。
(4) 燃气品质差;窑内通风不良。
(5) 烧成中,氧化期与还原期安排不妥,氧化不充分或还原过早,使坯体内的碳素、有机物或低温沉碳未能烧尽就被釉层封闭;还原气氛过浓,还原结束过迟,烟气严重倒流,均能造成釉层内高温沉积碳素过多,使制品的釉面呈灰黑色。

11.1.12 阴黄

阴黄是指制品局部或全部发黄,造成阴黄的原因如下:

(1) 釉料中含铁、钛杂质多,且还原气氛太弱;窑内局部温度偏低还原不足;强还原阶段开始温度过高,升温过急,使釉面过早熔解,坯体过早烧结,气孔被封闭,还原气氛不能渗入坯内,坯体中的 Fe_2O_3 未能充分还原成 FeO 而呈黄色。

(2) 烧成中,高温阶段末期,气氛控制不当,或冷却初期未采取急冷,FeO 被重新氧化成 Fe_2O_3,从而使制品泛黄。

(3) 烧成温度过低,使制品生烧,色泽发黄。烧成温度过高,使制品过烧而呈暗黄色。

11.1.13 火刺

由火焰中飞灰造成制品的黄褐色粗糙面称为火刺。产生火刺的原因如下:

(1) 燃气挥发分含量高;火焰直接侵蚀制品。
(2) 在窑炉的喷火口处或火焰温度过高处,其制品边缘的局部釉面常会呈现粗糙的黄色或褐色。

11.1.14 色脏

制品表面呈现不应有的杂色现象,称为色脏。产生色脏的原因如下:

(1) 釉浆中混有某种显色物质,烧成后成为色脏。
(2) 贴花时使用了不清洁的橡皮刮;手上染有色料未及时洗净;贴花的粘贴液中混有脏物;施彩时操作者不慎将色料、水、电光水等喷涂到不应有的部位;用铜板制作的青花贴花纸粘有铜粒且混入釉中,烧成后釉面出现污点。
(3) 彩饰后立即将未烤烧的制品堆叠起来,花面相碰、摩擦损坏,互相染成色脏;或彩烤装炉,装窑时排列过密,花面相互碰粘,或有碎屑杂物落到制品上生成污点。

11.1.15 彩色不正

彩色不正是指制品同一花纹色彩浓淡不均匀的现象或由于欠火而产生不光亮的现象。彩色不正的原因如下:

(1) 颜料和花纸品质不好,存在色彩不均匀;贴花纸过期、受潮变质;贴花粘贴液含有杂质。

(2) 用铜板制作的花纸,因铜板已旧或印刷时压印不均匀,造成印刷的花纸彩色不均匀。

(3) 装饰时,手工描绘操作不严,调和颜色的水或油料混有杂质;喷彩或手工填色不均匀。

（4）颜色釉因配方、施釉不当或过烧流釉，使釉色不均匀。

（5）烤花窑结构上存在缺陷或局部破损，装窑量或装窑方式不当，窑内温差大，使烤花温度不均匀；彩烤时间过长或过短；彩烤温度过高或过低，造成显色不均匀。

（6）烤花窑使用的燃料含硫成分过多，颜料发生变化。

11.1.16 画面缺陷

画面缺陷是指画面残缺和色泽不正的现象。产生画面缺陷的原因如下：

（1）彩饰时操作大意，漏画、漏印、漏贴、剪破花纸或不慎将画面的一部分擦掉，使花面残缺。

（2）釉下手工彩绘时，釉的附着力不强；坯件过湿，连续进行接色或罩色；喷釉时压缩空气的压力大，喷釉器与坯体距离近或停留在局部的时间过长，均会产生颜色冲泡。勾墨线或印墨线配兑墨料时掺入过多的胶汁、乳香油，加之勾线或印线过厚，干燥过急，会造成线条剥离。颜料过细、茶汁过浓、坯体粘有灰尘则会引起混填颜色剥离。

（3）用釉下丝网花纸贴坯时，因色料、釉料调配不当，不适应气候变化；花纸保管不善，存放时间过长；灌水不到、涂水不够、压贴不紧、釉质疏松，均会引起画面残缺。

（4）釉下或釉上喷花时，铁皮模板预先未经加热或加热一次所喷的次数太多，颜色从模板流至坯体或制品的花面上而使画面模糊。

（5）釉上印花时，操作不当或皮印的花纹转折处刻制成死角会产生扁线、夹线或印线起水点。色料中的樟脑油过多或过少，油料的浓度不当会产生套色不均匀或扩散。印包上颜色过厚，皮印线条过粗，印线用力过大，会使印出的花纹线条过粗。

（6）用釉上薄膜贴花纸贴花时，粘贴剂中酒精与水的配比不当，没有根据季节、气候的变化与膜层的厚薄适当调整酒精与水的比例；粘贴操作马虎，粘贴完一批，未及时将花纸刮平，包裹空气，使粘贴后花面呈现气泡、麻点、皱纹、纹样残缺；薄膜花纸保管不当，存放期过长，薄膜自然老化不好粘贴。

（7）金边、金线画得太薄或厚薄不均匀，镶金后的制品上金水未干而擦伤金饰。

（8）施彩后，在装箱、重叠、堆码、搬运、装窑或满炉时，摆放过紧，制品互相碰撞或接触其他物体，使画面缺损。

（9）彩烤时，使用含硫多的燃料、升温过急、彩烤温度过高或过低、釉下彩的釉烧温度与气氛，对呈色和图案的清晰度均有影响。

11.1.17 饰金缺陷

1. 金色不亮

金色不亮是指装饰金的制品出现金属膜层不亮的现象，又称为朦金。金色不亮的原因如下：

① 窑内潮湿，新烤花窑未经烘窑立即进制品彩烧；燃料含硫过多，烤花窑漏烟；烧成时窑内气氛不良，如有大量水蒸气、煤气、煤烟、油烟或花纸薄膜与印刷油烟滞留在窑内，在金油熔化还未挥发之前，可能吸附不良物质。

② 温度曲线制订不合理，隧道烤花预热带负压操作，冷空气从窑的不严密处漏入预热

带，使预热带温度偏低，当饰金制品进入高温彩烧时，加热速度急剧上升，油脂突然气化，引起膜的破裂，且有被燃烧产物污染的气体重新渗入金属膜内，造成金属膜光泽减弱。

2. 金色发蓝

金色发蓝是指饰金的制品金的黄亮度减弱，呈现深紫蓝色，又称为蓝金。分析原因如下：

① 饰金过程中，掺加稀释剂过多，冲淡了金液，金水浓度偏稀。

② 饰金过薄，金层未达到它应有的厚度。

③ 烤烧温度过高，促使一部分金属挥发，从而使金膜发蓝。

3. 金色发暗

金色发暗是指亮金水装饰的制品发暗，不光亮，呈古铜色。分析原因如下：

① 金水存放期太长，金水产生沉淀，在镶金时把沉淀物镶于釉面，由于沉淀物多是难熔金属或灰尘之类的杂质，所以使金膜呈色发暗，发古铜色。

② 金水不够稳定，在进厂之前金水过早地产生了沉淀，开瓶前把沉淀物摇起来和金水混用，易产生金膜呈色发暗的现象。

4. 冲金

冲金是指制品的金线条或金边局部中断，出现断金缺陷或金线长毛，成为不连贯的珠状，又叫断金、飞金、金线长毛。分析原因如下：

① 贴花粘贴溶液配制不当。

② 贴花、镶金后水分与金水未干，制品过早入窑烤烧；或装窑密度过大，制品之间未留一定的间隙，窑内废气难以排除；用圆形电烤花炉烤花时过早盖上顶盖，使气体和水蒸气排出不畅，形成水点停留在制品口部，将金线冲断或使金水流淌。

③ 隧道烤花窑的预热带未设排气孔或窑内通风不好，窑中的废气未能及时排出；或进车（进箱）速度过快，制品上残存的水汽和花纸颜料等的挥发物未得到充分排除。

④ 彩烤时，薄膜花纸在300℃左右开始分解，碳化放出刺激性臭气，这种气体遇到产品温度较低的部位又凝结成液体并能溶解金水，被溶解的部分呈空白，使金线或金边呈断续的珠状。

⑤ 烤烧时，在最初的加热阶段，如果从室温急剧升温到150～200℃，彩饰后残余的溶剂会猛烈汽化、沸腾，引起金膜冲动等缺陷。

5. 扎金

扎金是指饰金陶瓷制品金线条扎断、不清和金线、金边浓淡不均匀，又称为缺金。分析原因如下：

① 金线、金边画得太薄或金层厚薄不均匀；镶金后的制品上金水未干而擦伤金饰。

② 烤烧前，饰金制品在往返搬移时相互碰撞，接触其他物体或被手粘连，造成扎金。

③ 装窑（装箱）密度大，码放不整齐或由于振动过大，使制品相互碰撞引起扎金。

6. 附着力不强

饰金制品的金线条易擦掉，称为附着力不强。分析原因如下：

① 饰金制品烤烧温度过低，金膜与釉未结合牢固；或烤烧时间太短，使金膜在釉面上附着不牢。

② 金水掺加稀释剂太多，致使单位体积中能起附着作用的物质减少；金水制品本身含

铋量偏低，影响金膜本身的附着能力。

③ 器皿表面不清洁，有灰尘等未清除干净。

④ 烤烧后的饰金制品长期放在潮湿或有腐蚀性气体的地方受到腐蚀，影响其附着力。

11.2　建筑陶瓷釉面缺陷及解决措施

11.2.1　釉面波纹

（1）釉浆密度太大，施釉后釉层不均匀，呈波浪状。

（2）待施釉的坯体表面过热。

（3）甩釉时，甩釉盘转速过低；喷釉时，雾化压力低，导致釉点粗，生釉层表面高低不平。

（4）釉高温黏度大，润湿性与流动性差，釉不易展平。

（5）窑内温差大，釉料熔融温度范围较窄，烧成时欠火或过火。欠火时会产生大块鳞片状波纹，釉面光泽不良；过火时会产生细小鳞片状波纹，伴有大量小针孔，但釉面光泽较好。

（6）使用氧化气氛烧成的釉层，会影响釉面的平整度，釉料若在釉烧中出现较强的还原气氛，CO 嵌入釉层出现不平整。

11.2.2　釉面无光

（1）釉料配方不当。熔剂原料用量少，黏土引入量过多，釉的熔融温度过高；难熔物质较多或某些氧化物过多而在釉中析出细小晶体；釉用原料带入过多杂质等。

（2）熔块配方发生变化，熔块熔制温度偏低，夹有生料；熔块熔制温度过高，则会使某些物质挥发过多。

（3）球磨时，研磨体有过多的磨损物混入釉浆，使釉料配方发生变化；釉料细度不够；釉浆搅拌不充分；釉层过薄。

（4）釉烧温度过低，因生烧釉面无光；釉高温黏度低，且釉烧温度过高，因过烧釉面产生无光并伴有橘釉缺陷。

（5）当燃料中含硫量过高时，含硫烟气与釉熔体作用形成硫酸盐晶体，使釉面出现白斑或发朦。窑炉长期停用未经烘窑直接使用，或高火炉烧湿煤，制品易产生星斑。

（6）以氧化气氛烧成时，燃料不完全燃烧，冷却时烟气倒流，烟气会附着在将要凝固的釉层表面上，产生薄膜状无光。

（7）烧成时，高温急冷阶段降温速率不够快，在釉中产生析晶，出现朦釉现象。

11.2.3　缩釉

（1）釉对坯的润湿性差、高温黏度大、表面张力大。例如 ZnO、Al_2O_3 含量多的釉及锆乳浊釉容易缩釉。

（2）釉层干燥收缩大。例如釉料中生黏土用量多，ZnO 用量多且未经预烧，釉料过细、釉浆密度过小等，使釉层干燥收缩大。

（3）釉层对坯体的附着力差；坯体粘粉、积尘、有油污；素坯吸水率低，釉层过厚，施釉后釉层表面水分未全部被素坯吸收，就将砖坯叠放起来，釉层受压与坯体结合不良，烧成后易缩釉。

（4）釉坯贮存时间过长，可溶性盐类物质聚集到砖边或砖角部位形成硬壳，烧后缩釉。

（5）釉烧时，预热初始阶段升温过急，釉层产生裂纹，甚至与坯体部分脱离，在烧成的高温阶段产生缩釉。

11.2.4 釉泡与针孔

釉泡包括凸出釉面的开口气泡与闭口气泡。造成釉泡与针孔的主要根源均是来自釉层中的气泡。

（1）釉料中的高温分解物（碳酸盐、硫酸盐等）含量高；釉料始熔温度偏低，玻化过早；釉高温黏度大，气体排出困难。

（2）坯体中有机物分解或坯釉之间发生反应生成的气体，在釉熔融过程中排出。

（3）熔块熔融时化学分解不完全，釉烧时再行分解；熔块熔制时吸烟；熔块釉 pH 值太高。

（4）釉浆密度过大，釉浆中含有空气泡，施釉时集在釉层中的气体在釉始熔温度以前未完全排除；施釉时坯体过热；两次施釉之间的间隔时间过长。

（5）釉浆陈腐时间过长，贮存在温度较高的地方，碱类物质继续溶解改变釉的成分，有机物发酵产生气泡。

（6）釉坯入窑水分偏高；窑炉的抽力不够。

（7）采用氧化焰釉烧时，燃料不完全燃烧，出现还原气氛造成碳素沉积。

（8）釉烧时过烧，导致釉面"沸腾"起泡。

11.3 卫生陶瓷釉面缺陷及解决措施

11.3.1 釉泡

釉泡是指釉面可见的气泡，有破口泡和落泡两种。釉泡容易破口，破口易粘脏物与划伤皮肤。

（1）釉料含碳素、有机物、碳酸盐、硫酸盐等杂质多，坯体在烧成过程中气体排出量大；釉料始熔温度低，高温黏度大，气体排出困难。

（2）釉料中的可溶性盐类因干燥而聚集在坯体边缘与棱角部位，阻碍气体逸散。

（3）釉浆中含有空气泡；施釉前料浆搅拌不均匀；釉层过厚；烧成时氧化分解反应所放出的气体逸出釉面，冷却后在制品表面留下釉坑。

（4）喷釉操作不当；当釉层已达到一定厚度时突然中断喷釉，釉面水分吸入坯体，再继续喷釉时釉层就要起泡，操作工没有根据釉种而选用不同型号的喷枪；喷釉后的色釉坯件放置在高温或湿度大的场所。

（5）坯体入窑水分高，装窑密度大，烧成时间短，窑内上下温差大，通风不良等；烧成过程中碳素、有机物等氧化分解不充分，气体不能有效排出，被包裹在釉层之内，形成釉泡或冲破釉面而留下凹坑。

（6）烧成时，烧成温度过高，升温过急，气体急剧上升，强烈脱出而形成釉面"沸腾"现象，使釉层呈橘皮状"麻面"。

11.3.2 棕眼

在卫生陶瓷生产中，将针孔缺陷习惯称为棕眼。棕眼是指直径不大于 1.5mm 的无釉部分或釉面小孔。它对成品外观品质有很大影响。主要因原料、成形、施釉工序操作不当引起。

1. 原料及泥浆方面

① 原料拣选不细、洗料不净，有机物等杂质混入其中，致使泥浆发酵产生气泡。

② 出球磨机的泥浆在向储浆池输送过程中，因冲力大在浆池中产生气泡；储浆池的底部杂质多，又未定期清洗储浆池。

③ 泥浆陈腐期短。

④ 泥罐内的泥浆真空脱气达不到额定真空度；泥罐底部的泥浆真空脱气不彻底。

⑤ 向成形泥缸、泥罐送浆时，因管路设计不合理产生棕眼。例如管道超长，管道直角弯多，管道直径骤然变细等，泥浆在输送过程中受阻，同时压力高，冲击力大，使空气卷入泥浆中。

⑥ 管道呈网状，互相交叉，供浆和回浆时互相影响；供浆管道互相串联、高低不平、供浆时互相冲击。

⑦ 管道靠近地坑、暖气等热源，管道内过夜残存的泥浆遇热发酵。

⑧ 供浆时压缩空气压力偏高，在泥浆输送时卷入空气；一般而言，平面供浆压力大于 0.25MPa、高压供浆压力大于 0.4MPa 时易出棕眼。

⑨ 不使用管道压力注浆的泥缸，每天未进行有效搅拌。

2. 注浆及半成品加工方面

① 擦模力量过大，模型过湿，失去对泥浆的吸水能力。

② 注浆方法不对，例如注浆阀门开得过大，造成注浆过快、过猛，冲击力大；阀门因堵泥空隙小，使注浆压力增大，均容易在坯体表面形成密集的针孔状小泡。

③ 修坯时未能消除坯体上已经存在的棕眼。

④ 施釉时，因个别产品的坯体沟洼处积有灰尘等，且坯体的含水率又高，强行进行喷釉，局部产生棕眼。

11.3.3 缺釉

缺釉是指有釉制品的表面局部无釉。其无釉部位比棕眼面积大但坯体不受损伤。缺釉的外观表现为制品应施釉处没施釉，釉面缺损。

（1）坯、釉料配方不当，致使在常温或熔融之前釉层局部脱落。

（2）釉高温黏度大、釉熔体表面张力过高，釉与坯的浸润不良，导致缩釉性缺陷。

（3）坯体中的可溶性盐类在干燥不当的情况下，往往浓缩在坯体的边沿、转角等水分容易蒸发的部位，形成深色的"碱皮"，使釉不能牢固地附着在坯体上，发生缺釉。

（4）釉浆过细，密度过大，施釉不均匀或釉层过厚。

(5) 坯体擦水不当，喷釉前坯体有的部位含水率高，釉浆对坯体的附着力差。如坯体表面过干，吸釉速度过快，也容易爆釉。

(6) 喷釉前，坯体表面有灰尘、泥水、浮砂、油迹、蜡点等未清除干净，减弱了釉在坯体上的附着力，烧成后釉层收缩出现无釉部位。

(7) 喷釉时，喷枪走动不均匀，坯体局部未喷到釉，或坯体沟角部位局部釉层过厚。

(8) 釉坯在存放、搬运、装窑过程中，因操作不慎，将局部釉面蹭掉而未及时补救，造成缺釉。

(9) 釉坯存放过久，且存放在湿度高的场所，入窑坯体含水率过高，在烧成过程中釉层开裂卷起，产生小面积缩釉。

11.3.4 釉缕与釉面波纹

釉缕是指釉面凸起的釉条或釉滴痕迹。外观为釉面呈厚釉条痕或滴状、块状痕斑，并有堆釉现象。

釉面波纹是指釉面不平滑、不均匀，呈波浪状。如果釉的熔融温度范围宽，流动性强，烧成后，此缺陷尚可得到一定程度的改善。

1. 釉缕

① 釉熔融温度及高温黏度偏低，而烧成温度又偏高，釉在烧成中流成缕状。

② 喷釉操作时，未正确掌握用垫、喷釉姿势、喷枪与坯体之间的距离、喷涂面积、釉浆雾化程度、喷枪走动速度、喷釉遍数等操作技术，使坯体喷釉后局部的釉层较厚，烧成时釉熔化，顺着制品斜面流动形成缕状。

2. 釉面波纹

① 釉浆密度偏低，施釉时在坯体上流成条纹状。

② 喷釉时，气压不足，喷枪的出料口有破损处，喷枪与施釉面不垂直，或是坯体在轮盘上转动速度太快，坯体喷釉后其釉面呈条纹状。

③ 釉熔体高温黏度大，流动性差，釉熔融温度范围窄，而烧成温度又低。

11.3.5 烟熏

制品表面局部或全都呈灰、褐、黑色称为烟熏，俗称串烟、吸烟。

(1) 入窑坯体含水率偏高。

(2) 装窑时密度过大，使用泥条、耐火土、专用垫不妥，使坯体底部封闭过严，窑内火焰不畅通，引起制品底部烟熏。

(3) 烧成时，窑内气氛控制不当或不稳定；燃料不完全燃烧，燃烧室的浓烟窜入窑内；在烧成的氧化分解阶段氧化气氛不强，坯内碳素、有机物等氧化不完全；在釉的熔融阶段，火焰中存在着大量的游离碳素，沉积于釉面又未被氧化，冷却后被封闭于釉面内形成烟熏。

(4) 烧成时，窑内通风不良，排烟抽力不够，排烟受阻，烧成带的烟气倒流至冷却带。火焰中的游离碳素沉积在尚未凝固的釉面上造成烟熏。

(5) 使用石灰釉比长石釉容易烟熏。

(6) 燃料中硫含量大，含硫的气体在窑内停留时间过久。

附　　录

附录1　各地产瓷区常用原料化学成分

原料名称	产地	SiO₂	Al₂O₃	Fe₂O₃	P₂O₅	TiO₂	CaO	MgO	其他氧化物	MnO	KNaO	烧失
揭阳长石	广东	63.69	22.96	0.12			0.25	0.44			12.65	0.31
土白坑泥	广东	65.57	24.80	0.53			0.51	0.64			5.95	2.83
石部土泥	广东	51.19	33.82	0.33			0.55	0.07			4.91	9.63
绿柱石	广东	53.71	22.37						(BeO)8.08		1.44	1.59
滑石	广西	63.47	2.58	0.65			0.96	32.18			0.62	0.43
玻璃粉1	广东	71.20	3.22	0.36			8.36	1.63		0.08	13.60	1.53
稻草灰	广东	67.58	1.48	0.46			5.37	2.62			4.00	17.73
湖南瓷石	陈湾	69.84	19.01	0.84			0.71	0.28			7.98	1.19
含水石	景德镇	0.36	0.09	0.02			55.04	0.54			0.08	43.54
玻璃粉2	景德镇	70.46	2.08	0.45	0.04		7.59	3.54			14.99	
釉灰	景德镇	3.70	1.48	0.42			51.71	1.61			0.33	40.59
二灰	景德镇	6.35	2.34	0.58			49.84	1.36			0.34	38.99
花乳石	河南	5.85	0.60	0.48			31.78	19.01			0.25	42.12
瑶里釉果	瑶里	73.99	15.55	0.37			1.76	0.33			5.51	2.88
滑石子	临川	46.84	36.24	1.26			0.05	0.21			8.03	8.00
烧料	山东	62.03	3.93	0.81	0.36	0.10	14.34	2.56			12.18	3.39
星子高岭土	星子	49.60	36.23	1.52							1.37	12.00
三宝瓷土	景德镇	70.13	17.64	0.69			0.54	0.09			8.7	2.01
余干瓷土	余干	74.94	14.93	0.99			0.53	0.45			5.9	2.27
白土	景德镇	82.63	4.38	0.78			0.60	7.73			0.35	3.23
龙泉石	上饶	69.56	12.74	1.68	0.14	0.13	2.14	0.40			8.45	4.96
叫珠子	赣州	37.91	18.68	4.65	(CoO)1.20	(CuO)0.16	0.33	0.48	(BaO)1.06	20.03	1.14	10.85
赭石	庐山	39.82	9.38	38.84	0.07	0.47	0.40	0.71	(BaO)0.52	0.04	2.47	5.60
紫金土	景德镇	62.70	20.57	6.23	0.17	0.73	0.23	0.43			2.54	6.43
窑渣	景德镇	60.37	12.94	0.24	1.52	0.38	9.43	4.00	(CoO)0.11	2.25	6.28	0.27
星子长石	星子	65.13	19.61	0.60			0.21	0.13			14.07	0.68
宝溪紫金土	龙泉	46.58	28.29	7.82		1.57	1.16	0.78			4.19	9.66
木岱紫金土	龙泉	57.95	25.57	4.17			0.71	0.47	微		2.87	8.19
大窑紫金土	龙泉	55.10	25.24	8.18			0.67	1.64	微		3.43	6.00
黑釉土	博山	61.35	13.99	5.40			0.75	4.92	1.91		4.52	7.57
白干石	唐山	61.40	2.87	0.48		0.19	2.34	4.75				
大同土	山西	46.80	36.60				0.09	0.09				
玉米秆灰	淄博	50.12	4.83	1.66	4.20	0.21	11.56				10.91	16.38
紫砂泥	宜兴	55.95	25.69	9.11			0.51	0.54		0.1	1.02	7.48
方解石	丁山镇	0.12	0.49	0.04			54.61	0.78				42.96
3号苏州土	苏州	47.69	37.66	0.31			0.19	0.06			0.03	14.06
玻璃粉3	宜兴	72.50	1.50	0.30			10.05	1.50			13.50	
窑汗	宜兴	48.26	6.73	0.85			15.92	4.03			11.35	11.54
瓷粉	唐山	71.83	18.65	0.36		0.11	0.34	3.98			2.84	0.15
碱石	唐山	44.59	38.32	1.36		0.29	0.58	0.01				14.71
紫木节	邯郸	50.68	32.00	0.90			0.92	0.67	0.52			1.41
苏州土	江苏	47.69	37.60	0.31			0.19	0.06			0.03	14.06
滑石	海城	57.24	0.51	0.10		0.40	0.29	33.97				8.30
玻璃粉4	双峰	71.20	1.20	0.32			10.54	1.30			19.4	

附录 2　烧成温度 720～1000℃的低温釉 30 例

1. 锑黄釉

釉料配方：

熔块 A 74.0，熔块 C 18.5，高岭土 2.8，氧化锑 4.7

熔块 A：铅白 81.1，石英 18.9

熔块 C：硼砂 68.4，石灰石 8.4，石英 23.2

烧成温度 830～850℃。

2. 铬红釉

釉料配方：

熔块 A 47.3，铅白 47.3，高岭土 2.8，重铬酸钾 2.6

熔块 A 配方如例 1。

烧成温度 800～830℃。

3. 铜绿釉

釉料配方：

熔块 A 76.3，熔块 B 8.6，熔块 C 10.3，高岭土 3.0，碳酸铜 1.8

熔块 B：碳酸钠 22.8，氧化铅 40.0，石英 37.2

熔块 A、熔块 C 的配方如例 1。

烧成温度 800～830℃。

4. 土耳其蓝釉

釉料配方：

熔块 B 8.6，熔块 C 78.7，高岭土 2.2，长石 5.7，碳酸铜 4.8

熔块 B 配方如例 3，熔块 C 配方如例 1。

烧成温度 850～880℃。

5. 铁黄釉

釉料配方：

熔块 A 74.6，熔块 B 19.7，高岭土 3.2，氧化铁 2.5

熔块 A 配方如例 1，熔块 B 配方如例 3。

烧成温度 850～860℃。

6. 锰紫釉

釉料配方：

熔块 A 65.9，熔块 C 28.3，高岭土 2.9，碳酸锰 2.8，氧化钴 0.1

熔块 A 和熔块 C 的配方如例 1。

烧成温度 830～850℃。

7. 结晶釉

釉料配方：

熔块 30，白熔剂 62，铋酸钠 6，碳酸铜 1，五氧化二钒 0.5，氧化铝 0.5

熔块：石英 30，红丹 45，碱粉 14，萤石 5，硝酸钠 6

白熔剂：石英 25，铅粉 75

烧成最高温度 820℃，降温到 720℃，再用 3h 缓冷到 640℃，接着自然冷却。

8. 花朵状结晶釉

釉料配方：

熔剂 86.5，钼酸铵 7.0，硝酸铋 5.0，氧化锰 1.2，氧化钴 0.8，钒酸 0.5

熔剂：铅丹 75，石英 25

烧成温度 720℃，2h 内渐降到 640℃。

9. 橘红放射状结晶釉

釉料配方：

熔剂 85，五氧化二钒 15

熔剂配方如例 8。

烧成温度 720℃，3h 内渐降到 600℃。

10. 棕红云状结晶釉

釉料配方：

熔剂 100，铁粉 18，镉硒红 6

熔剂配方如例 8。

烧成温度 720℃，慢冷。

11. 松针状结晶釉

釉料配方：

熔剂 90.0，五氧化二钒 6.5，氧化钡 1.5，氧化亚镍 2.0

熔剂配方如例 8。

烧成温度 720℃，保温 4h。

12. 夜光釉

釉料配方：

熔块 70，夜光粉 30，氧化锌 1，硫化锌 1

熔块：硼砂 35，硼酸 25，石英 20，硝石 4，氟硅酸钠 10，长石 3，石灰石 2，滑石 1

烧成温度 850℃。

13. 唐三彩绿釉

釉料配方：

氧化铜 6，红丹 70，石英 21，长石 3

烧成温度 850~900℃，氧化焰。

14. 唐三彩白釉

釉料配方：

石英 20，长石 4，白铅粉 70，氧化锌 6

烧成温度 850~900℃，氧化焰。

15. 唐三彩黄釉

釉料配方：

氧化铁 7，红丹 70，石英 21，长石 3

烧成温度 850~900℃，氧化焰。

16. 透明裂纹釉

釉料配方：

熔块 100，可塑黏土 4

熔块：长石 37.3，石英 7.1，石灰石 7.8，铅丹 35.0，碳酸钾 3.8，碳酸钠 9.0

烧成温度 820～960℃，加入不同的金属氧化物或颜料，可制得多种彩色釉。

17. 乳浊裂纹釉

釉料配方：

熔块 100，塑性黏土 4.0，膨润土 0.8，硼酸钙 0.4，氧化锡 6～8

熔块：长石 18.7，石英 15.3，锆英粉 4.0，石灰石 7.9，铅丹 35.6，碳酸钾 5.5

烧成温度 920～960℃，釉中加入不同的金属氧化物或颜料，可制得多种彩色料。

18. 奶白釉

釉料配方：

熔块 100，膨润土 0.8，硼酸钙 0.5

熔块：石英 10.6，高岭土 5.5，石灰石 34.2，硼酸 42.2，碳酸钾 5.6，氧化锌 1.9

烧成温度 920～940℃。

19. 锡白釉

釉料配方：

熔块 100，高岭土 10，氧化锡 8，硅灰石 2

熔块：石英 27.5，硅灰石 3.8，铅丹 68.7

烧成温度 900～950℃。

20. 低温快烧乳浊釉

釉料配方：

熔块 95，苏州土 5

熔块：长石 24～26，石英 27～29，锆英石 10～13，硼砂 20～27，白云石 10～12，氧化锌 6～8，硝酸钾 2～4

烧成温度 920～960℃。

21. 无光釉

釉料配方：

熔块 100，高岭土 10，氧化锡 6

熔块：铅丹 60.7，氧化锌 16.9，高岭土 5.8，石英 14.5，硝酸钾 2.1

烧成温度 940～980℃，釉料中氧化锡减少为 3.0，再加金红石 4.0、氧化铁 0.2，可得象牙色，釉料中氧化锡减为 3.0，另加金红石 6.0、氧化铁 0.2 和煅烧氧化锌 8.0，可得象牙色光石装釉。

22. 锆乳浊釉

釉料配方：

熔块 100，高岭土 5，锆英粉 2，硼酸钙 0.2

熔块：钠长石 34.9，石英 13.9，锆英石 14.7，氧化硼 4.1，硼酸 13.8，氧化锌 6.3，石灰石 7.6，硼酸钡 2.4，硝酸钾 2.3

烧成温度 940～1020℃。

23. 斑点釉

釉料配方：

熔块 100，黏土 4，钛酸钠 7，碳酸镍 3

熔块：长石 28.6，石英 18.7，高岭土 6.4，石灰石 8.5，铅丹 37.8

烧成温度 950～1000℃。

24. 铬黄釉

釉料配方：

熔块 83.2，石英 8.3，高岭土 2.5，碳酸锂 3.3，铬酸钡 2.7

熔块：石英 43.8，石灰石 7.1，菱镁矿 2，高岭土 6.5，硼砂 6.8，碳酸钠 18.2，碳酸钾 3.4，铅丹 12.2

烧成温度 970～1000℃。

25. 金属光泽釉

釉料配方：

熔块 85～90，氧化铜 3～5，氧化铬 0.5～5，黏土 5～8

熔块：珍珠岩 70，硼砂 30

烧成温度 950℃，还原焰，带金属光泽的铜红色。

26. 深绿色釉

釉料配方：

黏土 30.3，玻璃粉 22.2，碳酸钠 23.3，碳酸钾 8.9，氧化铜 4.1，氧化锡 3.2，氧化硼 1.5，氧化钡 6.5

烧成温度 980～1000℃。

27. 蓝色易熔釉

釉料配方：

黏土 30.5，玻璃粉 28.5，碳酸钠 29.5，碳酸钾 3，氧化硼 7.3，氧化钴 1.2

烧成温度 950～1000℃。

28. 快烧金属光泽釉

釉料配方：

熔块制浆

熔块：硼酸 25.7，三氧化二铝 4.8，磷酸氢二铵 1.3，碳酸锶 7.6，石英 5.9，氧化锰 54.3，氧化钛 0.4

烧成温度 970～1020℃，带金属光泽的黑色。

29. 无光釉

釉料配方：

熔块 95，黏土 5，甲基纤维素 0.5，焦磷酸钠 0.2

熔块：石英 36.53，碳酸钠 4.27，碳酸钾 3.66，氧化镁 8.05，氧化钴 1.65，硼酸 45.84

烧成温度 800～1030℃，淡紫色丝绒状无光釉面。

30. 奶油色不透明光泽釉

釉料配方：

熔块 A 85.0, 氧化锡 7.5, 氧化锑 1.0, 氧化铜 0.1, 高岭土 6.0, 蛋黄色色料 0.4

蛋黄色色料: 铅丹 34, 氧化锡 7.0, 氧化锑 27.0

熔块 A: 铅丹 34.0, 石英 24.0, 硼砂 18.0, 长石 12.0, 石灰石 7.0, 高岭土 5.0

烧成温度 960～1020℃, 奶油色不透明光泽釉。

附录 3　烧成温度 980～1120℃ 的精陶釉 41 例

1. 低膨胀硼锆乳浊釉

釉料配方:

熔块 96～95, 苏州土 4～5

熔块: 石英 25, 长石 24, 碳酸钙 9.4, 锆英石 17, 硼砂 8.2, 硼酸 7, 氧化锌 7, 硝酸钾 2.5

烧成温度 1030～1035℃。

2. 低膨胀锂锆釉

釉料配方:

熔块 96～95, 苏州土 4～5

熔块: 石英 22, 长石 14.5, 碳酸钙 14, 锆英石 14.5, 锂云母 13.9, 硼砂 5.5, 硼酸 9, 氧化锌 7, 滑石 4.2, 苏州土 3.1

烧成温度 1030～1035℃。

3. 无色透明釉

釉料配方:

熔块 100, 黏土 6, 石英 10, 锆英石 4

熔块: 石英 22.2, 长石 15.2, 高岭土 7.0, 硼酸 8.6, 铅丹 32.7, 石灰石 9.4, 碳酸钡 3.4, 碳酸钠 0.5

烧成温度 980～1080℃, 加不同金属氧化物可得多种彩色釉。

4. 透明釉

釉料配方:

熔块 100, 黏土 6, 钠皂土 0.8

熔块: 石英 16, 长石 35, 高岭土 10, 硼酸 25, 石灰石 14

烧成温度 980～1080℃, 一种无色无铅透明釉。

5. 透明釉

釉料配方:

熔块 100, 黏土 6, 钠皂土 0.8

熔块: 石英 38.1, 长石 20.2, 水合矾土 10.1, 氧化硼 13.1, 方解石 6.7, 碳酸锶 3, 氧化锌 7.5, 碳酸钠 0.7

烧成温度 980～1080℃。

6. 象牙黄到柠檬黄色釉

釉料配方:

熔块 100, 黏土 6, 色剂 (Sn/V 或 Sn/V/Ti) 1～5

熔块：石英 38.1，长石 20.2，水合矾土 10.1，氧化硼 13.1，方解石 6.7，碳酸锶 3，氧化锌 7.5，碳酸钠 0.7

釉中色剂量从 3％开始有轻度乳浊，烧成温度 980～1080℃。

7. 玉米黄色釉

釉料配方：

熔块 100，黏土 6，色剂（钒锆黄）3～6

熔块：石英 38.1，长石 20.2，水合矾土 10.1，氧化硼 13.1，方解石 6.7，碳酸锶 3，氧化锌 7.5，碳酸钠 0.7

釉中色剂量从 3％开始有轻度乳浊，烧成温度 980～1080℃。

8. 鲜艳黄色釉

釉料配方：

熔块 100，黏土 6，色剂（锆镨黄）3～6

熔块：石英 38.1，长石 20.2，水合矾土 10.1，氧化硼 13.1，方解石 6.7，碳酸锶 3，氧化锌 7.5，碳酸钠 0.7

烧成温度 980～1120℃。

9. 深紫色釉

釉料配方：

熔块 100，黏土 6，氧化锌 0～3，色剂（深棕色料）3～6

熔块：石英 38.1，长石 20.2，水合矾土 10.1，氧化硼 13.1，方解石 6.7，碳酸锶 3，氧化锌 7.5，碳酸钠 0.7

烧成温度 980～1120℃。

10. 鸽灰色釉

釉料配方：

熔块 100，黏土 6，色剂（锑锡灰）2～6

熔块：石英 38.1，长石 20.2，水合矾土 10.1，氧化硼 13.1，方解石 6.7，碳酸锶 3，氧化锌 7.5，碳酸钠 0.7

烧成温度 980～1120℃。

11. 深蓝色釉

釉料配方：

熔块 100，黏土 5，膨润土 0.5，色剂（钴蓝色料）2～7

熔块配方如例 4。

烧成温度 980～1120℃。

12. 浅蓝色釉

釉料配方：

熔块 100，黏土 5，膨润土 0.5，色剂（海碧蓝色料）3～5

熔块配方如例 4。

烧成温度 980～1120℃。

13. 维多利亚绿色釉

釉料配方：

熔块 100，黏土 6，色剂（维多利亚绿）5～8
熔块配方如例 4。
烧成温度 980～1120℃。

14. 锰红釉

釉料配方：

熔块 100，黏土 6，氧化铝 3，色剂（锰红）6～8

熔块配方如例 6。

釉中加入色剂后有消光倾向，烧成温度 980～1120℃。

15. 锆乳浊釉

釉料配方：

熔块 100，高岭土 5，锆英粉（2～5μm）2～5.0，硼酸钙 0.2

熔块：长石 34.0，高岭土 6.0，石英 15.0，锆英砂 11.0，氢氧化铝 5.0，碳酸钡 3.0，氧化锌 8.0，石灰石 6.0，氧化硼 12.0

烧成温度 1010～1100℃。

16. 钛白釉

釉料配方：

熔块 100，纯高岭土 5，硼酸钙 0.1

熔块：钠长石 60.8，石英 9.9，硼酸 14.2，氧化锌 4.3，钛白粉 9.1，硝酸钠 1.7

烧成温度 1010～1100℃。

17. 奶白釉

釉料配方：

熔块 100，膨润土 1，硼酸钙 0.4

熔块：石英 15.0，高岭土 8.8，石灰石 28.2，硼酸 37.7，碳酸钾 10.3

烧成温度 1014～1060℃。

18. 锡白釉

釉料配方：

熔块 100，高岭土 10.0，长石 10.0，氧化锡 7.0

熔块：长石 28.6，石英 18.7，高岭土 6.4，石灰石 8.5，铅丹 37.8

烧成温度 1000～1060℃。

19. 铅釉

釉料配方：

熔块 100，高岭土 10.0，氧化铝 15～18

熔块：铅丹 63.4，长石 0.9，石英 26.3，高岭土 7.3，氧化硼 1.5

一种无光铅釉。烧成温度 1000～1100℃。外加 2.5%～5%氧化锡，得白色乳浊釉；外加 1%氧化钛或 0.1%铬酸钡，得米色釉。适用于建筑陶瓷。

20. 无光铅釉

釉料配方：

熔块 100，高岭土 10.0，烧高岭土 25～30

熔块配方例如 19。

高岭土煅烧温度大于1000℃，烧成温度1000～1100℃。外加2.5%～5%氧化锡，得白色乳浊釉；外加1%氧化钛和1%氧化铁或1%铬酸钡，得奶油色釉。适用于建筑陶瓷。

21．无光铅釉

釉料配方：

熔块100，高岭土10.0，滑石20

熔块配方例如19。

烧成温度1000～1100℃。外加2.5%～5%氧化锡，得白色乳浊釉；外加1%氧化钛和1%氧化铁或1%铬酸钡，得奶油色釉。适用于建筑陶瓷。

22．绢丝无光釉

釉料配方：

熔块100，高岭土5.0，硼酸钙0.2，氧化锡2～2.4

熔块：钠长石21.9，石英12.2，二氧化钛0.9，磷酸钙1.0，白云石6.7，石灰石2.1，氧化锌23.1，铅丹20.8，碳酸钠0.4，硝酸钾0.7，碳酸锂1.0，硼酸9.2

烧成温度980～1120℃。

23．缎光釉

釉料配方：

熔块100，高岭土9.8，硅酸锌7.4，长石14.9，锆英粉4.9

熔块：铅丹50，石英19.8，氧化锌15.1，硼酸15.1

烧成温度980～1120℃。

24．钡无光釉

釉料配方：

熔块100，高岭土5，膨润土0.5，硼酸钙0.3

熔块：长石12.2，石英22.3，高岭土9.1，脱水高岭土6.7，铅丹30，石灰石2.3，氧化硼1.2，氧化锌12.7，碳酸钡3.5

烧成温度980～1120℃。

25．细晶无光釉

釉料配方：

熔块100，高岭土5，硼酸钙0.2，锐钛矿型钛白粉0～2

熔块：长石17.0，高岭土2.0，石英15.2，铅丹45.6，氧化锌7.5，二氧化钛10.7，硝酸钾2.0

烧成温度980～1120℃。

26．粗晶无光釉

釉料配方：

熔块100，高岭土5，硼酸钙0.2，锐钛矿型氧化钛7

熔块：石英19.6，氧化锌14.9，铅丹50.6，硼酸14.9

1000℃以下粗晶白釉，1020℃开始呈粗晶象牙色，随烧成温度升高接近象牙色调。

27．乳浊裂纹釉

釉料配方：

熔块100，长石18.2，高岭土9.5，碳酸锂2.5，硅灰石25.5

熔块：石英 39.9，铅丹 41.6，碳酸钠 7.5，碳酸钾 11.0

烧成温度 1080～1120℃。加入 2.5％碳酸铜和 1％氧化铁，得缎光铜绿釉；加 4％氧化铁和 0.1％碳酸锰，得缎光密黄釉；加 4％氧化铁和 2％碳酸锰，得缎光深核桃棕色釉；加 6％氧化锡，得缎光白色釉。

28. 绿色地砖釉

釉料配方：

熔块 63.85，高岭土 5.90，长石 12.60，二氧化钛 5.10，氧化铝 6.40，硼酸钙 0.15，烧氧化锌 4.80，蓝绿色剂（Co/Cr）1.20

熔块：铅丹 63.4，高岭土 7.3，石英粉 26.4，长石 1.4，氧化硼 1.5

烧成温度 1000～1060℃，表面张力 281N/m。

29. 镉硒红釉

釉料配方：

熔块 100，高岭土 5，红色剂（Zr/Si/CdS/SeS）10

熔块：长石 15.2，石英 22.2，高岭土 7.0，硼酸 8.6，铅丹 37.7，石灰石 9.4，碳酸钡 3.4，碳酸钠 0.5

烧成温度 1000～1060℃。

30. 无光釉

釉料配方：

铅丹 37.9，高岭土 3.1，氧化锌 12.2，轻质碳酸钙 2.0，长石 18.4，石英 16.4，氧化锡 6.7，氧化钛 3.3

烧成温度 1060℃，加 7％钒蓝色剂，呈钒蓝色无光釉，釉面缎光。

31. 无光釉

釉料配方：

铅丹 36.1，高岭土 7.8，氧化锌 10.6，轻质碳酸钙 1.1，长石 20.0，石英 14.4，氧化锡 6.7，氧化钛 3.3

烧成温度 1020℃。釉中不加氧化钛，釉面呈暗淡的丝绸光泽，但氧化钛加多时亦会如此。

32. 无光釉

釉料配方：

长石 17，白云石 6，沉淀碳酸钙 15，硅酸铅 32，瓷土 8，石英 22

烧成温度 1100℃。

33. 乳浊收缩无光釉

釉料配方：

铅丹 34.3，氧化锡 7.2，碳酸镁 20.1，白垩 3.0，高岭土 17.1，石英粉 15.3，氧化锌 3.0

电炉 1060℃烧成。

34. 金属状透明釉

釉料配方：

熔块 75.33，高岭土 11.80，石英 5.80，长石 1.50，氧化铁 0.85，烧软锰矿 1.29，氧

化铜 1.29，氧化钴 2.14

熔块：铅丹 79，石英 21

烧成温度 1000～1100℃。

35. 铁褐色无光釉

釉料配方：

铅丹 47.6，白垩 10.4，长石 19.4，黏土 9.0，高岭土 22.6，氧化铁 3.0

烧成温度 1040℃，氧化焰。配方中氧化铁改为碳酸铜 3.5～4 份，得绿色；改加碳酸钴 2～3.4 份，得蓝色；加其他色料，呈色也好。

36. 结晶釉

釉料配方：

玻璃粉 64.84，石英 0.32，星子高岭 5.41，硼砂 0.52，氧化锌 28.6，氧化钴 0.49

烧成温度 1080℃，蓝色大晶花。

37. 透明釉

釉料配方：

硼酸钙 15，二硅酸铅 56，黏土 22，石英 7

烧成温度 1050～1100℃，一种光洁的透明釉。

38. 乳光青花釉

硼酸钙 75，长石 15，黏土 10

烧成温度 1050～1100℃，一种透明的、在釉厚处易出现流淌的青花乳光釉。釉中加氧化锡 10%、氧化铁 4% 和氧化锰 4%，可得带奶黄斑点的暗蘑菇色釉。

39. 平滑缎光釉

釉料配方：

二硅酸铅 80，氧化锌 3，黏土 17，外加金红石 6%，氧化锡 12%

烧成温度 1050～1100℃，平整光滑，乳白色丝光釉。适合装饰红坯体。

40. 缎色闷光釉

釉料配方：

硼酸钙 50，碳酸锂 14，碳酸钡 17，瓷土 12，石英 7

烧成温度 1050～1100℃，一种半透明、缎色闷光釉，施釉宜厚。加 15% 氧化铁和 1% 氧化镍，得闷光黑釉。

41. 鸡血红釉

釉料配方：

熔块 95，苏州土 5，外加铬锡红 7%

熔块：铅丹 42.0，钟乳石 11.0，长石 10.0，硼砂 7.0，硼酸 1.6，氧化锌 2.4，石英 26.0

烧成温度 1050～1080℃，氧化焰。

附录 4　烧成温度 1100～1200℃ 的精陶、炻器釉 32 例

1. 透明釉

釉料配方：

硼酸钙 50，石灰石 6，黏土 16，瓷土 16，石英 12

烧成温度 1100～1150℃。

2. 透明釉

釉料配方：

二硅酸铅 60，石灰石 4，长石 30，瓷土 6

光洁透明釉，烧成温度 1100～1150℃。

3. 闷光白石头色釉

釉料配方：

二硅酸铅 50，长石 25，石灰石 10，瓷土 15，氧化钛 3，氧化锡 8

类似石头色泽的闷光白釉，烧成温度 1100～1150℃。

4. 奶白色半透明釉

釉料配方：

硼酸钙 73，氧化锌 13，黏土 12，氧化锡 5，氧化钛 3

光泽奶白半透明釉，烧成温度 1100～1150℃。

5. 白色不透明釉

釉料配方：

硼酸钙 40，黏土 20，石英 40

烧成温度 1100～1150℃。

6. 硼酸钙釉

釉料配方：

硼酸钙 60，石英 20，高岭土 20

一种生料透明釉，烧成温度 1120～1140℃。

7. 建筑陶瓷用锆釉

釉料配方：

熔块 25，钠长石 27，石英 13，高岭土 10，氧化锌 7，硅灰石 6，锆英粉（2～5μm）12

熔块：长石 34，石英 25，高岭土 6，氢氧化铝 5，碳酸钡 3，氧化硼 13，氧化锌 8，石灰石 6

烧成温度 1110～1160℃。

8. 天蓝色面砖釉

釉料配方：

熔块 90，苏州土 6，锆英粉 4，钒锆蓝 4

熔块：硼酸 24，长石 15，氧化铝 5，苏州土 5，锆英粉 10，铅丹 10，氟硅酸钠 6，石灰石 5

烧成温度 1100～1150℃。

9. 宝石蓝面砖釉

釉料配方：

熔块 93，苏州土 7，钒锆蓝 35

熔块配方如例 8。

烧成温度 1100～1150℃。

10. 柠檬黄面砖釉

熔块 90，苏州土 7，氧化锌 3，钒锡黄 3

熔块配方如例 8。

烧成温度 1100～1150℃。

11. 象牙黄面砖釉

釉料配方：

熔块 90，锆英粉 7，氧化锡 3，钒锡黄 1.5

熔块配方如例 8。

烧成温度 1100～1150℃。

12. 苹果绿面砖釉

釉料配方：

熔块 80.2，苏州土 5，氧化锡 5，氟酸钙 2，钒锆蓝 2，钒锡黄 2.8

熔块：硼砂 29.3，长石 34.6，石英 2.9，氧化锌 2.0，苏州土 2.9，铅丹 28.3

烧成温度 1100～1150℃。

13. 黑色面砖釉

釉料配方：

熔块 42.5，氧化铜 1.6，铅丹 20，长石 10，石英 12，氧化钴 3，氧化铁 2

熔块配方如例 8。

烧成温度 1100～1150℃。

14. 红色面砖釉

釉料配方：

熔块 90，苏州土 7，氧化铝 3，铬铝红 6

熔块：硼砂 24，烧滑石 4，长石 17，石英 22，氧化锌 9，氧化铝 3，锆英粉 10，石灰石 12

烧成温度 1130～1180℃。

15. 无光釉

釉料配方：

长石 30，碳酸钡 24，硅酸铅 12，氧化锌 3，沉淀碳酸钙 11，瓷土 9，石英 11

烧成温度 1140℃。

16. 面砖金砂釉

釉料配方：

熔块 92.5，苏州土 2，氧化铁 5.5

熔块：长石 24.5，石英 2.2，氧化锌 1.3，硼砂 20.5，铅丹 51.5

烧成温度 1120～1150，氧化焰，紫色金砂粒大。

17. 金星绿釉

釉料配方：

熔块 100，苏州土 6

熔块：硼砂 30，石英 30，红丹 8，石灰石 6，碳酸钡 10，氧化铜 4，重铬酸钾 2

烧成温度 1120～1160℃。

18. 金红虹彩面砖釉

釉料配方：

熔块 90，苏州土 4，氧化铁 1，片干 5，氧化钛 1

熔块：长石 5，石英 15，氧化锌 2，硼砂 15，铅丹 40，硼酸 20，硝酸钾 3

烧成温度 1120～1150℃。

19. 金黄虹彩面砖釉

釉料配方：

熔块 88，苏州土 3，黄土 3，片干 4，氧化钛 2

熔块：长石 24.5，石英 2.2，氧化锌 1.3，硼砂 20.5，铅丹 51.5

烧成温度 1120～1150℃。

20. 翠绿虹彩面砖釉

釉料配方：

熔块 90，苏州土 4，氧化锡 4，氧化铜 2

熔块：长石 29.3，石英 15.6，氧化锌 1.2，硼砂 14.6，铅丹 37.8，苏州土 1.5

烧成温度 1120～1150℃。

21. 砂金石釉

釉料配方：

东北红长石 26，石灰石 2.4，铅丹 53.5，石英 14.6，氧化铁 3.5

烧成温度 1130～1170℃。橙色底柠檬黄色结晶。操作时先在陶坯上涂一层 4% 重铬酸钾溶液，再施釉。

22. 砂金石釉

釉料配方：

熔块 61.0，苏州土 5.2，石英 22.0，氧化铁 8.8

熔块：硼砂 39，石英 42，碱粉 3.5，铅丹 3.5，碳酸钡 3.5，氧化铁 8.5

烧成温度 1150～1180℃。棕红色底，金色结晶。

23. 砂金石釉

釉料配方：

熔块 62.0，氧化铁 11.0，苏州土 2.5，石英 8.5，长石 11.5，烧滑石 4.5，石灰石 1.0

熔块：硼砂 42.0，碱粉 47.0，氧化铁 9.0

烧成温度 1150℃。红色底，大片金色结晶。

24. 低温生料釉

釉料配方：

石英 15，长石 52，烧滑石 3，石灰石 9，氧化锌 9，苏州土 5，萤石 3

烧成温度 1140～1160℃。

25. 棕色纹理釉

1号面釉配方：

熔块57，苏州土7，氧化锡7，氧化锌8，石英5，长石35

2号面釉配方：

熔块57，苏州土7，氧化锡7，氧化锌8，石英5，长石35，棕色料1.5

熔块：长石24.2，石英27.4，硼酸砂17.2，锆英砂10.4，氧化锌7.6，硝酸钾3.8，沉淀碳酸钙9.4

棕色料：氧化铁22，氧化铬23，氧化锌55

底釉：熔块92，苏州土5，棕色料0.6

烧成温度1120～1160℃。

26. 一次烧成彩釉砖底釉和面釉

底釉配方：

瓷砂60，长石30，白云石5，茶色剂（Al/Cr/Fe/Zn）5；底釉为茶色。

面釉配方：

瓷砂53，长石30，白云石7，锑锡灰10；面釉为深灰色。

烧成温度1130～1180℃。

27. 无光釉

釉料配方：

长石10，沉淀碳酸钙13，硫酸钡36，硅酸铅12，瓷土13，石英16

烧成温度1160℃。

28. 生铅釉

釉料配方：

玻璃粉37.77，石灰石6.38，铅丹21.57，氧化锌6.15，高岭土9.75，石英13.60，氧化铝4.78

烧成温度1160℃。

29. 低温石灰釉

釉料配方：

长石42，石英28，白土12，石灰石15，氧化锌3

烧成温度1180～1200℃。氧化焰，添加色料可得不同颜色的色釉。

30. 彩釉砖生料釉

底釉配方：

长石38，石英20，白黏土7，瓷粉10，滑石10，萤石5，锆英砂5，氧化锌5

面釉配方：

长石40，石英18，白黏土5，萤石5，锆英砂10，氧化锌12，白云石8，氟硅酸钠2

烧成温度1140～1180℃。

31. 水晶釉

底釉配方：

熔块15.0，石英21.0，高岭土7.0，长石23，锆英粉6.0，滑石5.0，方解石3.0，白泥7.0，氧化铝粉13.0

面釉配方：

熔块 95.0，高岭土 3.5，长石 1.5，氧化铝粉 13.0

面釉中外加三聚磷酸钠 0.25%，CMC 0.10%，纯碱 0.12%。

烧成温度 1180℃。

32. 水晶印花釉

釉料配方：

熔块 15.0，石英 25.0，高岭土 10.0，长石 10.0，双飞粉 15.0，白黏土 5.0，滑石 20.0

釉料配方中再加入乙二醇 45%，甘油 10%，水 10%，CMC 1.5%，STPP 0.4%。

烧成温度 1180℃。

附录 5　烧成温度 1200～1250℃ 的炻器釉 45 例

1. 透明釉

釉料配方：

氧化锌 5，石灰石 10，冰晶石 20，黏土 15，石英 50

烧成温度 1200～1250℃。

2. 钧釉

釉料配方：

长石 45，石灰石 5，硼酸钙 20，石英 30

烧成温度 1200～1250℃。封闭釉中气泡的钧釉效果，釉面柔和呈淡青色，深色坯体效果更显著。

3. 半透明白釉

釉料配方：

冰晶石 25，萤石 15，黏土 20，石英 40

烧成温度 1200～1250℃。施釉厚时呈霜白色，施于深色坯体略显黄色。

4. 釉面锦砖釉

釉料配方：

长石 64，石英 19，石灰石 13，苏州土 4

烧成温度 1200℃。

5. 不透明亮白釉

釉料配方：

长石 50，石灰石 5，碳酸锂 5，氧化锌 12，黏土 15，石英 13

烧成温度 1200～1250℃。

6. 珍珠碎纹釉

釉料配方：

长石 28，石灰石 14，白云石 14，氧化锌 10，碳酸锂 3，膨润土 4，石英 20，金红石 7

供装饰用的淡青色釉条纹的珍珠状釉。不能过火，烧成温度 1200～1250℃。

7. 无光泽霜状铁锈釉

釉料配方：

碳酸锂 10，石灰石 50，碳酸钡 35，膨润土 5，氧化铜 1

无光泽霜状装饰釉，釉面带铁锈样斑驳。

烧成温度 1200～1250℃。

8. 紫绿色釉

釉料配方：

长石 45，碳酸钡 30，氧化锌 7，石英 15，膨润土 3，氧化镍 1.5

光亮易流，釉薄呈紫色，釉厚呈深紫绿色。

烧成温度 1200～1250℃。

9. 淡紫色釉

釉料配方：

长石 53，碳酸钡 35，碳酸锂 3，氧化锌 3，滑石 4，黏土 5，石英 15，氧化镍 1.5

仅适用于浅色坯，得平滑、无光泽、不透明淡紫色釉。用 2% 的碳酸铜替代配方中的氧化镍，得浓艳的青绿色。烧成温度 1200～1250℃。

10. 白色微泡釉

釉料配方：

长石 55，碳酸锂 10，石灰石 10，黏土 5，石英 20

装饰青白釉，可得悦目效果。烧成温度 1200～1250℃。

11. 桃红或青釉

釉料配方：

长石 50，石灰石 8，氧化锌 10，碳酸钡 20，黏土 6，石英 6，氧化镍 1

艳丽的淡青色或桃红色无光不透明釉。

烧成温度 1200～1250℃。

12. 结晶基釉

釉料配方：

氧化锌 20，碳酸锂 10，氧化钛 8，石灰石 5，黏土 20，石英 37

带粉红色结晶斑点的浅奶黄色半光泽不透明釉，加入 1% 氧化镍，得淡奶黄色釉。

烧成温度 1200～1250℃。

13. 金属状黑釉

釉料配方：

长石 36，石灰石 9，硼酸钙 5，白云石 5，滑石 16，碳酸钡 8，石英 16，膨润土 5

外加：硅酸锆 15，金红石 20，氧化钴 3，氧化锰 2，黑色氧化铁 3

无光泽略带结晶的金属状黑釉。

烧成温度 1200～1250℃。

14. 结晶釉

釉料配方：

玻璃粉 70，滑石 3，方解石 2，氧化锌 25，氧化锰 2

烧成温度 1220℃。1100℃ 保温 4h，褐色晶花。

15. 结晶釉

釉料配方：

玻璃粉 45，长石 15，方解石 10，氧化锌 30
烧成温度 1220℃。1080℃保温 4h，白色晶花。

16. 结晶釉

釉料配方：

玻璃粉 45，长石 20，方解石 7，氧化锌 28，氧化铁 5，氧化钛 1
烧成温度 1220℃。1080℃保温 4h，黄褐色晶花。

17. 结晶釉

釉料配方：

玻璃粉 20，长石 40，方解石 10，碳酸锂 5，氧化锌 25，氧化铜 0.8，氧化钴 0.2
烧成温度 1220℃。1080℃保温 4h，蓝绿晶花。

18. 结晶釉

釉料配方：

玻璃粉 20，长石 45，方解石 9.5，碳酸锂 3.5，氧化锌 22
烧成温度 1220℃。1080℃保温 4h，白色晶花。

19. 结晶釉

釉料配方：

玻璃粉 60，长石 7，方解石 8，碳酸锂 2，氧化锌 23
烧成温度 1220℃。1080℃保温 4h，白色晶花。

20. 透明釉

釉料配方：

长石 40，石灰石 15，氧化锌 10，黏土 5，瓷土 10，石英 20
氧化焰烧成时有微小气泡的透明釉，还原焰呈淡青色。
烧成温度 1200~1250℃。

21. 锦砖釉

釉料配方：

长石 64，白云石 7，苏州土 4，石英 19，石灰石 6
烧成温度 1200℃。

22. 烧成温度范围较宽的透明釉

釉料配方：

长石 30，氧化锌 4，石灰石 15，滑石 3，碳酸钡 10，瓷土 10，石英 28
烧成温度较低时，稍带气泡的透明釉，加入 8%氧化铁，氧化焰呈淡蜜色，还原焰呈光亮的淡绿色。
烧成温度 1200~1250℃。

23. 烧成温度较宽的透明基釉

釉料配方：

钠长石 38，石灰石 14，氧化锌 12，黏土 6，石英 20
半透明钧釉色，氧化焰呈半透明，似柔和的钧釉，还原焰釉面更光亮。釉中加入 1.5%氧化铜，氧化焰呈半透明青绿色，还原焰为柔和的带斑点血红色釉。若加 2%碳酸锰，氧化焰为带虹彩的蓝红色釉，还原焰为明亮的草绿色。

烧成温度1200~1250℃。

24. 锡白釉

釉料配方：

长石50，石灰石5，白云石25，瓷土20，氧化锡10

氧化焰瓷坯釉面雪白，炻器釉上有微裂纹，还原焰釉面淡绿色，炻器釉面不透明，有斑点。

烧成温度1200~1250℃。

25. 斑状石釉

釉料配方：

长石45，石灰石15，白云石5，草木灰5，碳酸钠5，黏土5，瓷土10，石英10，碳酸铜0.5

氧化焰石状斑点绿釉，瓷坯显色更绿；还原焰为绿红色，瓷坯为柔和的红色。

烧成温度1200~1250℃。

26. 斑点白釉

釉料配方：

长石40，石灰石5，白云石40，黏土10，石英5

白色不透明，氧化焰易产生奶黄色斑点，还原焰釉面更显青色。

烧成温度1200~1250℃。

27. 奶白纹理釉

釉料配方：

长石45，石灰石33，瓷土22

氧化焰较低温度下烧成时，得平滑带奶黄和白色绢丝纹理的斑釉；烧成温度稍高时，釉面带斑点，干涩。还原焰釉面无光泽，呈灰青色。

烧成温度1200~1250℃。

28. 半光泽石状釉

釉料配方：

长石20，石灰石30，瓷土25，石英25，金红石4

烧成温度较宽。氧化焰偏低温度烧成时，釉面半透明，半光泽，有金红斑点；烧成温度偏高时，炻器釉面无光泽，呈灰青色。

烧成温度1200~1250℃。

29. 不透明奶油色釉

釉料配方：

长石30，石灰石5，氧化锌14，黏土30，石英21，五氧化二钒5

氧化焰平滑不透明奶黄色釉，还原焰易出气泡。

烧成温度1200~1250℃。

30. 金属黑银色釉

釉料配方：

霞石正长岩73，氧化锌3，白云石5，石灰石4，瓷土4，膨润土3，碳酸铜4，金红石（中粒）10，钛铁矿（细）10

无光泽似金属状带金、银色结晶点的黑色釉,只能烧氧化焰。

烧成温度1200～1250℃。

31. 绿色结晶釉

釉料配方:

长石30,石灰石9,白云石17,碳酸钡4,瓷土12,膨润土3,石英25,金红石12,氧化铁6,钛铁矿8,氧化铜1.5

适合氧化焰或还原焰烧成。

烧成温度1200～1250℃。

32. 结晶釉

釉料配方:

长石30,石灰石8,白云石17,氧化锌12,瓷土4,石英22,金红石7

氧化焰偏低温烧成时,无光泽小点桃红结晶斑乳白釉;还原焰为桃红和白色结晶斑,有青灰色珍珠光泽的彩光釉。

烧成温度1200～1250℃。

33. 铁锈花暗棕色釉

釉料配方:

长石40,石灰石20,氧化锌3,瓷土17,石英20,氧化铁10

一种流淌釉。还原焰为浓艳暗棕色天目釉,氧化焰为略带光亮的铁锈红釉。不能过火。

烧成温度1200～1250℃。

34. 结晶釉

釉料配方:

玻璃粉20,长石40,方解石10,氧化锌30,氧化锰3

烧成温度1250℃。1130℃保温4h,紫色晶花。

35. 结晶釉

釉料配方:

长石36.5,石英10.5,方解石8.0,苏州土8.0,氧化锌32.5,氧化钛2.5,氧化铜1.5,氧化锆0.5

烧成温度1250℃。1130℃保温4h,湖蓝晶花。

36. 结晶釉

釉料配方:

玻璃粉20,长石48,方解石7,氧化锌25,氧化锰2,氧化钛1

烧成温度1250℃。1130℃保温4h,咖啡色晶花。

37. 结晶釉

釉料配方:

玻璃粉20,长石45,方解石8,氧化锌24,氧化钛3

烧成温度1250℃。1130℃保温4h,浅黄色晶花。

38. 结晶釉

釉料配方:

玻璃粉15,长石45,方解石7,碳酸钡5,氧化锌27

烧成温度1250℃。1130℃保温4h，白色晶花。

39. 结晶釉

釉料配方：

玻璃粉40，长石19，滑石9，萤石4，氧化锌28

烧成温度1250℃。1130℃保温4h，白色晶花。

40. 结晶釉

釉料配方：

玻璃粉5，长石50，滑石10，方解石5，苏州土5，氧化锌25

烧成温度1250℃。1130℃保温4h，白色晶花。

41. 结晶釉

釉料配方：

玻璃粉10，长石50，滑石12，萤石3，氧化锌25

烧成温度1250℃。1140℃保温4h，白色晶花。

42. 结晶釉

釉料配方：

玻璃粉60，滑石6，石灰石5，氧化锌25

烧成温度1250℃。1140℃保温4h，白色晶花。

43. 仿钧釉

底釉配方：

长石65.3，石灰石4.3，烧滑石6.4，石英24.0，外加氧化铁5.0%

面釉配方：

氧化锌6.7，长石54.9，滑石1.4，方解石23.4，石英3.8，氧化钛8.5，氧化铈或氧化镨1.3

烧成温度1230～1250℃。

44. 锆乳浊生料釉

釉料配方：

长石42，石英14，高岭土3，方解石12.5，烧滑石8.5，烧氧化锌5，锆英石15，水玻璃0.2，甲基纤维素0.2

烧成温度1220～1240℃。

45. 钛橙红釉

釉料配方：

长石52.8，石英10.4，黏土8.4，石灰石14.4，氧化钛14

烧成温度1240～1250℃，氧化焰。

附录6 烧成温度1250～1280℃的炻器、瓷器釉40例

1. 透明釉

釉料配方：

长石50，白云石15，重钙5，高岭土10，石英15，氧化锌2

氧化烧透明白釉，还原烧微青色透明釉。

烧成温度1250～1280℃。

2. 锦砖釉

釉料配方：

长石58，石英24，石灰石8，苏州土5，滑石5

釉黏度大，耐磨性比较好。

烧成温度1250～1280℃。

3. 半透明釉

釉料配方：

长石70，石灰石10，白云石5，滑石5，石英6，高岭土6

氧化焰烧成时，钾长石乳浊性强，产生半透明感；还原焰烧成时，釉面微青色，透明感比氧化烧强。

烧成温度1250～1280℃。

4. 透明釉

釉料配方：

长石35，石灰石15，白云石7，高岭土10，石英25，滑石5

氧化焰烧成时，呈非常透的透明釉；还原焰烧成时，釉面显透明的淡青色。

烧成温度1250～1280℃。

5. 闷光石状釉

釉料配方：

长石30，白云石30，石灰石5，瓷石30，石英5

一种闷光白云石釉。还原焰烧成时釉面较硬，呈石状；氧化焰烧成时瓷胎上釉面略显干涩，用黏土代替配方中的瓷石能获得良好的不透明白云石白釉。

烧成温度1250～1280℃。

6. 流动白釉

釉料配方：

长石40，石灰石20，氧化锌3，高岭土8，石英20，二氧化钛5，硅酸锆2

氧化焰烧成时为光滑的流动白釉；还原焰烧成时带斑驳的不透明青色釉。氧化钛呈现白色，流动性强，出现拉丝效果。

烧成温度1250～1280℃。

7. 钛黄釉

釉料配方：

长石40，重钙15，高岭土5，石英20，二氧化钛9，滑石5，氧化锌2

氧化焰烧成时为光滑的象牙黄，因为滑石和氧化锌会促进氧化钛呈现黄色；还原焰烧成时带斑驳的不透明青色釉。

烧成温度1250～1280℃。

8. 油脂釉

釉料配方：

长石90，高岭土8，石英5，石灰石8，碳酸钡15

氧化焰烧成时釉面呈乳白色，且油脂感很强。硅铝比为6左右时，油脂感最强。还原焰烧成时釉面呈青色，油脂感消失。

烧成温度1250～1280℃。

9. 铜绿釉

釉料配方：

长石50，白云石15，重钙5，瓷土10，石英15，氧化铁1，氧化铜2

氧化焰烧成时为透明铜绿釉；还原焰烧成时釉面不透明，呈红褐色。

烧成温度1250～1280℃。

10. 铜红釉

釉料配方：

钠长石80，石灰石10，白云石5，硼熔块5，高岭土5，石英25，氧化钛0.2，氧化铜0.5，氧化锡2

还原焰烧成时为铜红釉。配制要点：流动性大，氧化锡、氧化钛、氧化硼帮助发色。

烧成温度1280℃。

11. 闷光釉

釉料配方：

长石70，高岭土10，石英粉20，滑石15

可得丝绸光泽到蛋壳光泽。乳浊程度高，制品不易露边。釉面流动性不好，对上釉操作要求高。

烧成温度1250～1280℃。

12. 石头釉

釉料配方：

钾长石70，白云石6，碳酸钡5，高岭土10，烧土5

氧化焰烧成时为不透明类似石头状炻器用釉。长石占比大时，釉的黏度大，乳浊性好，同时硅铝比小容易形成亚光状态。

烧成温度1250～1280℃。

13. 红黄复色釉

釉料配方：

长石40，石灰石10，高岭土8，瓷土10，石英20，氧化铁12

一种流变红黄复色釉。氧化焰烧成时为类似桉树灰的釉；还原焰烧成时易于流动，不要过火。氧化铁降温能力比较强。

烧成温度1250～1280℃。

14. 天目釉

釉料配方：

长石43，石灰石10，瓷土5，黏土8，石英26，氧化铁8

氧化焰烧成时为半闷光黑釉，边缘和釉薄处常现棕褐色，炻坯、瓷坯效果均好；还原焰烧成时为更明亮的深黑色釉，边缘处易变为褐色。能否形成天目釉与烧成制度有非常大的关系。

烧成温度1250～1280℃。

15. 天目釉

釉料配方：

长石43，石灰石10，黏土8，瓷土5，石英26，氧化铁8，氧化锰1

氧化焰烧成时为半闷光黑釉，边缘和釉薄处棕褐色，炻器、瓷器效果均好；还原焰烧成时釉面更光亮，颜色更深，边缘棕色。能否形成天目釉与烧成制度有非常大的关系。

烧成温度1250～1280。

16. 钙无光釉

釉料配方：

长石40，高岭土10，烧土15，重钙25，滑石5

氧化还原都可烧，由于硅灰石的原因，可得丝绸光泽亚光釉。触感很滑腻，釉面白度不高，氧化和还原烧都泛青色。烧成后不能急冷。釉层太薄发亮。

烧成温度1260～1280℃。

17. 锌无光釉

釉料配方：

长石42，高岭土12，石英粉16，烧氧化锌22，重钙8

可得非常细腻的高白亚光釉，但是生产成本比较高。白度与氧化锌的质量有关。烧成后不能急冷。釉层太薄发亮。

烧成温度1260～1280℃。

18. 钙钡无光釉

釉料配方：

长石40，高岭土10，烧土5，石英粉10，硅灰石15，碳酸钡15

氧化还原都可烧，由于碳酸钡的原因，釉面不白泛亚光，还原烧泛青，氧化烧泛黄。釉面相对其他亚光釉会更粗糙并且出现细小晶斑。为了解决这个问题，现在很多厂家将碳酸钡做成熔块。釉面变得更加细腻，同时亚光程度高，并且此釉对釉层厚度要求不高。

烧成温度1260～1280℃。

19. 钙镁无光釉

釉料配方：

长石25，高岭土9，石英15，重钙15，碳酸钡5，氧化锌1，滑石25

氧化还原都可烧，此种釉由于钙镁一起形成微晶产生亚光，由于滑石原因釉面触感很滑腻，白度高，烧成后不能急冷。釉层太薄发亮，由于釉面亚光程度不高，现在很多工厂做成熔块以解决此问题。

烧成温度1260～1280℃。

20. 锆白亚光釉

釉料配方：

长石25，高岭土9，石英20，重钙15，碳酸钡5，氧化锌2，滑石20，硅酸锆10

氧化还原都可烧，此种釉由于钙镁一起形成微晶产生亚光，由于滑石原因釉面触感很滑腻，白度高，同时硅酸锆也大大增加釉面白度。烧成后不能急冷，釉层太薄发亮。

烧成温度1260～1280℃。

21. 裂纹釉

釉料配方：

钾长石 58，霞石 20，膨润土 5，石英 14，石灰石 10

氧化烧亮光开裂，还原烧亮光开裂泛青。该釉形成裂纹的原因是钾钠含量高，硅铝含量低。

烧成温度 1260~1280℃。

22. 裂纹釉

釉料配方：

玻璃粉 70，膨润土 10，石英 5，重钙 5

氧化烧亮光开裂，还原烧亮光开裂泛青。该釉形成裂纹的原因是玻璃粉钾钠含量高。同时此釉的玻璃粉是玻璃废渣做成的，成本低且环保。

烧成温度 1260~1280℃。

23. 裂纹釉

釉料配方：

长石 15，钠长石 50，白云石 2，石灰石 5，石英粉 20，高岭土 8.0

氧化烧亮光开裂，还原烧亮光开裂泛青。该釉形成裂纹的原因是钠长石中钠含量高。

烧成温度 1260~1280℃。

24. 高钙裂纹釉

釉料配方：

长石 60，石灰石 30，石英 10，高岭土 8

氧化焰烧成透明的裂纹釉，还原焰烧成釉面显极淡的青色带小纹片。因为石灰石含量高，在冷却过程中应力突变从而产生裂纹。裂纹大小与坯体有很大的关系。

烧成温度 1250~1280℃。

25. 包裹红基釉

熔块：

长石 20，高岭土 20，石英 30，石灰石 20，白云石 10

基础釉：

熔块 100，高岭土 10，石英 10，硅酸锆 3

氧化还原都可烧，根据颜色的浓淡，可在基础釉中加入 1%~10% 的各种类型包裹红色料，硅酸锆使红色更加鲜艳。

烧成温度 1260~1280℃。

26. 黑色基釉

釉料配方：

长石 45，石英 20，高岭土 8，重钙 15，碳酸钡 5，白云石 3

氧化还原都可烧，根据颜色的浓淡，可在基础釉中加入 1%~10% 的黑色色料。此釉要求低锌低镁。

烧成温度 1250~1280℃。

27. 炻器釉

釉料配方：

长石 40，石英 23，高岭土 9，氧化锌 2，滑石 3，硅灰石 20
氧化烧成亮光。
烧成温度 1250～1280℃。

28. 卫生瓷锆釉

釉料配方：

钠长石 33，石英粉 15，高岭土 10，塑性黏土 2.5，硅灰石 16，氧化锌 3，碳酸钡 3，白云石 3，锆英粉（2～5μm）12
氧化烧成亮光。
烧成温度 1250～1280℃。

29. 锆乳浊釉

釉料配方：

长石 35，石英 20，石灰石 10，苏州土 4，烧氧化锌 5，烧滑石 10，硅酸锆 8
氧化烧成亮光乳浊釉面，硅酸锆为乳浊剂。
烧成温度 1250～1280℃。

30. 钛乳浊釉

釉料配方：

长石 35，石英 20，石灰石 10，苏州土 4，烧氧化锌 2，烧滑石 10，氧化钛 7
氧化烧成亮光乳浊釉面，氧化钛为乳浊剂。
烧成温度 1250～1280℃。

31. 钛结晶釉

釉料配方：

长石 35.6，石英 20.3，石灰石 19.7，烧滑石 7.2，骨粉 1.7，氧化铁 6.2，氧化钛 9.3
氧化烧成，氧化铁可以着色，同时促进晶体形成。
烧成温度 1280℃。

32. 锰结晶釉

釉料配方：

长石 47.1，石英 19.4，石灰石 3.0，滑石 4.6，二氧化锰 25.9
氧化焰，结晶效果与烧成制度有很大关系。
烧成温度 1250～1280℃。

33. 锌结晶釉

釉料配方：

长石 65.4，碳酸锂 9.1，氧化钛 3.2，氧化锌 22.3
氧化焰，烧成温度 1280℃。

34. 钴结晶釉

釉料配方：

长石 20.8，石英 22.6，石灰石 19.0，菱镁矿 4.5，铅白 20.1，氧化钴 13.0
氧化焰，烧成温度 1280℃。

35. 金红石结晶釉

釉料配方：

长石 35，石灰石 10，白云石 20，高岭土 5，石英 20，金红石 10，氧化钴 1.5

氧化焰烧成。明亮的青绿色釉，在绿色基质上产生淡红白色的结晶图形。结晶剂为金红石，氧化钴不仅着色还会促进晶体形成。

烧成温度 1280℃。

36. 锌结晶釉

釉料配方：

长石 40，玻璃粉 20，氧化锌 24，白云石 15，氧化钴 1

氧化焰，烧成温度 1280℃。1180～1000℃冷却 3h。

37. 茶叶末釉

釉料配方：

釉果 70，氧化铁 5，石英 5，方解石 5，白云石 15，高岭土 5

烧成温度 1260～1280℃。1100℃保温 1h。

38. 茶叶末釉

内釉：

釉果 75，釉灰 25

面釉：

赭石 11.5，釉果 8，白土 15，釉灰 4，重钙 16，紫金土 46

先上内釉，干后再上面釉。

烧成温度 1250℃左右。还原焰。

39. 低膨胀釉

锂辉石 57，石英 28，高岭土 6，碳酸钡 4，氧化锌 2，重钙 2.5，菱镁矿 1.0

氧化焰，烧成温度 1270～1280℃。

40. 低膨胀釉

釉料配方：

锂辉石 49，石英 25，高岭土 11，碳酸钡 5，氧化锌 4，重钙 1.5，烧滑石 4.5

氧化焰，烧成温度 1270～1280℃。

附录 7　烧成温度 1280～1450℃的瓷器釉 46 例

1. 锰红釉

长石 54，石英 24，滑石 9，白云石 8，高岭土 5，锰红色料 1～8

还原和氧化皆可烧。还原焰釉面鲜艳润滑，弱还原焰烧成时颜色较深，呈桃红。氧化烧颜色呈深红色。色料本身会降低烧成温度。

烧成温度 1280～1300℃。

2. 铬锡红釉（玛瑙红）

长石 40，石灰石 15，高岭土 10，石英 25，氧化锡 2，铬锡红 1～8

要严格按照氧化焰烧成方法，因为锡基色料还原烧后会分解，影响发色。

烧成温度 1280～1300℃。

3. 天蓝色釉

长石 54，石英 24，滑石 9，白云石 8，高岭土 5，钒兰色料 1

还原和氧化皆可烧。

烧成温度 1280~1300℃。

4. 天青色釉

长石 54，石英 24，滑石 9，白云石 8，高岭土 5，钒兰色料 0.8，镨黄 0.4

还原和氧化皆可烧。

烧成温度 1280~1300℃。

5. 蓝色结晶釉

结晶剂：

石英粉 27.04，氧化锌 72.96

1330℃煅烧后球磨制浆。

本釉：

普通窗玻璃粉 42.41，长石 19.72，石英 3.95，氧化锌 27.61，界牌泥 1.97，烧滑石 1.97，氧化铝 0.99，氧化钴 0.39，氧化钨 0.99

浸釉法施釉，接着喷盖一层稀薄的结晶剂料浆，再加喷一薄层本釉。

烧成温度 1360℃。

6. 浅咖啡色结晶釉

结晶剂：

石英粉 27.04，氧化锌 72.96

1330℃煅烧后球磨制浆。

本釉：

普通窗玻璃粉 40.91，长石 19.03，石英 3.81，氧化锌 26.64，界牌泥 1.90，烧滑石 1.90，氧化铝 0.95，氧化钴 0.09，二氧化锰 3.81，氧化钨 0.95

浸釉法施釉，接着喷盖一层稀薄的结晶剂料浆，再加喷一薄层本釉。

烧成温度 1340℃。

7. 结晶釉

釉料配方：

玻璃粉 50，石英 12，氧化锌 28，钛白粉 5，氧化铝粉 5

1290℃烧成后，下降到 1080℃ 又回升到 1120℃，保温 2h，下降到 1080℃，保温 1h。

加入铁、钴、铜、锰、铬等着色氧化物，晶型会发生变化，呈现各种颜色，釉面平滑光亮，晶花美丽。

8. 长石结晶釉

釉料配方：

长石 51，石英 14，石灰石 10，高龄土 4，氧化锌 21

烧成温度 1350℃。焰性不变，随窑冷却。此釉的流动不严重。

9. 结晶釉

釉料配方：

玻璃粉 23，石英 25，纯碱 2，滑石 5，铅粉 2，氧化锌 30

烧成温度1300℃，白色晶花。

10. 结晶釉

釉料配方：

玻璃粉32，石英18，纯碱2，铅粉8，氧化锌34，氧化镍0.5

烧成温度1300℃，白色晶花。

11. 结晶釉

釉料配方：

玻璃粉39，石英5，滑石3，铅粉5，硼砂1，石灰石1，氧化锌39，氧化铜2，氧化钛5

烧成温度1290℃，绿底金花。

12. 结晶釉

釉料配方：

玻璃粉40，石英6，滑石3，铅粉5，硼砂1，石灰石1，氧化锌40，二氧化锰2，二氧化钛3

烧成温度1330℃，咖啡色。

13. 结晶釉

釉料配方：

玻璃粉62，石英4，滑石1，铅粉1，硼砂1，高岭土2，氧化锌29，氧化钴0.41

烧成温度1280℃，蓝底深蓝晶。

14. 结晶釉

釉料配方：

玻璃粉34，石英24，纯碱5，氧化锌30，氧化铜1

烧成温度1300℃，绿底浅绿晶花。

15. 结晶釉

釉料配方：

玻璃粉55，石英6，瓷土9，乌汤土5，氧化锌25，氧化钴0.3

烧成温度1290℃，蓝底深蓝晶。

16. 结晶釉

釉料配方：

玻璃粉62，石英4，瓷土2，滑石1.6，氧化铝1，氧化锌29，氧化钴0.4

烧成温度1310℃，蓝底深蓝晶。

17. 结晶釉

釉料配方：

石英30，长石20，石灰石10，碳酸钡10，氧化锌30

烧成温度1340℃，白色晶花。

18. 结晶釉

釉料配方：

玻璃粉32，石英14，长石10，滑石8，氧化锌36，氧化铜0.2，氧化钴0.03

烧成温度1300℃，蓝绿晶花。

19. 结晶釉

釉料配方：

玻璃粉 31，石英 22，瓷土 4，滑石 5，氧化锌 36，氧化钛 2，氧化铜 1.4，氧化钴 0.3

烧成温度 1310℃，蓝色晶花。

20. 结晶釉

釉料配方：

玻璃粉 10，长石 10，釉果 45，白云石 10，氧化锌 25，氧化钛 3，氧化铜 2，海碧蓝 0.3，氧化镍 2

烧成温度 1300℃，绿地黄晶。

21. 结晶釉

釉料配方：

玻璃粉 45.5，石英 14.8，坯泥 3.0，滑石 1.0，碳酸钠 3.5，氧化锌 32.2

烧成温度 1315℃，白色晶花。

22. 结晶釉

釉料配方：

玻璃粉 20，釉果 40，花乳石 10，氧化锌 25，氧化钛 6，二氧化锰 1，五氧化二钒 0.3

烧成温度 1330℃，粉红底金黄晶。

23. 高光泽透明釉

配料配方：

长石 30，硅灰石 10，高岭土 12，石英 25，滑石 10，碳酸锶 5，氧化锌 5

光泽度高，还原烧泛青色。

烧成温度 1300~1330℃。

24. 无光瓷釉

釉料配方：

石灰石 6，长石 14，高岭土 4，石英 50，氢氧化铝 26

烧成温度 1450℃。

25. 铁砂金釉

釉料配方：

长石 23.2，石英 36.2，陶石 14.4，石灰石 12.4，蛙目黏土 3.0，氧化铁 10.8

烧成温度 1280~1300℃，氧化焰或还原焰。

26. 钧窑釉

底釉：

长石 30.8，石英 24.1，石灰石 12.3，高岭土 5.7，氧化锌 3.4，稻草灰 19.8，骨灰 1.9，氧化铁 1.0

面釉：

长石 30.8，石英 24.1，石灰石 12.3，高岭土 5.7，氧化锌 3.4，稻草灰 19.8，骨灰 1.9，氧化铁 1.0，氧化铜 1.0

烧成温度 1280~1300℃，还原焰。

27. 辰砂釉

釉料配方：

长石 26.6，石英 32.1，石灰石 16.3，烧滑石 3.6，高岭土 3.2，碳酸钡 11.6，骨灰 1.9，氧化锡 2.8，色基 1.9

色基：

氧化铜 50，氧化锡 30，氧化钡 20

1200～1300℃煅烧。

烧成温度 1280～1300℃，还原焰。

28. 祭红釉

釉料配方：

长石 35，石英 28，氧化锌 5，玻璃粉 15，界牌土 9，方解石 10，骨灰 2，氧化铜 3.5

1000℃以前氧化焰烧成，1000～1200℃强还原焰烧成，1200～1300℃弱还原焰烧成。

29. 钧红釉

釉料配方：

长石 43，石英 25，氧化锡 5，氧化铜 3.5，氧化铝 3.5，界牌土 5，方解石 10，氧化锌 5

1000℃以前氧化焰烧成，1000～1200℃强还原焰烧成，1200～1300℃弱还原焰烧成。

30. 钛釉

釉料配方：

长石 30，钟乳石 14，碳酸钡 10，氧化锌 4，烧滑石 4，氟化铝 4，大同土 8，石英 26，钛白粉 9.5

烧成温度 1280～1300℃，是工艺性能和外观质量都较好的釉。

31. 天青釉

釉料配方：

钾长石 45，石英 20，高岭土 8，重钙 13，白云石 5，氧化铁 0.2

还原焰烧成，烧成温度 1290～1310℃。

32. 粉青瓷釉

釉料配方：

长石 36，石英 36，高岭土 10，石灰石 10，氧化铁 1.5

烧成温度 1330℃，还原焰。

33. 长石釉

釉料配方：

长石 50，石英 30，临川高岭土 8，滑石 8，氧化锌 3，石灰石 1

烧成温度 1300～1350℃，还原焰。

34. 石灰釉

釉料配方：

长石 40，石灰石 15，方解石 15，界牌土 7，石英 23，

烧成温度 1280～1300℃。

35．滑石瓷釉

釉料配方：

熔块 90，苏州土 10

熔块：

长石 27，石英 26，钟乳石 12.5，硼砂 4.7，硼酸 11.5，铅丹 15.5，氧化锌 2.8

烧成温度 1290～1310℃。

膨胀系数为 $6.0\times10^6℃^{-1}$。釉中外加 0.8%氧化铁，还原焰烧成时釉色鲜艳青翠。

36．长石釉

釉料配方：

滑石 12，长石 44，石英 24，太宁土 11，氧化锌 1，瓷粉 6，高岭土 2，石灰石 1

烧成温度 1300～1330℃，还原焰。

37．长石釉

滑石 13，长石 50，石英 22，大同砂 5，高岭土 10

烧成温度 1300～1330℃，还原焰。

38．瓷釉

釉料配方：

长石 48，石英 27，高岭土 9，滑石粉 12，大同砂 3，氧化锌 1

烧成温度 1300～1330℃，还原焰。

39．瓷釉

釉料配方：

长石 50，石英 26，滑石粉 10，萤石 1，氧化锌 2，高岭土 11

烧成温度 1300～1330℃，还原焰。

40．瓷釉

釉料配方：

长石 50，石英 30，滑石粉 10，氧化锌 1，高岭土 9

外加：

瓷片 5

烧成温度 1300～1330℃，还原焰。

41．瓷釉

釉料配方：

长石 52，石英 23，高岭土 11，滑石粉 13，白云石 1

烧成温度 1300～1330℃，还原焰。

42．瓷釉

釉料配方：

长石 48，石英 24，滑石粉 11，瓷石 12，大同砂 5

烧成温度 1300～1330℃，还原焰。

43．瓷釉

釉料配方：

长石 50，石英 23.5，高岭土 4，滑石粉 12，瓷石 8，白云石 1.5，碳酸钡 1

烧成温度1300~1330℃，还原焰。

44. 祭红釉

釉料配方：

铜花0.41，珊瑚0.41，海浮石1.23，二灰14.40，铅晶料1.64，花乳石2.35，釉果73.85，云母石0.82，寒水石2.35，石英0.41，陀星石1.23，锡灰0.90

烧成温度1300℃左右，还原焰。

45. 乌金釉

釉料配方：

乌金土37.0，釉果49.5，铁骨泥2.9，釉灰10.6

烧成温度1300℃，还原焰。

46. 铜红釉

釉料配方：

熔块100，草酸铜2.0，煅烧氧化锡1.0

熔块：

石英44.8，长石19.6，氧化锌4.5，毒重石10.5，烧硼砂13.0，碳酸钠4.8，高岭土2.8

烧成温度1300℃，还原焰。

主要参考文献

[1] 李家驹. 陶瓷工艺学[M]. 北京：中国轻工业出版社，2006.
[2] 张云洪. 陶瓷工艺技术[M]. 北京：化学工业出版社，2020.
[3] 张玉南. 陶瓷艺术釉工艺学[M]. 南昌：江西高校出版社，2009.
[4] 汪啸穆. 陶瓷工艺学[M]. 北京：中国轻工业出版社，1994.
[5] 俞康泰. 陶瓷色釉料与装饰导论[M]. 武汉：武汉工业大学出版社，1998.
[6] 俞康泰. 现代陶瓷色釉料与装饰技术手册[M]. 武汉：武汉工业大学出版社，1999.
[7] 祝桂洪，周健儿. 陶瓷釉配制基础[M]. 北京：轻工业出版社，1989.
[8] 刘康时. 陶瓷工艺原理[M]. 广州：华南理工大学出版社，1994.
[9] 西北轻工业学院. 陶瓷工艺学[M]. 北京：轻工业出版社，1991.
[10] [日]素木洋一. 釉及色料[M]. 刘可栋，刘光跃，译. 北京：中国建筑工业出版社，1979.
[11] 轻工业部第一轻工业局. 日用陶瓷工业手册[M]. 北京：轻工业出版社，1980.
[12] 杜海清，唐绍裘. 陶瓷原料与配方[M]. 北京：轻工业出版社，1986.
[13] 刘属兴，孙再清. 陶瓷釉料配方及应用[M]. 北京：化学工业出版社，2008.
[14] 蔡作乾，王琏，杨根. 陶瓷材料辞典[M]. 北京：化学工业出版社，2002.
[15] 张玉龙，马建平. 实用陶瓷材料手册[M]. 北京：化学工业出版社，2006.
[16] 李金成. 国外陶瓷釉料坯料配方集锦[M]. 北京：知识产权出版社，2003.
[17] 刘佳囡，林鹏，徐君君，等. 中温碱性焙烧钾长石资源高附加值清洁利用[M]. 北京：冶金工业出版社，2021.
[18] 程科木，王愉康，黎志升. 低膨胀堇青石陶瓷的制备[J]. 陶瓷，2025(1)：14-17.
[19] 王少华，王子晗，李小女，等. 固相法合成钙长石粉体及其在透明釉中的应用研究[J]. 中国陶瓷，2024，60(05)：66-72.
[20] 熊露，袁寅洁，李丹. 稀土尾矿在透明釉制备中的应用及其对釉面特性的影响[J]. 佛山陶瓷，2024，34(07)：40-46.
[21] 池至铣. 陶瓷釉色料及装饰[M]. 北京：中国建材工业出版，2015.